ISBN 978-0-260-89415-1
PIBN 10982761

VIAGEM

AO

REDOR DO BRASIL

1875——1878

PELO

DR. JOÃO SEVERIANO DA FONSECA

Graduado pela Faculdade de Medicina do Rio de Janeiro,
1.º Cirurgião do Exercito,
1.º Medico do Hospital Militar de Andarahy,
Membro da Academia Imperial de Medicina,
do Instituto Historico e Geographico Brasileiro,
do Archeologico e Geographico Alagoano,
da Sociedade Auxiliadora da Industria Nacional e de outras Sociedades de Estudo,
Commendador da Imperial Ordem da Rosa,
Cavalleiro das de N. S. Jesus Christo,
Imperial do Cruzeiro e Militar de S' Bento de Aviz.
Condecorado com as Medalhas das Campanhas Oriental de 1864 – 1865
e Geral do Paraguay com o passador com numero 5.

1.º VOLUME

RIO DE JANEIRO

Typographia de Pinheiro & C. Rua Sete Setembro n. 157

1880

Instituto Archeologico e Geographico de Alagôas

D.

O AUTOR

INTRODUCÇÃO

ESBOÇO CHOROGRAPHICO DA PROVINCIA

DE

MATTO-GROSSO

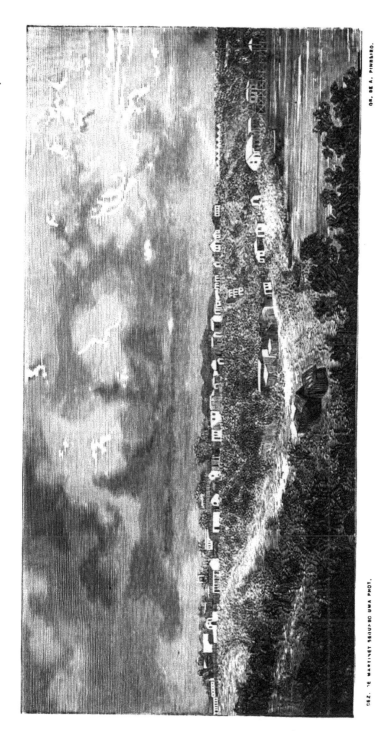

VISTA DE CORUMBÁ

DEZ. DE MARTINEZ SEGUNDO UMA PHOT.

GRZ. DE A. PINHEIRO.

VIAGEM AO REDOR DO BRASIL

INTRODUÇÃO

ESBOÇO CHOROGRAPHICO DA PROVINCIA DE MATTO-GROSSO

CAPITULO I

Preemio. Limites. Área. População. Hypsometria : o Araxá e as terras baixas ; altitude. Hydrographia: Diversum aquarum. Geognose.

I

ᴍ maio de 1875 navegavamos o Paraguay em demanda da cidade, então villa de Corumbá.

Eram seis horas da tarde, uma dessas formosissimas tardes dos tropicos. Iamos deixar aguas extranhas e transitar em solo brasileiro: já se avistava ao longe, cerca de tres kilometros á margem direita, a alva columna quadrangular do marco da foz do Apa, divisorio entre a nossa provincia de Matto-Grosso e as terras paraguayas. Em poucos minutos o pavilhão nacional içado no penol dos navios indicava que sulcavamos aguas brasileiras.

2

Só o desterrado — e o viajante o é — póde explicar essa emoção de jubilo e satisfação indizivel que se experimenta ao pisar ou tão somente ao revêr terras da patria. E' um sentir que partilha do amor filial, do amor de familia, do amor do lar; manifestação de um egoismo que é tambem virtude do coração, e a qual, por mais futil que pareça aos que não encontram o solo natal nessas paragens, tal não lhes parecerá, de certo, por mais indifferente que sejam, quando a terra que se lhes apresente á vista seja a terra que lhes deu o berço.

Que de vezes, em nossas viagens por este mesmo rio, não apreciei a alegria dos marinheiros e soldados cuyabanos ao avistarem as aguas barrentas do S. Lourenço, tão divididas das do limpido Paraguay ainda á uns centos de metros da confluencia; e a ancia e gostosa soffreguidão com que a buscavam e bebiam, só por serem aguas do Cuyabá!

Santo amor da patria, santo egoismo!

Entre nós vinham filhos de quasi todas as provincias, e conhecidamente do Pará, Maranhão, Ceará, Piauhy, Pernambuco, Alagôas, Sergipe, Bahia, Paraná, Rio Grande do Sul e da côrte: no semblante de cada um, passageiros e tripolação, lia-se um sentimento ineffavel, que só não podiam compartilhar os estrangeiros que nos acompanhavam, mas que, todavia, sabêl-o-hiam apreciar.

A's seis e meia enfrentavamos o Apa e passavamos o marco, ahi levantado em 23 de setembro de 1872 (a) pela commissão de limites presidida pelo coronel de engenheiros Rufino Enéas Gustavo Galvão, hoje barão de Maracajú.

Fins identicos, quaes os de demarcar nossas fronteiras com a Bolivia, traziam-nos á Matto-Grosso; e ainda essa commissão tinha por chefe o mesmo intelligente, zeloso e modesto funccionario.

(a) Está aos 22º 4' 45",2 de lat. sul, e 14º 42' 41",22 de long. occ. do meridiano do Castello.

Demora a provincia de Matto-Grosso entre os parallelos de 7° 25' S. (a), na confluencia do *Paranatinga* ou *Tres Barras*, e 24° 3' 31",42, na quinta cachoeira do *Salto das Sete Quedas* (b); e entre os meridianos de 6° 42', em frente á ponta septentrional da ilha do *Bananal*, no Araguaya, e 22° 13' 15" na ilha da *Confluencia*, formada ao encontrarem-se as aguas do Mamoré e do Beni (c).

São seus limites:

Ao *N.* : Os rios *Madeira* e seu affluente *Gyparaná* ou Machado (d), desde suas vertentes nas serranias denominadas *Cordilheira do Norte*; esta serra; o rio *Uruguatás*, affluente do *Tapajoz*; o Tapajoz desde sua confluencia até a do rio *S. Manoel, Paranatinga* ou *das Tres Barras*, que a separam da provincia do Amazonas; e todo o curso deste rio de S. Manoel; o *Acarahy*; o *Xingú*; o *Fresco*; a serra dos *Gradahus* e o *Aquiquy*, que separam-a da do Pará.

(a) Sendo austraes quasi todas as latitudes á citar nesta obra, sómente para os do hemispherio norte far-se-ha patente a sua relação com o equador. As longitudes são todas occidentaes; e referidas ao meridiano do Castello aquellas cuja relação se omittir.

(b) E aos 11° 22' 50",4 long.—Commissão de limites com o Paraguay, 1872—1874.

(c) Os antigos suppunham ser a ponta fronteira á foz do Abuná o ponto mais occidental do Madeira.

(d) Para demarcação desse limite entre as duas capitanias de Matto-Grosso e S. José do Rio Negro, exigia o governo que se tomasse um ponto medio entre a foz do Guaporé e a do Madeira. Nesse sentido, em 30 de dezembro de 1781, Luiz de Albuquerque officiou ao Dr. Francisco José de Lacerda e Almeida, astronomo da commissão demarcadora de limites, que o cumpriu, propondo o rio Gyparaná. Eis as suas conclusões:

A *E.*: O *Araguaya*, desde a boca do Aquiquy, logo abaixo da cachoeira de *Santa Maria*, onde tem começo a serrania dos Gradahús; e dahi, subindo pela margem esquerda, até a serra do *Cayapó*, donde desce pelo

	LAT. AUSTRAES
« A latitude da foz do Madeira.	3º 23' 0"
A do Guaporé . . . . , ...	12º 0' 0"
Differença entre as duas latitudes	8º 37' 0'
A metade dessa differença	4º 18'30"
Sommando-se essa differença com a primeira latitude da foz do Madeira, conclue-se a latitude média do	7º 41' 30"

Os pontos mais remarcaveis da configuração do rio, entre os quaes se verifica essa latitude, são : a ilha que chamam dos *Muras*, na margem occidental e o rio Gyparaná, que desagua pela oriental ; a

latitude da ilha, na sua ponta *N*; é de	6º 35' 0"
que differe do ponto medio, em menos	1º 6' 30"
E a latitude do Gyparaná, na boca, é de	8º 4' 0"
que differe de latitude, por excesso	0' 22' 30"

quantidade pouco attendivel em tamanho terreno, por ser o andamento do rio em rumos de *S.* e ser uma constante massa a foz do dito Gyparaná, etc... (Assignados) o *Dr. Lacerda* e o *Dr. Antonio Pires da Silva Pontes*, astronomos encarregados. » (Ms. da Bibliot. Nac.)

Da integra daquelle officio de Luiz de Albuquerque se deduz que esse ponto fosse tomado para base de demarcação da recta de limites, que devia ir ter ás cabeceiras do Javary, pois diz elle :—« e por consequencia, na certeza de que não será a ilha dos Muras, pouco mais ou menos, a que estabelece o ponto medio de latitude entre a boca do Madeira, no Amazonas, e a do Guaporé, no Mamoré, mas sim algum outro ponto mais meridional; *o que resulta em vantagem dos reaes dominios portuguezes* » : sendo tambem tomado para a divisoria das duas capitanias.

Entretanto os capitães-generaes de Matto-Grosso, até então, só tinham exercido autoridade até a terceira cachoeira (8º 52' lat.), onde, em 1758, fundou o juiz de fóra de Villa Bella, Dr. Theotonio da Silva Gomes, a aldeia de *Nossa Senhora da Boa Viagem*. Todavia, já em 1802 o commandante do ponto do Crato, no Baixo-Madeira, achou-se com direito de ahi collocar uma guarda. (Baena—*Compendio das Éras da provincia do Pará*.)

Ricardo Franco de Almeida Serra muito trabalhou para fazer restabelecer aquella povoação ; e em 1814, a carta régia de 6 de setembro mandou novamente creal-a sob o nome de *S. Luiz*, o que, comtudo, não se effectuou. O Pará, e presentemente a Amazonas, tem exercido sempre autoridade até as cachoeiras, conservando um posto militar e uma subdelegacia de policia no ponto de Santo Antonio. A provisão régia de 14 de novembro de 1752 determinou a fundação de um registro nessa cachoeira, então conhecida pelo nome de *Aroyaz*, e isso á capitania do Pará, quando, entretanto, já á quatro annos que existia creada a de Matto-Grosso.

Correntes ao *Paranahyba* (a), que são seus limites com Goyaz; o Paranahyba, que a divide da provincia de Minas-Geraes, desde a foz desse braço limitrophe até a do *Rio Grande*; e o *Paraná*, que assim é chamado o Paranahyba ao juntar seu cabedal de aguas com as do rio Grande, que separa-a da de S. Paulo, em frente ao *Paranapanema*, e da do Paraná, abaixo da *ilha Grande do Salto* e fronteiro á foz do *Piquiry*.

(a) Esse era o limite dado pelo illustrado marquez de S. Vicente, que o cita no seu relatorio de 1838, quando presidente da provincia, e antes no officio de 28 de julho do anno anterior ao ministro do Imperio. Entretanto, o limite consignado em todas as cartas modernas, excepção feita das de Goyaz, é o rio *Aporé* ou do Peixe, a primeira grossa corrente logo ao sul do Correntes e descida tambem da serra do Cayapó. Goyaz não acceita nenhum dos dous por limite, e sim o *rio Pardo*, muito mais ao *S*.

Grande confusão reina entre os escriptores e geographos sobre os rios dessa região; assim o marquez de S. Vicente suppõe o Correntes, encorporado com o *Parmedo*, sahir no Turvo, e este no Paranahyba, parecendo querer assim corrigir o *rio Doce*, apresentado como limite pelo presidente Antonio Pedro de Alencastro (officio de 14 de janeiro de 1836, ao ministerio do Imperio). Não combinando as cartas modernas sobre a situação desses rios, guio-me neste estudo pela de Goyaz, levantada em 1874 pelo illustrado major de engenheiros Joaquim Rodrigues de Moraes Jardim, natural da provincia, e que muito a tem viajado. Segundo ella, o Turvo é um affluente do rio *dos Bois* ou *Anicuns* que desce desde o parallelo 16°, mais ou menos, tendo o Bois a foz quasi no parallelo 18°, umas dezoito leguas acima do rio Claro ou dos *Pasmados*. Este é certamente o rio Doce do presidente Alencastro. Abaixo delle cahe o *Verdinho*, o Correntes e o *Aporé*, guardando distancias quasi eguaes, sendo este de pequeno curso, e aquelles maiores e originados na serra do Cayapó.

No atlas do Sr. senador Candido Mendes, o Turvo é tronco principal, e tem á direita o Verde e á esquerda o Anicuns por affluentes; entre elle e o Aporé, fica o Correntes quasi que á meia distancia, e tambem equidistante das cachoeiras de S. *Simão* e S. *André*, entre aquelles rios. Afóra elles nenhum outro rio indica. Na carta do Imperio, de 1875, da commissão da carta geral. o Verde é o tronco, e recebe o Anicuns e este o Turvo; abaixo do Verde está o Claro, que recebe o Doce, e antes da confluencia do rio Grande outras duas correntes, uma o *Verde* (que é o *Verdinho* do Sr. Jardim), e outra innominada. Nas cartas de Conrado, Ponte Ribeiro, etc., vem o Verde recebendo o Anicuns e este o Pasmados, que vem a ser o Verde, affluente do Turvo do Sr. Candido Mendes. Trazem tambem o Correntes entre o Verde e o Aporé, que algumas designam por *Apará*, sendo aquelle Verde o de egual nome da carta geral, e dos Bois da carta goyana, e não o outro Verde, nesta carta chamado Verdinho; sendo ainda que o Correntes daquellas cartas é o Claro da carta geral, cuja foz se encontra fronteira á do *Tejucos*. Cunha Mattos, na sua *Chorographia historica da provincia de Goyaz*, dá o Turvo formado pelo Bois, que recebe o Anicuns, braço de sessenta leguas de curso;

Ao *S.*: O *Paraná*, desde a foz do *Iguassú* até o salto grande das Sete Quedas; as serras de *Maracajú* e *Anhambahy* e o rio *Apa*, desde sua principal vertente entre os regatos *Estrella* e *Lageado*, que a separam da republica do Paraguay.

E a *O.*: O rio *Paraguay*, desde a foz do Apa até a lagôa ou *Bahia Negra*, por cujo meio corre a divisoria com a republica da Bolivia, seguindo uma linha de limites que vae cortar á meio, em rumo S.-N. as lagôas de *Cáceres*, *Mandioré*, *Gahiba Grande* e *Uberaba*; donde prolonga-se ao extremo S. da *Corixa Grande do Destacamento*, e dahi, salvando pelo *uti-possidetis* o territorio da aldeia de S. Mathias, á confluencia das corixas de *S. Mathias* e *Peiñado*; ao morro da *Boa Vista*; aos dos *Quatro Irmãos* e á nascente principal do *Rio Verde*; continuando pelos alveos deste rio, do *Guaporé* e do *Mamoré* até o entroncamento do *Béni* e formação do Madeira.

———

Não se conforma a provincia de Goyaz com os limites acima declarados, e considera como seu todo o territorio ao N. do rio Pardo e a E. da serra das Divisões. Basêa-se no parecer do seu primeiro governador D. Marcos de Noronha, de 12 de janeiro de 1750, e no ajuste que fizeram os capitães-generaes das duas capitanias Luiz Pinto de Souza Coutinho e Antonio Carlos Furtado de Mendonça, e acto de formal assentimento por parte de Luiz Pinto, no *Termo de Accessão* lavrado á 1 de abril de 1771, em que acceita por limites, desde a foz do rio das *Mortes*, no Araguaya, até a do rio Pardo, no Paraná; limites propostos em 7 de setembro de 1761

entre tanto consigna a nota de que suppõe este ser o tronco dessa rêde potamographica.

Finalmente, o illustrado Sr. Dr. A. de Escragnolle Taunay, no seu *Relatorio geral da commissão de engenheiros junto ás forças da expedição á provincia de Matto-Grosso*, dá o Bois como tronco, e recebendo o Verde, o Turvo e o *Santo Antonio*; o que restabelece a verdade, e é confirmado na carta do Sr. Jardim.

pelo capitão-mór da conquista João de Godoys Pinto da Silveira ao governador de Goyaz João Manoel de Mello. Talvez suppuzessem o rio das Mortes contra-vertente do Pardo; no emtanto, que elle nascendo com o nome de Manso no parallelo 15°, á 180 kilometros de Cuyabá e separado apenas uma legua, mais ou menos, das vertentes do S. Lourenço, fica distando das cabeceiras do rio Pardo toda a zona que os cartographos assignalam occupada pelas serranias de Agua Branca, Santa Maria, Sellada e Cayapó. Luiz de Albuquerque, successor de Luiz Pinto, tendo verificado o desacerto e inconveniencias que dessa divisão provinham á Matto-Grosso, propôz, em 15 de outubro de 1773, continuar como limite oriental o Araguaya até suas cabeceiras, obrigando-se á estabelecer um presidio na boca do *Barreiro* ou *Cotovello*; o que, porém, não realizou ahi e sim á margem do Araguaya, no ponto que foi denominado *Insua* (a), onde hoje existe a colonia militar do Itacayú, logo acima da embocadura do rio Claro, e cerca de vinte e cinco leguas á N. E. do Barreiro.

Desde então foi considerado matto-grossense o territorio á O. do Araguaya e S. do rio Correntes; e, em 19 de abril de 1838, a assembléa provincial erigiu-o, á pedido de seus moradores, em freguezia, e em villa á 4 de julho de 1857, em vista do incremento que tomára, mantendo-lhe sempre as autoridades, parocho, correio, etc., com as despezas competentes e, emfim, organisando-lhe um collegio eleitoral, mais tarde reconhecido pela assembléa geral legislativa.

Entretanto Goyaz, após infructiferas reclamações, achou-se com direito para, por lei de 5 de agosto de 1849, comprehendêl-a no territorio da freguezia de Nossa Senhora das Dôres, *nessa occasião* creada, e á qual marcou como limite austral o rio Pardo.

Levada a questão ao parlamento, tem sido sempre procrastinada; em

(a) Nome dado em homenagem ao capitão-general, senhor da terra de egual nome em Portugal.

20 de julho de 1864 a commissão de poderes opinou conforme o parecer de D. Marcos de Noronha, primeiro governador de Goyaz; mas até hoje a assembléa não decidiu, parecendo, ao contrario, no reconhecimento daquelle collegio eleitoral, respeitar os direitos de Matto-Grosso.

Essa questão de limites tem trazido conflictos e complicações sem utilidade para o Estado, e só desgosto, prejuizos e vexames para os moradores e atrazo para a região: males que o governo póde facilmente obviar.

E não é só nesta provincia que reina a duvida e controversia sobre as respectivas divisorias: fôra mister que os poderes competentes, alheiando-se á politica tacanha de partidarios e de bairrismo, resolvessem de uma vez taes pendencias, tendo em mira sómente o interesse real da nação, isto é, o augmento, progresso e melhoramento das condições de ser de taes regiões. Certo, que assim guareceriam sensatamente os interesses do paiz, e acabariam interminaveis questiunculas e lutas de papel, dispendiosas e prejudiciaes tanto ao Estado como ao povo.

¿ Para que, por exemplo, não se adjudicar definitivamente á Amazonas aquella região do Madeira, si Matto-Grosso não a administra nem póde administrar, pela impossibilidade absoluta de meios, á começar pela distancia enorme e entraves do caminho entre tal territorio e,—nem cite-se a capital, mas o seu mais proximo povoado— ; e quando para a outra provincia tão facil, natural e já effectiva é essa administração?

III

ÁREA.—Abrange Matto-Grosso uma área immensa, ainda não bem determinada mas avaliada em cêrca de cincoenta mil leguas quadradas. No trabalho, que serviu de apresentação do paiz na Exposição Universal de

Vienna (a), o governo imperial, conformando-se com os calculos do senador Pompeu, deu-lhe 2.090.880 kilometros quadrados, ou quarenta e
oito mil leguas quadradas, á exemplo de outros geographos, entre elles
Luiz D'Alincourt, habil e illustrado engenheiro, encarregado em 1827 dos
estudos estatisticos e topographicos da provincia, mas que cercêa-lhe toda
a área entre os parallelos que passam pela foz do Apa e o da quinta cachoeira do grande salto do Paraná.

O Sr. senador Candido Mendes dá-lhe approximadamente 50.175
leguas quadradas, collocando a provincia entre os parallelos 7° 30' e 24° 10',
e os meridianos 7° 25' e 22° 0': marca-lhe para extensão 332 leguas de N.
á S., da foz do Fresco, no Xingú, á do *Igurey*, no Paraná, e 265 de largura, desde o Araguaya, das serras de Gradahús á confluencia do Mamoré
com o Beni.

Mais acertado parece o computo que D'Alincourt faz, de 310
leguas de largura, desde a ponta norte da ilha do Bananal á cachoeira da
Pederneira, que entretanto fica aquem do meridiano daquella confluencia.

Bellegarde e Conrado consignam cincoenta e uma mil leguas quadradas para essa área, o que será mais approximado da verdade se forem
exactos os computos do illustrado geographo maranhense.

POPULAÇÃO.—Mui longe, infelizmente, vae ainda a população de
tão vasto territorio do avaliado nos ultimos censos da provincia. Não
póde ascender á mais de e cincoenta mil almas a população civilisada,
a qual quasi que totalmente se concentra nas povoações; sendo mui dimi-
nuto o numero dos habitantes espalhados longe desses centros, nos almargeaes das campanhas alagadiças ou no alto do araxá, á beira das estradas
de Goyaz e do Piquiry.

De conformidade com as ultimas e melhores avaliações, póde-se

---

(a) O Imperio do Brasil, no Exposição Universal de Vienna d'Austria, 1873.

dividir essa população, na qual se incluem 3.500 escravos, pelos districtos seguintes :

Cuyabá	23.500 habitantes.
Matto-Grosso	740
Poconé	2.060
Corumbá	11.600
Miranda	5.400
Sant'Anna do Paranahyba	3.300
S. Luiz de Cáceres	3.400
Total	50.000

Á essa póde-se ainda addicionar a população aborigene semi-selvagem aldeiada, ou mais ou menos em contacto com a civilisação, e que orça n'uns oito á nove mil indios, distribuidos pelas seguintes tribus :

Cadiuéos e *beáquéos*, restos da fortissima e temida nação do guaycurús	1.600
Guanás, kinikindos, terenas e *layanas*	2.200
Bororós	600
Cayapós	400
Apiacás	2.600
Xamococos	100
Garayos	800
Palmellas	400

e os *guatós*, tribu quasi extincta, mas que, estendendo-se aqui e pelas margens do Paraguay e S. Lourenço, e só nas lagôas Gahiba e Uberaba tendo quatro *malocas*, deve exceder de muito o numero de cincoenta individuos que lhe arbitrou ultimamente a directoria geral dos indios da provincia(a). Um inglez residente nessas lagôas ha longos annos, o Sr. Wil-

---

(a) Existem na provincia sete directorias de indios subordinadas á directoria geral, e tendo por principal cuidado as tribus já mansas.

liam Jones, calcula em mais de duzentos os habitantes das quatro malocas.

O illustrado Sr. barão de Melgaço avalia em vinte e quatro á vinte e cinco mil a população dos indios selvagens, cujas tribus conhecidas são em numero de dezoito, á saber : *aráras* e *caripúnas*, no Alto Madeira, *jacarés, ccnabós, pacahás* e *cautariós*, no Baixo Mamoré ; *mequénes, parecis, maimbarés* e *cabizis,* no Guaporé ; *barbados, bororós da campanha* e *bororós cabaçaes,* entre o Guaporé e o Paraguay ; *coroás,* nas cabeceiras do Cuyabá e S. Lourenço ; *bacauhyris* e *cayabis,* nas do Paranatinga ; *nhambicuáres,* entre os rios do Peixe e Arinos ; e *cayuás* (cayguaz do Paraguay), nos sertões das cordilheiras do Anhambahy e Maracajú.

———

Si attender-se á que os indios semi-selvagens andam ainda tão arredios, que nem dos proprios guatós se conhece o numero, e são estes ribeirinhos do Paraguay e S. Lourenço—a estrada mais trilhada e conhecida da provincia, conjecturar-se-ha a difficuldade de calcular-se o *quantum* dos que não só povoam os terrenos pouco trilhados pelos viajantes, ás margens dos grandes rios, mas ainda os que, fugindo ás barbarias dos *bandeirantes* e sertanistas e tambem aos apuros e estorvos que a civilisação lhes traz aos habitos e costumes, devem, sem duvida alguma, ter-se encantoado no centro desses vastissimos e invios sertões, virgens ainda hoje das pégadas de outro homem que não o autochtone, seu verdadeiro e até hoje, de facto, unico dono.

Nem ha negar fundamento á essa supposição : si muitas das tribus conhecidamente ferozes, e algumas mesmo anthropophagas, fugindo de nós e nada querendo da civilisação, ainda perduram em sitios bem proximos aos povoados e assaz conhecidos, razão mais forte ha para crêl-os interaadas em regiões, onde nem mesmo o pé do sertanista pisou, e nas quaes, portanto, podem continuar tranquillos e descuidados no seu *modus vivendi* primitivo.

———

Para o computo da população civilisada ha os dados fornecidos pelos censos anteriores. Assim, em 1793 (a), foi ella avaliada em 14.000 almas ; em 1817 o capitão-general Oyenhausen de Gravensberg, depois marquez de Aracaty, em officio de 14 de novembro de 1818, marca-lhe 29.801, divididos em 2.744 homens, 3.978 meninos, 9.689 mulheres, 2.522 mestiços e 10.948 escravos. Pisarro, no tomo 9° das suas *Memorias Historicas,* dá-lhe, para esse tempo, 37.396, baseando-se n'um mappa do ouvidor de Cuyabá á mesa do desembargo do paço. Em 1821, outro mappa organisado nessa capital, com o intuito de patentear a importancia do seu districto sobre o da antiga séde do governo, Villa Bella, marca-lhe 29.484 almas, das quaes apenas 5.819 para este districto (b).

Em 1849, recenceava-se 8.637 fogos com 21.947 habitantes livres, 10.866 escravos, ou 32.833 ao todo; havendo 2.469 votantes qualificados.

Em 1855, 26.659 livres, afóra indios, trazem os mappas da repartição de policia, mandados organisar pelo zeloso presidente o Sr. Melgaço, que, entretanto, não pareceu conformar-se com o computo, avaliando tal população em 32.128.

Rezavam aquelles mappas de 12.600 homens e 14.059 mulheres : 21.214 livres e 5.448 escravos ; 19.834 solteiros, 5.429 casados e 1.397 viuvos.

Em 1862 o censo deu 37.538, não sendo computada a população dos districtos de Corumbá e Albuquerque (c).

———

(a) O Sr. Augusto Leverger (barão de Melgaço). Relatorio Presidencial de 1863.
(b) Luiz D'Alincourt.
(c) Rel. do chefe de policia.

Em 1863, o Sr. Leverger calculou-a em 35.000 livres, 6.000 escravos e 24.000 indios. Em 1867, a população em vez de augmentar tendeu á diminuir; para o que alguma cousa influiu a guerra e muito a epidemia de variola, que devastou o povoado e, ainda, as nações selvagens, calculando-se em doze á quinze mil a perda da população em geral.

Em 1872, começou a nova éra da provincia. Corumbá, Albuquerque, Nioac, Coxim, Miranda, Dourados, retomados ou abandonados pelos paraguayos, foram-se reorganisando; terminada a guerra, estabeleceu-se uma corrente de immigração com a tropa que veiu occupar a provincia, com os aventureiros que a seguiam e com alguns milhares de paraguayos que deviam a vida aos soldados e só delles recebiam o alimento, e acompanharam-os compartilhando-lhes a parca pitança. Somente de maio á julho de 1876, o porto de Corumbá recebeu uma população nova de mais de cinco mil almas.

Nesse tempo floresciam as obras do arsenal do Ladario, onde se empregavam centenas de operarios. Seus pagamentos em dia e o das tropas de Corumbá, que eram um regimento e um batalhão de artilharia, e outro de infantaria, faziam por sua vez florescer o commercio e contribuiam para o progresso do povoado. Diminuidos os operarios e retiradas as tropas, diminuiram tambem, tão extraordinariamente como crescêram, a população e o bom andamento da cidade.

IV

HYPSOMETRIA.—Da immensa área da provincia a parte maior está situada no vasto planalto central da America do Sul, e talvez o mais elevado *araxá* brasileiro. A outra porção, á *O.* e principalmente ao *S.*, é baixa e alagadiça; pertencendo á esta a grande zona conhecida sob o nome de *Pantanaes*.

Essas comarcas mais baixas não attingem altura maior de cento e cincoenta metros sob o nivel do oceano. No planalto, desde as cabeceiras do Guaporé, Paraguay e Tapajoz ás do Araguaya e braços occidentaes do Paraná, a media é de meio kilometro, elevando-se a altitude ás vezes á mil metros em alguns pontos da crista onde situa-se a divisoria das aguas dos dous maiores estuarios do mundo, o Amazonas e o Prata; crista que atravessa diagonalmente a provincia de *NO.* á *SE.*,desde as cachoeiras do Madeira até ás ribas do Paraná, á buscar a serra das *Vertentes*, em Minas Geraes.

Essa é a opinião do illustrado e venerando Sr. barão de Melgaço, cujo nome citarei frequentemente neste trabalho, por ser um dos homens á quem a provincia mais deve e que mais tem-a enriquecido, no que concerne á sua geographia e ethnographia (a).

(a) Castelnau (*Exped. dans les parties centrales de l'Amerique do Sud.—T.* 5.º, *pag.* 157), colloca as nascentes do Paraguay apenas á 305 metros sobre o nivel do oceano, as do Arinos á 210, e o Araguaya, ao tomar esse nome na confluencia do Vermelho á 212; e dá á Cuyabá 65 metros, etc.

Sabe-se, porém, o pouco peso que merecem as asserções desse viajante sempre que se afastam dos estudos e observações dos seus intelligentes companheiros o Dr. Weddell e o malaventurado visconde d'Osery. Dugraty na sua *Republica del Paraguay*, em vista dos estudos do capitão Page da canhoneira americana *Water-wicht*, dá a altitude de alguns pontos do Prata e Paraguay, que bem manifesta a elevação do continente á medida que se afasta das orlas do oceano: Buenos-Ayres á 50 pés acima do seu nivel; Rosario, á 100; Diamante, á 127; La Paz, 160; Bella Vista, 220; Corrientes, 248; Pilar, 268; Assumpção, 307; Conceição, 330; S. Salvador, 333; Pão de Assucar, 340; forte Olympo, 360; forte de Coimbra, 383; Albuquerque, 390; Corumbá (á margem do rio) 396, etc., o que dá uma declividade para as aguas de 8,3 pollegadas por legua; donde, Cuyabá, que se acha á 720 leguas do oceano, pela estrada fluvial, deveria estar n'uma altitude de cerca de 500 pés ou 152 metros, e isso mesmo si as correntes conservassem a mesma facilidade do curso do Paraguay,e não descessem em degraus,como o rio Cuyabá, que é todo encachoeirado, o que altera de muito a altitude dos terrenos superiores; tendo D'Alincourt verificado 101 braças ou 729 pés para a altitude dessa capital. Os commissarios bolivianos, na commissão de limites de 1878, dão á Corumbá a altitude de 400 pés, mas no alto

Extraordinaria como é a differença de niveis entre o planalto e os terrenos alagadiços que o circumdam, pelo menos na parte de *S.* e de *O.*, facil é sua verificação por nestes aquelle acabar quasi á pique, ahi apresentando-se sob a fórma de alta e escarpada serrania, ao passo que para o lado opposto segue em extensas planicies ou páramos, mais ou menos ondulados, sómente de longe em longe deixando erguerem-se do terreno as lombadas ou cristas das montanhas, ás vezes de insignificante altura, mas que um rio ou um simples corrego, tendo levado em suas torrentes as terras de alluvião, onde cavou o leito, deixa á descoberto, nas altas paredes de rochas primitivas do valle de denudação que formou. E' que esse immenso araxá não é mais do que um enorme sedimento que encheu os valles e até cobriu as montanhas que os formavam.

Essa notavel disposição do grande planalto brasileiro facilmente explica a sua geogenia. Já bem perto do oceano, a serra do *Mar* ou *Parana- piacaba* (isto é, *donde se vê o mar*), como a chamavam os aborigenes, apresenta em escalão as suas formosas escarpas—que attingem altura superior á mil metros; emquanto que, para o poente, vae seguindo mais ou menos uniformemente em *campos geraes*, não para morrer nas ribas do Paraná, mas para elevar-se de novo nos chapadões de Matto-Grosso, cujos

---

da cidade, e 283 ao porto; e estudando o interior do paiz, consignam as altitudes de 478 pés em *S.*: *Mathias*; 515, na confluencia *do Peiñado*; 1337 no cerro maior *das Mercês*; 1841, no morro *da Boa Vista*; 1366, no *dos Quatro Irmãos*; 700, no ponto *das Salinos*; e 723 nas cabeceiras do *Verde*. Dão para *Santo Carazon* 888, para *Sant'Anna de Chiquitos*, 1486, e para *Santa Cruz de la Sierra*, 1379. Compare-se, *mutatis mutandis*, estas alturas com as de Castelnau.

Confrontando, ainda, certos dados seus com os de outros observadores, vé-se que encontrou *Tabatinga* á 78,43 metros, na praia e 97,48 metros, no forte, quando Spix e Martius acharam 643 pés, ou 195,8 metros; *S. Paulo* á 94,45 metros, *Fonte-Bôa* á 69,38 metr s, e *Manáos* á 62,48 metros, quando esses sabios allemães acharam para S. Paulo 627 pés (183,5 metros). *Fonte-Bôa* 590 pés (182,5 metros) e *Manáos* 522 pés (159,1) metros. Estes dão *Obidos* á 451 pés ou 137,4 metros, quando o viajante francez diz, com La Condamine, que essa cidade eleva-se apenas 10 pés sobre a altura de Belém, da qual, entretanto, dista 575 milhas !

campos para *SO.* vão limitar-se nas altas escarpas, ou nas fraldas em de graus, das cordilheiras de Maracajú e Anhambahy e de seus ramos me. ridionaes *Urucuty* e *Caaguassú.*

Ali, no meio desses immensos campos ou sávanas, cortados de rios quasi sempre encachoeirados, parecerá impossivel ao viajor despreoccupado o achar-se á um milheiro de metros sobre o nivel dó mar.

O Planalto

Apresentam-se essas planicies, ás vezes como formosas campinas, verdes e onduladas como as do Rio Grande do Sul, em cujo tapete botanico as dycotiledonias são rasteiras ou pouco excedem em crescimento ás gramineas e cyperaceas. que dão a feição ao terreno: taes os campos que se encontram ao subir-se as escarpas das cordilheiras de Maracajú e Anhambahy ; outras vezes, páramos, tambem ondulados, mas de terrenos sêccos e arenosos, verdadeiras charnecas, mais ou menos assoalhadas de grés, saibro e piçarra, soltos e fôfos como a areia : taes os campos dos Parecis transitados por João Leme do Prado, em 1772, e pelos aventureiros que buscavam o ouro, desde Cuyabá até os *Arayés*, desde Villa Bella até *Uru-cumacuam* ; taes as reconhecidas pelo illustrado Sr. Dr. Taunay, na memoravel campanha de 1865 (a); terras balôfas, onde os animaes se enterram á cada passada que fazem ; que não lhes dá o pasto, tão estereis são ; onde o arvoredo rareia e os mattos são *carrascos* e *cerradões ;* e onde, por conseguinte, tão difficil é a vida do homem como o seu transitar por ahi. Outras vezes são terrenos enxutos, cortados de innumeros rios, ou são brejaes e paúes, donde emana cópia infinda de rios e regatos, que, ou descendém naturalmente para o norte, escavando o leito nas areias e piçarras, denudando as escarpas e descendo em degraus, ou despenhám-se em cascatas por altos paredões, para as bandas do sul. Aqui, immensa e vigorosa mattaria attesta, nos grossos troncos e nas prodigiosas alturas, a exuberancia de seiva que os alimenta. Qualquer terreno lhes serve, uma vez que haja agua para abeberar-lhes as raizes : si arenoso—e ás vezes de areia bem branca, a floresta assemelha-se aos jardins publicos das cidades, onde se póde livremente transitar em plena sombra ao rigor do sol, á cavallo ou de carro, por entre renques de arvores ; e dos quaes só differem em não serem atormentados pela symetria dos quinconcios ou as amofinadoras regularidades da geometria, e em terem dezenas, sinão centenas de leguas de longura :—si o terreno vegetal, de prolifero humus, formam-lhe a flora as hervinhas rasteiras e os arbustos de quanta familia a botanica conhece, e principalmente as leguminosas, que são o populacho da nação vegetal dos tropicos ;—e os cipós que tudo enredam, emmaranham e tecem ; enroscam-se pelas arvores da floresta, as *excelsæ*, as *proceræ*, as *spectabiles*, as *gigantéæ*, etc., dos sabios ; casam-se aos troncos, abraçam-se aos ramos, dependuram-se-lhes das grimpas e cobrem-lhes os galhos de filhos com as raizes que dahi despedem ao solo, onde se engrossam, avigoram e rebentam em brotos, que são outros tantos braços que entrançam, cercam e fecham a floresta, de modos á obstruirem-lhe a entrada.

E nem sempre leguas, ás vezes passos, separam esse solo de extraor-

(a) *Scenas de Viagem*, pag. 42.

dinaria uberdade do outro, onde uma vegetação rachitica, enfesada e disseminada á largos espaços, torna-se uma antithese contristadora de toda aquella pujança; onde apenas traz o jubilo e a satisfação ao viajor, o encontro do *pau d'agua*—arvore de mediana altura, trichotoma, e que guarda no ôco de seus galhos quasi perennemente a agua das chuvas, mesmo quando já a sêcca vae adiantada (a). Combretaceas e myrtaceas principalmente dos generos *eugenia* e *aulomyrcia;* bromelias sylvestres e anonas de varias especies; uma ou outra sapotacea; o *cocos campestris* de Martius, o *indayá* acaule; e sempre, sempre, as leguminosas, na maior parte *cassias. mimosas* e *bauhinias,* dessas que, pela conformação de suas folhas duplas. são conhecidas pelo nome vulgar de *unha de boi:* taes os typos principaes desse tapete floral, onde as maiores arvores, quasi sempre *jaboticabeiras* e *sapótas,* não attingem á altura de quatro metros, e onde a mangabeira e o cajueiro, arvores de seis e mais metros, nas regiões felizes, conservam, entretanto, todo o vigor de fructificação dessas regiões: aquella, cobrindo-se de formosos fructos, mas não elevando as grimpas á mais de metro do solo; e este, sendo ás vezes de tal altura, que as folhas e o fructo são maiores do que o tronco.

Esse terreno balofo repousa sobre leito de rochas crystallinas, mais ou menos aprofundado sob camadas de grés, tufo, argilla e saibro, que as torrentes perennes ou accidentaes vão pondo em relevo ao derruirem as rochas de facil desaggregação. Em alguns logares apparecem no terreno, isolados uns, e a mór parte em grupos mais ou menos proximos, enormes penedos, de fórmas caprichosas, semelhando á torres, tumulos, mausoléos e calçadas, ora aos *dolmen* e *men-hirs* dos antigos barbaros da Europa septemtrional, ora aos *ice bergs* dos mares circumpolares.

(a) V. o diario do reconhecimento que fez o Dr. Antonio Pires da Silva Pontes ás cabeceiras do Guaporé—1879. Não conheço esse vegetal, mas pela ligeira descripção que delle faz o Dr. Pontes, não é a *arvore do viajor. arvore da vida,* que sendo uma *musacea* não poderia vegetar nestas regiões areientas.

E' a região do gneiss, notavel por sua riqueza metallifera. Todas as minas de ouro da provincia foram descobertas á beira dos rios, no araxá, ou, já nas baixadas, nos remansos dos que se despenham das suas arestas abruptas.

Em muitos logares a decomposição determinada pela acção climaterica e principalmente pela das chuvas torrenciaes, tão communs nestas regiões, tem escarvado o solo deixando-lhe ora valles de denudação, ora extensas e fundas depressões, semelhantes á leitos de rios extinctos.

Tornam-se notaveis certos contrafortes dessas soterradas cordilheiras, pela maneira extranha porque terminam seus espigões, em alcantis altissimos e ás vezes cortados completamente á prumo. São conhecidos na provincia pelo nome de *trombas,* e de *itambés* pelos indios; e entre outros são notaveis os das serras do Aguapehy, do *Napileque* (a) e *Jacadigo*, nas cercanias de Albuquerque.

Os Itambés

Sendo a formação dessas montanhas de grés mais ou menos argilloso ou calcareo, aquelles espigões apresentam-se, ás vezes, como massiços

(a) *Lavileque* segundo outros: entretanto parece que ambos os termos são falsos, sendo o verdadeiro *Dapileque,* ferro, no idioma dos guaicurús.

de gneiss, affectando as fórmas mais caprichosas. Algumas das trombas são penhas de gneiss ou dykes de diorito durissimo, que se reconhecem nos logares declives e nos flancos á pique e completamente despidos das camadas de superposição, que não souberam resistir á acção decomponedora do sol e das aguas. Quasi todas são mui ricas em minereos de ferro.

Nesse systema é que bem se póde estudar as eversões geologicas porque têm passado as rochas do Brasil. Nem mesmo essa observação passou aos investigadores do seculo passado. Fallando da serra de *Ricardo Franco* (a), diz o Dr. Silva Pontes, astronomo da commissão de limites de 1782, o seguinte:

« Toda a frente da serra que olha para a villa, está mostrando um esqueleto de muito maior massa do que foi algum dia, sendo manifesto pelos repetidos vácuos e chatos que nella ʿe observam, que têm corrido não só as terras primitivas, que a cobriam, sinão grandissimos segmentos de pedras que se têm despegado do alto e meio, ali deixando uns medonhos precipicios á que chamam na lingua tupinambá *itambé*, que quer dizer *beiço de pedra*, observando-se o mais medonho della logo que se chega ao alto da serra. As pedras säo de uma areia *glarea*, mas que, ainda que parece friavel são tão duras que não admittem picão nem cinzel. » (b)

Serras ou *campos*, são nomes que commummente se dão á essas regiões do planalto, e que igualmente lhes cabem; emquanto de um lado guardam soterrado todo um flanco sob camadas enormes de alluvião, e só têm por indices de sua existencia os contrafortes e esporões de flancos completamente livres, do outro a rocha durissima se patenteia denudada das crostas menos resistentes, liza e escabrosa, mas cahindo sempre na ver-

---

(a) Então do *Grão-Pará* ; é fronteira á cidade de Matto-Grosso, e na outra margem do Guaporé. O nome de *Ricardo Franco* foi-lhe dado pela actual commissão, em 1876, em homenagem ao infatigavel engenheiro do seculo passado.

(b) Obra citada.

tical sobre os extensos e fundos valles de denudação que nella confinam, ou então offerece ao ascenso, desde as baixadas do valle, altos e vastos degraus, em escalão, aqui abruptos, ali de ladeiras ingremes.

E' notavel que quando um numero crescido de vulcões estende-se á margem do Pacifico pela cordilheira andina e seu prolongamento ás montanhas *Rochosas*, da America do Norte, o resto todo do continente americano seja despido desses respiradouros da incandescencia centriterranea, o que é um indice seguro da differença das duas regiões. Fallam, todavia, alguns viajantes de montanhas, cujos cones parecem cratéras de antigos vulcões: os cayapós asseguram que na serra *Sellada* ha um monte que lança fogo e fumo com horrorosos estampidos, pelo que nenhum se tem atrevido á lá chegar; e igual noticia e factos conta-se das serras do Napileque, nas proximidades do Apa. Os terremotos são tão frequentes na costa do Pacifico, quão raros nas outras comarcas; e os poucos que aqui a memoria guarda são tão fracos e instantaneos, que muitos passam desapercebidos (a).

V

As aguas que nesse chapadão correm para o *N.* vão, como acima se notou, abrindo caminho no solo arenoso. Quaṣi todas essas correntes são de leito lageado, e a maior parte desce encachoeirada, ás vezes em saltos de grande altura. O *Juruhena*, logo duas leguas abaixo das suas vertentes, precipita-se por uma cachoeira de trinta metros, a mesma altura com que o Cuyabá despenha-se da montanha do *Tombador*, e menor do que a do

---

(a) Na provincia ha memoria de uns tres ou quatro de que se fallará, adiante, na *climatographia*.

ribeirão *do Inferno*, que cahe abrindo um boqueirão de duzentos pés de profundidade e de paredes á pique, conhecido polo nome de *Bocaina do Inferno*. Encachoeirados descem os rios *Negro, Camararé, Xacuruhina, Arinos, Manso, Paranatinga, Sumidouro*, etc., emfim, quasi todos os que correm para o septemtrião; o *Jamary, Gyparaná, Marmello, Manicoré* e *Negro*, que vão ter ao Madeira, e grande parte dos que descem ao Paraná. Dos que vão cahir nos grandes valles do occidente e do sul as cabeceiras são sempre encachoeiradas, quer despenhem-se em uma só cascata, quer venham, como o Cuyabá, saltitando por degraus.

Alguns, ao abrirem espaço nos campos do planalto, encontram o terreno solapado e de facil resistencia á força de suas torrentes, e immergem sob uma crosta de gneiss, ou sob abobodas de uma especie de tufo calcareo, mais ou menos extensas, indo emergir adiante. São os *sumidouros ;* e de cuja presença quasi sempre tiram nome os rios que os passam.

Nas regiões das serras, ao sopé dos angulos dos contrafortes ou no fundo de profundos valles de denudação, algumas torrentes têm seus mananciaes, comquanto as immensas chanfraduras onde correm indiquem serem erosões do solo, determinadas pela agua. Talvez que primitivamente esses rios accidentae: ou escoantes, e hoje perennes, derivaram seus cabedaes em regiões bem altas, cujo solo, pouco á pouco desmanchado pelas aguas, pouco á pouco se aprofundou. Seus mananciaes, hoje, ao sopé das montanhas, são de facil explicação. Outros têm as origens no interior de cavernas, nas fraldas de montes: taes, entre muitos, a famosa cabeceira do Guaporé, nascida no ôco de uma rocha ou *paredão* vermelho, de grés rico em minereo de ferro, e a da *Corixa Grande do Destacamento*, que brota do interior de um morro isolado pertencente á denominada serra de *Borborema,* que é um ramal da Aguapehy. Sahe dessa gruta por tres corredores, cujas entradas, altas e estreitas como portas, abrem-se á flôr do terreno, no fundo de um pequeno saguão formado á custa de lages de trapp amygdaloide, algumas lisas e polidas como lousas, que se têm desprendido do tecto e paredes lateraes, e jazem esparsas no chão; e o riacho, mal apparecendo nesse alpendre, some-se debaixo do solo, indo emergir quatro á cinco metros adiante. Das abertas ouve-se o extraordinario barulho das aguas, que, dentro mesmo da caverna, são encachoeiradas.

Corixa

DIVORSUM AQUARUM.—No planalto o divorsum aquarum vem do parallelo 11° e meridiano 20°, mais ou menos, onde têm origem os affluentes septemtrionaes do Guaporé e muitos dos orientaes do Madeira, á quebrar-se no meridiano 16°, onde, no parallelo 14°, abre as mais longinquas fontes do *Tapajoz, Paraguay* e *Guaporé*. Ahi sua altura é de mais de mil metros : o sabio naturalista bahiano, Dr. Alexandre Rodrigues Ferreira (a), dá á serra de S. Vicente um quinto de legua de altura ; e os seus companheiros de lides e glorias (b), quasi igual altitude ás nascentes do *Jaurú* e do *Sararé*. Dahi sóbe de novo á aquella primeira latitude, na

(a) V. *Relação circumstanciada das amostras de ouro que remette para o Real Gabinete de Historia Natural o Dr. naturalista Alexandre Rodrigues Ferreira; em conformidade ds soberanas ordens de Sua Magestade, de 31 de Outubro de 1787.* Biblioth. Nac. Ms. CXIII—16—14.

(b) Comquanto em commissões diversas, seus trabalhos se executaram no mesmo periodo de tempo. Estes para ns altitudes serviram-se então do *pé do Rheno*, que lhes marcou 25 pollegadas e 5 linhas nas fontes do Jaurú, e 24 pollegadas e 11 linhas nas do Sararé.

qual outra vez divide as aguas do Tapajoz, Xingú e Paraguay ; e descendo em rumo *SSE.* até o parallelo 19°, meridiano 6°, separa novas cabeceiras para o Paranatinga, Mortes e Araguaya, ao *N.*, e ao *S.* para o Paraná e Paraguay. Essa linha quebrada como que indica e determina a
posição e direcção dos tezos crystallinos desses campos do planalto, em
muitos sitios assignalados ora pelos valles que os deixam á nú, ora pelos
espigões ou pelos penhascos isolados, mas disseminados na planicie, aqui
formando torres como os da *chapada do Guimarães,* ao oriente de Cuyabá,
ali, formando altos paredões á pique, como os que o *Coxim* atravessa, os quaes
plenamente revelam a sua formação plutonica; ora, emfim, pela crista ou
espinhaço que se alteia nos plainos, formando as cordilheiras dos Parecis,
Norte, Tapirapuam e Aguapehy, as quaes, conforme os sitios por onde
passam, recebem os nomes de *S. Vicente, Kagado, Olho d'agua, Santa*
Barbara, Borborema, Melgueira, Morro Grande, Sete Lagóas, Pary
ou *Jaguará, Tamanduá, Morro Vermelho, Corrego Fundo, Ararapés,*
Arára e *Cuyabá;* e dahi para cima a *Serra Azul,* em rumo *NNO.,* entre
o Tapajoz e o Xingú. Para *SE.* desce com as denominações de *S. Lourenço,*
Agua Branca, Taquaral, Rapadura, Roncador, Sellada, Santa Martha,
Cayapó, Mombuca, Sentinella, Santa Rita, Albano, Arára, Crys-
taes, etc., estas ultimas já em Goyaz, e todas ellas sob o nome geral de
serra das *Divisões.*

———

Segundo o Sr. Dr. Couto de Magalhães (a) falseiam os mappas figu-
rando montanhas no divisor das aguas do Araguaya das do Cuyabá, o qual,
exceptuando a serra de S. Jeronymo, é em geral uma vasta planicie levemente accidentada com suaves pendores, n'uma declividade não maior de

_____

(a) *O Selvagem,* **pag. 168.**

cinco por cento; observação que não se póde acceitar em absoluto, visto que não são montanhas somente as grandes elevações do solo; e assiste ao povo como ao geologo, o direito, e á este, mais, o dever de denominar *serra* pela sua formação geologica, essas elevações do terreno, pequenas em altura mas longuissimas em extensão, e que na maior parte são as cristas e lombadas de enormes cordilheiras soterradas. Naquella região é notavel o morro de S. Jeronymo, alto de 1400 metros, que se avantaja n'um circuito de muitas dezenas de kilometros. Esse mesmo incansavel e illustrado observador notou que o planalto apresenta, em seu flanco *livre*, a formosa altura de quatrocentos metros; revestida de espessa e forte mattaria, que desapparece vencido que seja, e substituida agora por vastos campos semeiados, aqui e acolá, de arvores isoladas, um ou outro matto *caatinga*, rasteiro e infesado; e de longe em longe, pequenos e arredondados capões, *caapuans*, que onde apparecem são indices certeiros da presença d'agua mais ou menos perenne.

Disposição geologica de varios pincaros no caminho
de Santa Rita ao Coxim. (a)

A serra dos Parecis e a do Norte, á *O.*, a dos *Apiacás* e *Bacauhyris*, ramos da Azul, ao *N.*, a do *Espinhaço*, á *E.* e ao *S.* a do Tapirapuam e os

(a) Desenho do Sr. Dr. A. d'Escragnolle Taunay, que graciosamente concedeu, como outras mais, ao autor para transcrevel-os nesta obra.

rámaes que vão entroncar-se na serra das *Divisões,* são os limites do grande araxá exclusivamente matto-grossense. Na maior parte apresentam o flanco livre, ingreme e alto; outras vezes vão descendo em fortes declives, ou por escalões, mostrando, muitas vezes, nessas paredes, principalmente nas das regiões de sudoeste, estrias onduladas e parallelas que parecem o signal do açoite violento e demorado da grande massa de agua que primitivamente occupou as baixadas adjacentes; mar, cujas marés e tempestades, carcomendo as escarpas e abrindo-lhes entre os massiços verdadeiros golphos e bahias, deixou-lhes pelos cabos e promontorios de então os espigões e contrafortes de hoje.

VI

Parecis.—A aresta conhecida pelo nome de *Serra dos Parecis,* vem desde as cachoeiras do Madeira. Seu primeiro contraforte apparece no parallelo 10° 20', junto á primeira cachoeira desse rio; outro vem bordando o ribeirão dos *Pacahás Novos,* no Mamoré; terceiro vae morrer nas proximidades do forte do *Principe da Beira,* no Guaporé. Este rio guarda um tal ou qual parallelismo com a cordilheira, da qual apenas se affasta doze á vinte leguas em todo o seu prolongamento. Ainda esta manda ao Guaporé uns tres ou quat o espigões, cujos mais notaveis são o de *Santa Rosa,* no meridiano 20° 30', e o das *Pedras Negras* no de 19° 44'.

Na latitude de 17° bifurca-se, dando seguimento para o septemtrião á cordilheira do Norte, que prolonga-se em direcção ás regiões amazonicas; para *S.,* quebra-se á meio do parallelo 14° á 15°, e fórma o massiço chamado *Serra de S. Vicente* e tambem *chapada do Brumado;* aos 15° despenha o Sararé; e ganhando *SE.* vae, com os titulos de serras do

Kagado, Santa Barbara e *Salinas,* morrer na latitude de 16°, nos alpestres alcantis da Aguapehy.

————

ALTITUDES.—Foi na serra de S. Vicente, ahi tambem conhecida pelo *Alto da Serra,* que o Dr. Alexandre e os astronomos, em 1789, acharam altura superior á mil metros.

No correr da serra dos Parecis, parallela ao Guaporé, essa altitude varia de trezentos á setecentos metros, sobre o nivel do solo. Nessas regiões o frio do inverno é rigoroso e as geadas frequentes, causando damnos aos proprios algodoeiros (a); cita-se mesmo pessoas mortas de congelação, não só aqui como nas chapadas de Guimarães e de Camapuam, onde a friagem é ainda maior (b). Aquella dista doze leguas, ao oriente, de Cuyabá, sobre a qual se eleva quinhentos e oitenta metros (c), ou pouco mais de oitocentos sobre o mar.

Pódem-se considerar como um ramo da Parecis, ou pelo menos pertencentes ao mesmo systema, as serras que á poucas leguas de distancia levantam-se entre o Guaporé e o Verde, desde o parallelo 13° na *Terra firme do Pau Cerne* até os 15° 20', abaixo da cidade de Matto-Grosso. Ahi seus pincaros se elevam á altura maior de oitocentos metros (d).

A commissão de limites de 1876 denominou-as de *Ricardo Franco,*

————

(a) Southey orça em 4^0 á 500 braças sobre o mar a situação do arraial de Sant'Anna, e diz que era muito sujeito á geada.—T. 6°, pag 4?2, trad. do Dr. L. de Castro.

(b) D'Alincourt, (*Resultado dos trabalhos e indagações sobre a provincia de Matto-Grosso*) diz que em 1822 morreram de frio na serra da *chapada* mais de vinte negros novos idos da córte.

(c) D'Alincourt, *obr. cit* Dá á Cuyabá 101 braças e 2 palmos e meio de altitude sobre o mar, e a chapada, mais elevada do que ella 264 br., 3 pal., 6 poll.

(d) «No alto da serra o azougue baixou 2 poll. no *pé do Rheno,* o que dá á altura de 2600 pés do solo».—*Rel. da excursão d serra do Grão-Pará, em 26 de Junho de* 1782, *pelo Dr. Antonio P. da Silva Pontes.*

em homenagem ao distincto e infatigavel engenheiro, incontestavelmentê o sabio á quem a provincia mais deve por seus innumeros e consciensiosos trabalhos de geographia, hydrographia, limites e defesa de territorio ; cujos sertões mais invios percorreu transitando innumeros rios, passando centenares de cachoeiras, affrontando mil perigos e labores, e deixando nos seus interessantes mappas e descripçõcs verdadeiros thesouros de sciencia e observação.

VII

Quasi que se póde dizer que são tantas as correntes que descem do araxá quantos os espigões e serranias que seguem entre uns e outros rios, margeando-os. A serrania que borda a margem esquerda do Paraguay é um espigão que da Tapirapuam desce á *S.* n'um ramo, e n'outro prolonga-se para *NNE.* Póde-se marcar os seus começos nas cabeceiras do Jaurú, indo dahi beirar o rio por cerca de uns cincoenta kilometros. Pela esquerda, prolonga-se· até o parallelo de 16° 41', quarenta e seis kilometros abaixo da foz do Jaurú. Os ramaes de *NO.*, que separam as vertentes do Paraguay das do Cuyabá, e estas das do Arinos, são a *Mangabeira, Jaguára, Sete Lagôas, Pary* ou *Melgueira, Araparás* ou *Tombador, Arara* e *Cuyabá* (a).

(a) Escrevo, assim, de preferencia á Cuiabá, por não poder conformar-me com a derivação de *cuia—vae* que dão-lhe alguns, ou mesmo *cuia—abá* (abá, *gente*), apezar de esta ser a opinião do advogado José Barbosa de Sá, contemporaneo quasi da fundação da cidade, o qual na sua *Relação dos povoados de Cuiabá e Matto-Grosso*, manuscripto de 1775, diz : « Destes o primeiro que subiu o rio *Cuiabá*, assim chamado por encontrarem uma cuia grande sobre as aguas, que ia rodando (*), por

---

(*) *Rodar*, isto é, vir aguas abaixo ; expressão ainda hoje muito commum na provincia.

Serra das Divisões. No meridiano 12° e parallelo 13°, mais ou menos, as escarpas do planalto prolongam-se, á principio, na direcção de *E.*, e depois levam n'uma linha quebrada seus espigões ao rumo *S.*,

onde inferiram que por aquelle rio havia gente (*sic*); outros dizem que o nome de Cuiabá procedeu de haverem cabaceiros plantados pelas margens daquelle rio ; e outros que era o nome de gentios chamados cuiabases, que nestes districtos habitavam. Cada qual siga a opinião que quizer, que não é ponto de fé nem pragmatica de Rey, que eu sempre estou que a nominação procedeu da cuia ; que gentio desse nome nunca achei nem tive noticia, nem que houvessem cabaceiros pela margem do dito rio, sendo eu um dos segundos que cultivei estes sertões e examinei o que nelles pude encontrar. » A opinião dos cabaceiros é a seguida por monsenhor Pizarro, que diz : « Os povoadores primeiros do districto deram-lhe o nome por acharem plantado em suas margens certo fructo conhecido com o apellido de *cabaço* ou *cabaça*, especie de abobora de miolo amargo, o qual se separa e deixa um casco rijo, de que fazem *cuia*, seccando-o, para guardar farinha, liquidos, etc. » —*Mem. Hist.*, tomo 9. A de *cuya* e *abd*, *gente cahida*, é dada pelo padre José Manoel de Siqueira, coévo de Sá e filho do capitão Antonio do Prado Siqueira, amigo e companheiro do *Anhanguéra* e do coronel Antonio Pires de Campos, contemporaneos estes do descobrimento da provincia.—*Mem. á respeito das minas dos Martyrios.*—Entretanto Antonio Pires de Campos, na *Breve Noticia* que dá *do gentio barbaro que ha na derrota das minas de Cuyabá e seu reconcavo*, publicada no tomo XXV da *Rev. Trim. do Inst. Hist.*, pag. 416, elucida a cousa de modo á não haver duvida, dizendo : « Subindo mais para cima, vem um rio dar neste do Cuyabá, que lhe chamam *Cuyabá-merim*, que nasce de uma bahia,na qual habitava um lote de gentio chamado *Cuyabás*. Estes usavam de canôas e nos trajes e costumes eram como os acima nomeados, e tinham pazes com todos por serem mansos e pacificos. » Creio sufficiente essa asserção do contemporaneo do descobrimento para acertar-se com a origem do nome. Si em vez de cuyabás eram *cayoabás*, ou mesmo *cajabis*, indios que ainda hoje povoam as cabeceiras do Manso e Paranatinga, aquelle gentio, a corruptela não é de assustar os etymologos, tanto mais quanto se vé que ella virá já desde Antonio Pires. Os cayoabás, de facto, eram senhores dos sertões entre essas bandas e o Arinos, rio das Mortes e Araguaya, do mesmo modo que com esse nome encontravam-se outras nações nas margens do Mamoré, onde foram aldeiados na missão de *La Exaltacion de Santa Cruz de los Cayoabás*. Segundo Francisco Rodrigues do Prado, commandante do forte de Coimbra, na sua *Hist. dos indios cavalleiros*, pag. 2, os cayoabás eram os mesmos coroados ou *coroás*, habitantes daquellas margens. Baste este exposto, e calle-se as veisões de *cuña abá*, *mulher-homem*, *virago*, que alguem apontou, e a dos que a tiram dos coroás, em cujo dialecto *cuya* quer dizer *fallar* e *baya mulher*, e a phrase—a *falladora*. Si um dia o portuguez fosse uma lingua morta, e taes etymologos apparecessem, haviam de explicar a palavra *camaleão* como formada de duas puramente luzitanas, que significavam *letto de dormir* e um animal,o rei das selvas. Segundo o padre Losano (*Conq. del rio de la Plata*, 1°—IV., *Ibiraty* era o primitivo nome de Cuyabá.

guardando uma tal ou qual uniformidade, sinão parallelismo, com a disposição hypsometrica das arestas dos Parecis, o que as revela coetaneas e originadas de uma mesma eversão geologica. O ferro é em tal quantidade nesse solo, que são ferreas, de alto sabor styptico, quasi todas as vertentes ahi originadas, e notadamente os corregos *Olho d'agua*, *Sepultura* e *Lagoinha*, cabeceiras do Guaporé e o *Piquihy*, do Jaurú; e o terreno de grés schistoso, avermelhado, devido isso á presença dos minereos daquelle metal. Elevam-se essas escarpas sobre a vasta bacia, onde serpeiam os braços orientaes do Paraguay e vão prender-se ao systema conhecido pela denominação de Serra das Divisões, cujos massiços e contrafortes recebem os nomes de *S. Lourenço*, *S. Jeronymo* ou *Canastra, Roncador, Taquaral, Santa Martha, Sentinella, Santa Rita, Cayapó, Albano, Arara, Crystaes, Mumbuca*, etc., denominações dadas, ás vezes á um só morro ou cerro, outras á fracas asperesas do terreno, mas que se estendem impropriamente ao seguimento orologico á que se prendem: sendo que todo o systema é geralmente conhecido na provincia sob os titulos de Serra de S. Lourenço, e pelos cartographos pelo de *Geral* ou *das Divisões*, que ainda prolonga-se para *NE.*, servindo de divisoria entre Goyaz, Minas, Bahia e Piauhy.

———

Das serras de Cuyabá para *N.* prolongam-se as cristas da *Serra Azul*, divisor das aguas do Cuyabá das do Paranatinga, e cujos ramos, vistos e reconhecidos pelos primeiros exploradores desses sertões, apparecem nas suas narrações com os nomes de *Apiacás, Bacauhyris, Tapirapés* e *Gradahus*, dos das nações que ahi encontraram. Esse systema guarda parallelismo com a direcção da grande cordilheira ou *Serra do Estrondo*, na provincia de Goyaz, cujas vertentes só enriquecem as correntes do Araguaya e do Tocantins, e cujos contrafortes e esporões são chamados

Serra Dourada, Ouro-fino, S. Patricio, Canastra, Javahés, Morro Pin-tado, etc. Aqui passam pelas terras, no geral, mais altas do Brasil, ava-liando-se essa altitude em mais de tres mil metros; sendo que de seus flancos são os de *E.* os que se patenteiam menos declives e algumas vezes bastante approximados á vertical.

Pincaros isolados da Serra de Maracajú.
(Desenho do Sr. Dr. Taunay).

Ao *S.* de Matto-Grosso o araxá termina pelas cordilheiras de *Mara-cajú* e *Anhambahy,* cujas arestas, naquelle rumo, elevam-se a mais de seiscentos metros, emquanto que pelo outro lado formosas campinas cons-tituem o planalto. Seus principaes contrafortes são os morros do *Napi-leque* ou *Dabileque,* voz guarany, que quer dizer ferro, *montanhas de ferro,* e os de *Nabidoqueno* e *Gualalicano,* que vão morrer no *Fecho de Morros.*

No alto Paraguay, ao passo que as serras vém desde suas mais lon-ginquas vertentes bordando-o pela margem esquerda até o morro *Descal-vado,* na latitude de 16° 44' 38",34, na margem direita só apparecem, após um longo tracto aos 17° 23', uns pelotões chamados serras da *Insua* ou *Gama, Galyba, Alvarim, Pedras de Amollar, Dourados* e *Xanés* desde a lagoa *Uberaba* até a *Mandioré,* e todos conhecidos com o nome geral de Serra dos Dourados ; e os de *Albuquerque* e *Jacadigo*, desde Corumbá, quasi no parallelo 18°, até o Fecho de Morros, em latitude de 22°. Aquellas vão prender-se ao systema da serra de S. Fernando—que á poucas leguas de distancia prolonga-se em territorio boliviano ; as ultimas parecem contrafortes que se entroncam nos braços de *NE*. da cordilheira de Anhambahy.

VIII

Sendo nas arestas das montanhas, principalmente nas cabeceiras dos rios, que os primeiros exploradores encontraram as mais ricas jazidas de ouro, entranhavam-se taes aventureiros pelos mais invios sertões sem cogitarem nas distancias, nos trabalhos e nos perigos á vencer ; nem houve monte em tão dilatada região onde não chegassem, plantando, em muitos, estabelecimentos mais ou menos povoados, mas, tambem, mais ou menos ephemeros.

Ao occidente da provincia, quasi que seus limites coincidem com o limite dos terrenos altos da região. Além do Guaporé,—sua divisa natural, avistaram aquelles sertanistas as serranias que se intercalam entre elle e o rio Verde ; subiram-as, escogitaram quantas vertentes descem á engrossar os dous rios e desceram até o parallelo 13° 20',nos ultimos tezos do Garajuz e da *Melgueira*, onde mineraram e fundaram *Vizeu*, em 1776. A' sudoeste, além do Paraguay, tomaram posse de todo o terreno alto, que se mostrava á sua margem direita.

Já o primeiro sertanista de quem rezam as tradições, Aleixo Garcia, transpuzera o Paraguay, as suas serranias e os pampas innundados do

Galámba ou *Gran-Chaco* (a), em rota ás terras do Perú, á buscar riquezas, que os guaycurús diziam haver á rodo nas terras do poente (b).Conta-se que satisfizera seus desejos e chegára,já de volta,carregado de prata ás margens daquelle rio, onde parou emquanto mandava noticias da sua chegada e do bom exito da empreza á Martim Affonso de Souza, que o ajudára com homens e fazendas, quando sobrevindo os payaguás e guaycurús, inimigos dos *xanés*, que o acompanhavam, mataram-o, destroçaram-lhe toda a companhia e levaram-lhe prisioneiro um filho de menor idade. Sebastião Gaboto, ao penetrar naquelle rio em 1526, encontrou ainda vestigiós das riquezas que Aleixo trouxera, o que,—é da historia—motivou o nome de *rio da Prata*, que então teve o Paraguay.

Atravessaram, muitas vezes, esses sertões vastissimos d'além Paraguay Pedro Domingues e Braz Mendes, capitão do seu terço, segundo Roque Leme (c), e natural de Sorocaba, sempre em busca de indios, com a santa idéa de os livrar do peccado, chamando-os ao gremio da religião de Christo,—e a torpe tenção de fazêl-os escravos.

Bartholomeu Bueno da Silva, o *Anhanguêra*, Manoel de Campos e seus filhos, o capitão Antonio Pires de Campos (d) e Felippe de Campos Bicudo, Bartholomeu Leme da Silva, filho do Anhanguêra, e os sobrinhos Pedro, Lourenço e João Leme, Antonio Borralho de Almeida, Gabriel Antunes Maciel e seus irmãos Antonio João Antunes e Felippe de Cam-

---

(a) *Chacu*, em quichua, quer dizer rebanho.

(b) *Memorias genealogicas das familias de todas as capitanias do Brazil*, 1792. Ms. do conego Roque Luiz de Macedo Leme, e que supponho calcado sobre igual trabalho de seu parente Pedro Taques de Almeida Paes Leme, fallecido em 1777, sargento-mór de ordenanças e autor da *Nobiliarchia historica e genealogica da capitania de S. Paulo*, «que deixou incompleta, diz Fr. Gaspar da Madre de Deus, apezar de ter gasto cincoenta annos nesse trabalho.»

(c) Manuscripto citado.

(d) Pae do coronel do mesmo nome, que aldeiou os bororós, e os cayapós mataram, com grande sentimento daquelles. *Annaes da camara de Cuyabá*, liv. 1º; Sá, *Rel. dos pov. de Cuiabá* e *Matto-Grosso*.

pos Maciel (a), Pascoal Moreira Cabral (b) e Antonio do Prado Siqueira (c), todos paulistas de Sorocaba; e os europeus Francisco Xavier e
João Pires Taveira: são os homens energicos e ousados, que os chronistas
indicam como os proto-exploradores do territorio de Matto-Grosso. A' elles
deve a provincia o descobrimento de todos os seus sertões, suas montanhas e rios; a abertura das suas poucas estradas, ainda hoje as mesmas,
salvos pequenos melhoramentos que o decurso de quasi seculo e meio tem
exigido. A navegação do Guaporé e Madeira foi descoberta em 1742 por Manoel Felix de Lima; a do Arinos e Tapajós, quatro annos mais tarde por João
de Souza de Azevedo, sargento-mór de ordenanças. Em 1772 o capitão João
Leme do Prado, dessa familia Leme de sertanistas, buscava, por ordem do
capitão general Luiz Pinto uma estrada no percurso de toda a crista da cordilheira dos Parecis, desde as vertentes do Juruhena até o forte da Conceição.

Mais tarde,—aos aventureiros, guiados pela cobiça e ganancia infrene, succederam os homens da sciencia, levados pelo cumprimento do
dever e pelos estimulos da gloria. Vieram explorar, reconhecer e estudar
essas regiões, então, talvez, as mais requestadas da corôa bragantina.
Foram primeiros, a commissão demarcadora de limites, composta dos engenheiros majores Ricardo Franco de Almeida Serra, commandante da
expedição e Joaquim José Ferreira, e dos astronomos Drs.: Francisco

---

(a) Ainda existem na cidade de Matto-Grosso os descendentes destes sertanistas.
Os donos e patrões do *bote* que nos conduziu daquelle porto ao do Santo Antonio do
Madeira, os Srs. Lucio, Antonio e Estevam Antunes Maciel, guardam ainda, com o
nome, o esforço e genio aventureiro dos seus maiores.

(b) Descendente do descobridor do Brasil. Era filho do coronel Pascoal Moreira
Cabral e sobrinho do alcaide-mór de Belmonte Jacintho Moreira Cabral, neto de Pedro
Alvares Cabral, e de sua mulher D. Sebastiana Fernandes, primeiros padroeiros de
Santa Anna do Paranahyba.—Roque Leme, *Mem. Geneal. das Fam. de todas as
Cap. do Brasil.*

(c) Pae do padre José Manoel de Siqueira, autor da memoria á respeito das
minas dos Martyrios.

José de Lacerda e Almeida e Antonio Pires da Silva Pontes (a), cabendo ao primeiro e ao terceiro o que de mais satisfactorio a sciencia registrou; seguiu-se-lhe, mais tarde, o naturalista bahiano, Dr. Alexandre Rodrigues Ferreira, o *Humboldt* brasileiro, no dizer de Ferdinand Dénis (b), de Osculati (c) e de outros, e cujos multiplos e preciosos trabalhos andam completamente dispersos, e muitos, talvez, perdidos.

Depois delles, e na geração que passa, Matto-Grosso só registra dous nomes de varões prestimosos, que se prendem á tudo o que ha de melhor, relativo á seus estudos geographicos, e á quem deverá gratidão eterna: Luiz D'Alincourt, major de engenheiros, o investigador da estatistica e chorographia da provincia, e o Sr. Augusto Leverger, barão de Melgaço e chefe de esquadra reformado, sabio e modestissimo conhecedor do territorio matto-grossense, ambos dignos herdeiros e emulos das glorias de Ricardo Franco e de Lacerda.

IX

Além dos limites occidentaes da provincia e do acabamento do araxá e seus espigões, o terreno vae sómente de novo elevar-se á muitas dezenas de leguas distante, nas abas dos Andes, cujas torrentes principaes e innumeras são, tambem, tributarias dos dous rios gigantes da America do Sul.

Mas ahi o terreno não fórma chapadões; eleva-se desde quasi o parallelo 20°, mas, pouco á pouco e suavemente, como que formando uma

---

(a) Vinha mais um capellão, Fr. Alvaro da Fonseca Zuzarte, um cirurgião, 19 praças e 100 indios, dos quaes 36 morreram logo em viagem. Partiu a commissão de Barcellos á 1 de setembro de 1781, entrou no Madeira á 9, e chegou á Villa Bella á 28 de fevereiro do anno seguinte.

(b) *Le Brésil.*

(c) *Esplorazione dalle regione equatoriali.*

amplissima escarpa á cordilheira andina. *Santa Cruz de la Sierra,* no parallelo 16° 41', á 437 metros acima do nivel do mar, conserva altura correspondente á elevação normal dos continentes; *Sucre,* aos 21° 17', está á 2840ᵐ, *Puna,* aos 22°, á 3912ᵐ, e Potosi, meio grau á *O.,* á 4058ᵐ. (a)

Todo o territorio intermediario é tão baixo e plano que as correntes tornam-se notaveis pelo seu pouco declive. Ribeirões de regular cabedal de aguas, ao encontrarem o rio á que affluem, por qualquer circumstancia um pouco mais veloz do que de costume, ficam represados e como que estagnados, não se notando quasi movimento algum na sua correnteza. No tempo das aguas, que coincide com o degêlo das cumiadas nevadas dos Andes, engrossam-se e convertem-se em caudalosas torrentes; transbordam dos leitos, invadem os terrenos, espraiando-se cada vez mais e convertendo as dilatadas campinas onde serpeiam em um verdadeiro oceano de agua doce, de centenas de leguas de ambito, bordado de innumeros e extensos golfos e bahias, e semeiado de ilhas verdadeiras ou falsas, aquellas formadas pelos raros tesos e morrarias, que sobresahem á planicie e estas pelas verdes cimas das florestas submergidas. Póde-se marcar como limite á esse terreno de inundação as serras do Abuná, ao *N.,* o araxá matto-grossense á *E.,* e á *O.,* o meridiano 20°, desde Santa Cruz de la Sierra, Púcara, Padilha, Salina e Oran, lá onde começam á apparecer as cabeceiras do Guapay, do Pilcomayo e do Bermejo. Para o *S.* estende-se além das serranias de Tucuman e Catamarca, além dos banhados e *esteros* de Santiago e Cordova, até os pampas mal conhecidos da Patagonia.

Nessas comarcas, poucas vezes no anno são possiveis as longas viagens. Quasi que só de setembro á dezembro encontra-se transitavel o terreno, ordinariamente liso e livre de tropeços como a mais bem conservada estrada. Ha, porém, á soffrer-se do excesso contrario ao do tempo

---

(a) Segundo Pentland, Sucre está á 9343, Puna 12870, e Potosi 13350 pés inglezes.

das aguas, agora completamente absorvidas, e, sómente de longos em longos trechos apparecendo em brejaes ou filetes mais ou menos extensos, de alguns kilometros, mais ou menos largos, de alguns metros, semelhando-se á rios sem nascedouro, sem corrente e sem foz. São escoadouros dos terrenos mais altos, e nestas regiões conhecidos sob o nome de

As innundações.

corixas ou *coriches* (a). Taes são alguns dos rios do interior da Bolivia e republica argentina, como o *Parapiti*, no Chuquisaca, o *Temblada*, no Pampa Grande, o *Tucubaca*, nos Ottuquis, o *Santa Rita* e o *Palmas Reaes*, na fronteira de Matto-Grosso, e ainda a *Corixa Grande do Destacamento*, os *rios Andalgala*, que começa junto ás montanhas de Tucuman e perde-se nos lagos salgados de *los Ponchos*, o *Dulce*, o *Primero*, o *Segundo*, o *Quinto*, os de *Rioja*, *Cordova* e *Mendoza*, e o *Bateles*, este na provincia de Corrientes, fortemente caudalosos em plena estação das chuvas e completamente á sêcco ou estagnados na outra estação. Delles

(a) Não é palavra portugueza, nem sei a sua origem. Mesmo os bolivianos, de cujo paiz a supponho recebida, não puderam elucidar-m'a, não a conhecendo n'uma dezena de dialectos dos mais conhecidos, desde o *quichua* até o chiquitano.

alguns são perennes; e assemelhando-se aos rios, conservam essa designação si bem que não sejam mais do que estreitas e compridas lagôas.

Nas regiões montanhosas do Imperio, e particularmente nos declives
dos araxás, encontram-se muitas dessas correntes periodicas, ora volumo-
sas ora aniquiladas, conforme a epoca, e as quaes outra cousa não são
mais do que escoadouros ou vasantes provenientes da declividade do solo.
Taes o *Jaguaribe,* o *Aracacú, o Barnabuhy,* o *Choró,* o *Ribeirão do
Sangue,* e tantos outros do Ceará e Piauhy, o *Turvo,* de Goyaz, etc.,
e grande numero dos que correm neste araxá.

———

Muitas dezenas de annos e muitas gerações succeder-se-hão antes que
a riqueza das nações e o esforço de seus braços possam abrir estradas—
não já para locomotivas á vapor, mas simplesmente de rodagem, duradou-
ras e permanentes. A baixa do terreno é por sua extensão um obstaculo
insuperavel nas condições actuaes desses paizes; e todo o esforço, em tal
empreza, será nullificado ante tamanha difficuldade.

Actualmente as *chamadas* estradas ou caminhos entre os povoados
nada mais são do que simples seguimentos de rumos conhecidos, direcções
que todos procuram e todos sabem, muitas não estando assignaladas pelo
mais ligeiro trilho, pelo menor indicio de transito. Mas sabe-se que essa
é a direcção: por ahi deve seguir o caminho.

Quando é chegado o tempo propicio ás viagens está o terreno livre de
tropeços e de uma planura admiravel. O solo é ordinariamente de uma
mistura de silica e argilla, á que tambem frequentemente se ajunta o
elemento calcareo: si o trilho é frequentado quando o terreno ainda está
encharcado e embebido de agua, facilmente se vão formando atoleiros e
maus passos, que difficultam o transito e fazem o desespero dos viajores.

Sêcco o solo, como a frequencia é rara, as pégadas que os animaes deixam fundamente moldadas nessa massa tomam a consistencia da pedra, e por suas escabrosidades e aspereza das arestas tornam-se o desespero dos peões, e um grande mal para as cavalgaduras e cargueiros, que nellas se estropiam. Chegada a quadra invernosa, innunda-se rapidamente; viaja-se ainda á rumos, mas com a differença agora, de que é em canôas e não á cavallo ou á pé.

Tambem na bacia do Paraguay corta-se das cabeceiras do Taquary em rumo ao S. Lourenço, á Corumbá, á Poconé ou á S. Luiz de Cáceres,—quando as innundações tém subermegido campinas e florestas, e formado esse immenso lago, conhecido dos antigos pelos *lagos periodicos dos Xarayés*.

Assim, tambem, no Grão-Chaco Azára, Van Eyvel e outros, andaram n'um oceano de aguas doces em busca do leito do Pilcomayo: assim é, tambem, que os povos bolivianos de S. Miguel, Conceição, Trindade, Exaltação, S. Joaquim, Magdalena, Reyes, etc., communicam-se entre si no valle do Mamoré: mais felizes, comtudo que os povos do sul, Sant'Anna, S. Raymundo, S. João, Santa Thereza e Santo Coração, os quaes, si em certas occasiões do anno podem ir em canôa á cidade de Matto-Grosso, n'outras ficam inteiramente incommunicaveis,—por não haver agua sufficiente para a viagem fluvial e havêl-a de sobejo para o transito das estradas.

Na força das aguas estas elevam-se á vinte e trinta palmos sobre o nivel ordinario: em Corumbá o Paraguay tem chegado á onze metros de altura; o Cuyabá, dez metros na capital; e o Guaporé, no forte do Principe da Beira, á igual altura, já observada pela commissão de 1782 e ultimamente por nós comprovada.

Mappas do seculo passado traçam as inundações periodicas dos Xarayés desde o Julgado de S. Pedro de El-rey (Poconé), no parallelo

16° 16', estendendo-se por quasi todo o percurso do S. Lourenço e do Taquary, lá de proximo ás suas cabeceiras, até abaixo do parallelo 21°, ao
S. do Fecho de Morros. Do outro lado, o Paraguay, internando-se entre
montanhas ou pequenos albardões, sobre os terrenos da sua margem
direita desde o Jaurú, penetra por entre as serranias da Insua, Pedras
de Amolar, Dourados, Xanés, Jacadigo, Albuquerque, etc., paredes que,
mesmo na sêcca, deixam-lhe entradas francas para as lagôas, ou, como
aqui as chamam, *bahias* de Uberaba, Gahibas, Mandioré, Cáceres e
Negra, e ahi, reunido á esses já por si vastos lençóes de agua, muitis-
simo accrescentados pelas torrentes de alluvião, espraia-se, cobrindo
enorme territorio, onde as estreitas depressões do terreno, já aproveitadas
pelas primeiras escoantes das chuvas, tém-se convertido em rios; onde os
brejos e almargeaes hão se mudado em lagos; e agora, reunidos n'um só
corpo seus immensos cabedaes, vão se elevando no solo, vão submergindo
pouco a pouco os albardões e tezos, vão ilhando as montanhas e cobrindo
as florestas; e, desde os contrafortes do Aguapehy até as serranias de *Salta*,
na republica argentina, nos *llanos de Manso* (a), confunde-se com o Pilcomayo, o Bermejo, o Salado e todos os rios e corixas intermedios; abraça
o Paraná, que por sua vez já tem represado as aguas dos seus tributarios
orientaes e submergido as verdes *coxilhas* de Corrientes e Entrerios ;
une-se com o vasto repositorio da lagôa *Iberá*, que ora se apresenta com
quinze leguas de largura, como a encontrou Parchappe, ora com cincoenta,
como a viu Azára: e toda essa massa de agua torna-se um verdadeiro
oceano.

Segundo o Dr. Weddell, o Chaco, na fronteira boliviana, não tem de

---

(a) Do nome do capitão Andrés Manso, desertor peruano que se estabeleceu
no Chaco, perto do Pilcomayo, mas em territorio boliviano, e ahi foi morto pelos
indios.

Charlevoix, 1°—161 e Castelnau, 6°—275.

altitude mais de cento e sessenta metros; e Häenke já tinha notado essa fraca elevação nas baixadas de Santa Cruz, Chiquitos e Mojos.

A Serra da Cabelleira.
(Desenho do Sr. Dr. Taunay.)

X

Que na America meridional parte do continente se solevantou dos mares em edades não mui primitivas, é facto inconcusso para a geologia, que, nos mais centraes sertões americanos como nas cumiadas tempestuosas de suas montanhas, nos terrenos á beira-rios e nas dunas dos planaltos, muitos delles verdadeiros *fallums*, tem sempre encontrado indices certeiros á testificarem a existencia das aguas salgadas em tempos que o estudo não pôde ainda determinar, mas que a geogenia elucidará. O que parece certo é que não foi o oceano que lhe irrompeu os limites e veiu submergir seus vastos páramos.

7

A edade geologica desses terrenos americanos parece limitar-se entre os periodos carbonifero e siluriano inferior. Si na região amasonica, desde Humboldt e La Condamine, até em nossos dias Agassis, Sousa Coutinho, Hartt e Derby, todos os perscrutadores dos arcanos da natureza, que se tém entranhado as suas remotas solidões, hão reunido ampla colheita de dados para tal confirmação, quer na observação dos factos, quer, principalmente no descobrimento dos foramineos, conchas, peixes e outros fosseis oceanicos;—na região matto-grossense nenhum indice positivo ainda foi encontrado.

Si para testemunho das diversas commoções por que passou o globo, solevantando ou deprimindo as terras ao nivel commum das aguas, tem a geologia a conformação physica do antigo continente, o alinhamento das suas cordilheiras, as falhas do solo, das quaes a conformidade de direcções marcam outras tantas eversões contemporaneas ; si ali são provas de que o oceano passeiou suas aguas por sobre planicies, montanhas e planaltos—os seus desertos, steppes e saharas, e os seus mares centraes sejam elles o Caspio, o Aral e o Mar-Morto (a) completamente isolados, sejam o Mediterraneo, o Baltico, o Negro, o Vermelho e todos esses golfões que se ligam á grande massa oceanica por estreitas portas:—na America, sobejamente o testificam o seu systema orologico, a direcção dos alinhamentos e stractificações ; seus planaltos areientos e enormes depositos marinhos, que se estendem e agglomeram entre cordilheiras completamente nullificadas pelo sedimento que se accumulou nos seus valles e montanhas que, quando muito, deixam patente um flanco, erguido

---

(a) E' extraordinaria a altitude dessas massas de agua em relação ao oceano. O Mar-Morto está 427ᵐ abaixo do nivel do Mediterraneo ; a sua saturação salina é de 25 °/ₒ, isto é, oito vezes mais forte do que o commum ; parecendo indicar, como bem o diz Privat Deschannels, no seu *Cours de Physique*, ser elle não sómente um mar morto mas tambem um mar que se sécca. O Caspio está 18ᵐ abaixo do nivel do mar de Azoff.

sobre valles de denudação, que tambem revelam vestigios da acção neptuniana.

Nas escarpas denudadas das serras da Taquara, Ricardo Franco, Parecis, Tapirapuam, S. Jeronymo, Sellada, Cabelleiras, Azul, Roncador, Dourados, dos Crystaes, etc., nos morrotes e penedos isolados e esparsos pelo araxá, e notadamente na chapada do Guimarães, onde affectam as mais bizarras fórmas, lê-se a passagem das aguas, nas cintas parallelas e na corrosão das rochas, que seguem um plano uniforme, como se o lê tambem nas faldas orientaes dos Andes. Nesses penedos, ordinariamente de gneiss e grés compacto a stractificação é quasi horisontal: todos os viajantes o attestam, e Weddell diz que: « —pendant des heures entières on rencontre des pentes des rochers, dont les strates ont été taillés en biseau par l'action prolongée des courants, toujours dirigées vers le même point. » (a)

A serra da Taquara, diz Castelnau (b), não parece ser outra cousa mais do que os lados de um grande planalto de grés, cujos flancos tenham sido batidos e rôtos por um mar que outr'ora cobrisse o centro do Brasil.

O mesmo verificou,—e o confirma o illustrado autor da *Rétraite de Laguna*, o Sr. Dr. A. d'Escragnolle Taunay, nas serras da Cabelleira em Goyaz, na de Maracajú, nos rochedos do *Lageadinho* em Matto-Grosso e na denudação do *Portão de Roma*, dous massiços de grés argilloso, cortados á pique e fronteiros, passando pelo meio uma estreita senda, toda eriçada de lages e mattos: abertas praticadas pelas aguas em rochas metamorphicas que formam systema com uma serie de morros que, em differentes strias parallelas, marcam nas escarpas a altura do « lago geologico que outr'ora aquella bacia encerrou. » (c)

(a) Expedition aux parties centrales de l'Amerique du Sud, tomo 6, pag. 103.

(b) Item, tomo 2º, pag. 247,

(c) *Scenas de viagem*, pag. 26.

Tambem escarvadas pelas aguas, por um processo analogo ao dos *sumidouros* actuaes, parecem ser certas grutas ou galerias, como em Goyaz o arco de quarenta metros de longo no arraial da Anta, e a galeria que fica na estrada do arraial de Santa Rita para o porto do rio Vermelho; abobodado que alguns viajores, no dizer de Cunha Mattos, hão comparado ás grutas do Pauzzilippo em Napoles; e que além da estrada cobre ainda um ribeirão, resto sem duvida da grande corrente que o produziu. (a)

O Portão de Roma.
(Desenho do Sr. Dr. Taunay)

Ha ainda um indice nos lagos salgados, nos rios e lagos salobros, nos savanas e pampas salitrados, onde o sal marinho reunido ao sulfato magnesiano e ao carbonato de soda, surge á flux do solo, não só nas baixadas, mas ainda nos planaltos, não só nos terrenos sêccos, mas tambem á beira dos maiores rios; parecendo derivado de enormes depositos subterraneos, que quando encharcados, na estação chuvosa, as aguas dissolvem e levam comsigo, e ao seccarem depositam no solo: terrenos prenhes de

---

(a) Chorographia historica da provincia de Goyaz.

sal, como o chão do Egypto e de outras regiões africanas, com a differença unica, mas notavel, de que aqui são as verdes ondulações dos pampas e lá os ardentes areiaes dos saháras.

São salitradas as margens do Paraguay, onde vastas salinas são conhecidas perto do Olympo, no Chaco, e em Lambaré, na Assumpção, e cujos saes dão noventa e dous por cento de chlorureto de sodio puro (a). Nas provincias argentinas do Entre-Rios e Corrientes, e na republica Oriental o leite das vaccas é nimiamente salgado, o que se explica pela força *salina* dos campos de pácigo. Nas mesmas magestosas elevações andinas encontram-se vastos depositos de aguas salgadas, tanto como nos plainos sujeitos ao alagamento, — em Santiago, Oruro, S. José; no Chile, e no Perú, como nos pampas patagonios. O *Titicaca*, lago de seiscentas leguas quadradas, á quatro mil metros de elevação sobre o mar, é de agua salobra. As salinas de *Huallaja*, no Amazonas peruano, e as de *Tarma* e *Cerro del Sol;* as de *Polla* e *Tarija*, na Bolivia, do mesmo modo que os *llanos* de *Caiza* e os savanas salsados dos pampas argentinos, vastos repositorios desde as margens salitrosas do Pilcomayo até os confins da Patagonia,— ainda o confirmam, tão bem como a presença dos fosseis oceanicos nos pincaros e plainos da cordilheira.

––––

Aqui em Matto-Grosso os *barreiros*, isto é, terrenos salitrados mui buscados pelos animaes, e sitios sabidos dos caçadores para a espera e caçada das antas, são mui communs. As salinas são tão geraes no planalto como nos plainos alagadiços : abundam desde o Registro do Jaurú até as cabeceiras do Paragahú, sinão além ; e para o *S.* até os campos innundados da Uberaba.

São mais notaveis as *salinas* de Casalvasco, as das Mercês, do Al-

––––

(a) Dugraty—*Rep. del Paraguay*, pag. 386.

meida, e do Jaurú, todas n'uma estreita zona (a). Na primeira, em 1783, o alferes Francisco Garcia Velho Paes de Camargo, n'um ligeiro ensaio, tirou dous pratos de sal, n'uma decoada de dous alqueires em peso de terras; e da ultima, no verão de 1790, o escrivão da camara Luiz Ferreira Diniz, extrahiu muitos alqueires (b). As da *Vargem Formosa*, quatorze leguas á *SO.* de Cuyabá, davam tanto e tão bom sal, que Luiz Pinto as isentou de direitos (c); as de Cocaes e as de Noronha, entre aquella capital e o rio Paraguay, descobertas em 1770 por Bernardo Lopes da Cunha (d), eram muito copiosas.

As grutas calcareas das cercanias de S. Luiz de Cáceres, nas quaes os bororós tinham suas necropolis—á julgar pelo numero de *camocis* ahi encontrados, são tão ricas de sal, que, ainda em 1849, dellas se extrahiram e desceram para o Paraguay não menos de cem arrobas (e).

No mais alto do araxá, cerca talvez de um kilometro sobre o mar, ha nas margens de Xacuruhina salinas tão abundantes, que, diz Ricardo Franco, eram bastantes para o sortimento da provincia (f). As proprias nascentes do Paraguay, descreve Southey—«são acres e salgadas, ainda que extremamente crystallinas, cobrindo as margens de uma crosta espessa, que dá as raizes das arvores a semelhança das rochas (g).» O mesmo se

---

(a) A primeira está na lat. 15º 42' 37",5, long. 16º 55' 20"; a segunda aos 16º 12' lat., e long. 16º 37'; a terceira, 16º 21' lat. e 15º long., e a ultima aos 16º 19' lat., sete leguas distante do Registro.

(b) *Enfermidades endemicas da capitania de Matto-Grosso*, ms. do Dr. Alexandre Rodrigues Ferreira, da Bib. Nac.

(c) Pisarro, *Mem. Histor.*, t. 9—pag. 13.

(d) No manuscripto acima diz o Dr. Alexandre Ferreira que seu verdadeiro nome era este, e não o de Luiz Antonio de Noronha, com que se apresentava.

(e) Rel. do presidente de Matto-Grosso, coronel José Joaquim de Oliveira, 1850.

(f) *Mem. Geogr. do Rio Tapajoz.*

(g) Hist. do Brasil, trad. do Dr. Luiz de Castro, t. I—pag. 109; o Dr. Antonio Pires da Silva Pontes, n a sua *Memoria Physico-geographica*, de 29 de maio de 1790, diz:—«que nessas varzeas muitas arvores apresentam fortes incrustações salinas no seu epiderma.»

dá na zona entre o Taquary e o Apa, onde a mór parte dos ribeiros e regatos são salobros ; e no mesmo reino vegetal encontra-se o chlorureto de sodio em algumas plantas, entre outras a palmeira carandá *(copernicia cerifera)*, da qual os indios do Rio Negro tiram facil partido.

XI

E', pois, mais que provavel que essa enorme bacia entre os Andes e o araxá matto-grossense seja um valle de denudação, formado pelas aguas que ahi existiram; e que, abrindo vasantes ao *N.* e á *S.*, nos locaes mais declives, escoaram-se, levando as terras em dissolução, e assignalando pouco á pouco os leitos por onde, um dia, se derivassem as correntes, que, de futuro, viriam substituir esses mediterraneos,—cujos sangradouros encontraram d'Orbigny (a) e Weddell (b) em varias partes da Bolivia. Os calcareos e macignos, os concretos silico-argillosos, tão communs nessas comarcas e que parecem coetaneos do periodo triassico ; os seixos rolados, *geleiras* de Agassis ; os foramineos e outros fosseis maritimos, confirmando essa grande commoção terraquea, somente uma duvida poderiam deixar : si foi ella quem trouxe o mar, si quem o levou. Estando, porém, reconhecido que o terreno andino é de formação mais recente que o do resto do continente, no seu solevantamento está a explicação da retirada do mediterraneo sul-americano. Outra hypothese implicaria um segundo cataclysma, que a sciencia repugna acceitar.

(a) *Voyages dans l'Amérique Meridional.*
(b) *Expedition aux parties centrales de l'Amérique du Sud*, t. 6, pag. 109.

Talvez que um dia ella, nesse ponto ainda indecisa, nos revele si a America existiu, sempre, separada do resto do mundo pelos dous oceanos, ou si delles emergiu ;—si foi, ou não, um sonho de Platão essa Atlantide (até hoje um mytho de que sómente Julio Verne soube tirar partido), cuja tradição nos conservaram os sacerdotes de Saïs, e cujas florestas ainda hoje Raynal reconhece no mundo de sargaços que cobre os mares onde a situavam;—si a revolução que aniquilou de uma vez os mega-therions e os masthodontes, cujos destroços apparecem agora nas cavernas do valle de S. Francisco, no Paraguay, em Goyaz, em Matto-Grosso e nos pampas argentinos,—foi a mesma que separou o antigo mundo do mundo colombiano ; — si era o Atlantico que existia ou a Atlantide ; e si os Açores, as Canarias e as Antilhas eram já ilhas ou apenas os pontos culminantes de um vasto territorio,—quando o Sahára, os sa-vanas da America do Norte, os pampas do sul, o vasto deserto de Cobi, em meia Azia, os steppes da Russia, os desertos gelados do Teheran, as minas Wilistscha da Polonia, a região central de Yemen e a bacia do Helmend, tão fatal, ha pouco, aos inglezes da guerra afghanica—eram caspios ainda não mudados em desertos por essa catastrophe que vasou oceanos e submergiu continentes; e quando as ilhas britannicas eram um espigão da França, e não existiam separadas a Hespanha de Marrocos e a Dinamarca da Suecia (a); — si, finalmente, não foi dessa eversão geologica que se originou o *Gulf-Stream*, Amazonas sub-oceanico, cuja corrente percorre uma ellipse de tres mil leguas no periodo de quatro annos ; que Maury explica pelo calor intertropical rarefazendo e deslo-cando as aguas ; Carpenter e Arbusson pelo frio dos pólos que as torna um meio mais denso, desloca as massas e determina essa corrente de

(a) A. C. Moreau de Jonnés, colloca a Atlantide no mar d'*Azoff*, onde a sub-mersão produziu os baixios do mar *Putrido*, nos tempos em que os steppes russianos eram oceanos e o estreito de *Yenicale* as columnas de Hercules (*L'Océan des anciens et les peuples préhistoriques*). Sempre é uma opinião.

N. á S.; e que Humboldt, primeiro que elles, explicou, quiçá mais acertadamente, pela circulação vertical das aguas do oceano, attrahidas pelas
correntes subterraneas e levadas através das massas desses continentes
submergidos, o que ultimamente Bogulauski comprovou, verificando que
as aguas do norte do Atlantico são mais quentes do que as do Pacifico, e as
do sul vice-versa, até a profundidade de mil e trezentos metros, sendo dahi
para baixo mais quentes.

Como quer que seja, a verdade ha de ser um dia sabida. Então a
sciencia decidirá si esses cadaveres cobertos de conchas, e por assim dizer
petrificados sob uma espessa camada de calcareo compacto, os antropo-
lithos colombianos, eram ou não homens das edades primitivas, eram ou
não habitantes dessa Atlantide de Platão. A geologia e a paleologia, já
tão adiantadas hoje, são, todavia, sciencias novas que, por assim dizer,
ainda rastejam. Mas hão de voar : tempos virão em que unidas á tanta
outra sciencia e arte novas, que os seculos vão creando, aperfeiçoando e
ensinando, com o invento de novos arcanos, demonstrem bem claro,—como
a luz meridiana,—o que foi o nosso continente em relação ao mundo
antigo : si produzido por commoções titanicas, si apenas o resultado dessa
demorada lei da precessão dos equinoxios, que necessita de quasi trinta
mil annos para completar sua revolução, a qual se opera de modo tão subtil
que o homem, e nem ainda as gerações, guardam idéa dos phenomenos phy-
sicos que vão se desenrolando á seus olhos. Assim, o deslocamento dos
mares, aqui invadindo continentes, ali descobrindo outros, é phenomeno
que se nos desvenda ao estudo e a humanidade avalia, mas que o
homem não póde apreciar pela pequenez da sua vida, e a maneira demorada e subtil dessas lides do oceano.

———

Em muitas das rochas da provincia, e notadamente nas lages das cachoeiras do Mamoré e Madeira, vêm-se bellos e perfeitos especimens de rochas pyroides, trachytos que revelam sua origem ignea nos rebordos ondulados, na apparencia vitrea e na superposição de camadas, resultantes de uma substancia em fusão que se solidificou á maneira dos metaes derretidos e espadanados em largos lençóes, ou melhor, á semelhança do mel em ponto que, derramado sobre uma superficie lisa e espraiando-se em rebordos ondulados e espessos, vae-se crystallisando e recebendo novas camadas, que se superpõe e se extendem deixando comtudo, cada uma, reconhecer, nos rebordos distinctos, as que lhes ficam inferiores.

Os Xanés

Ao lado de dykes de elvan e diorito vêm-se rochas stratificadas de origem neptuniana, que devem trazer nos detritos fosseis a indicação de sua origem oceanica ; rochas metamorphicas e blocos de transporte que comprovam, sem duvida, o facto daquellas duas evoluções geogenicas ; rochas de sedimento, algumas de formação recente, devidas ao amalgama de seixos rolados, silicatos e argillas, foramineos e detritos vegetaes;

bancadas de calcareo dolomitico, de gneiss e de outras rochas, deixando entrever as formações trachyticas; e, emfim, no meio desse *magma* chaotico terrenos metamorphicos de natureza para mim entrincada, que pareceram-me o producto de evoluções differentes, e tornaram-me difficil a demarcação de sua geogenia, que entretanto não parece ser das éras neozoicas.

Trouxe commigo curiosos especimens tirados das fendas das rochas igneas, e de entre os blocos partidos e separados pelo choque da quéda, e cujos intersticios estão completamente tomados pelos veios daquelle neoplasma. Si taes sedimentos são unicamente devidos á acção actual do rio, nas suas enchentes, tudo o mais attesta uma acção remota, que implica o trabalho neptuniano.

E' mais uma comprovação desse caspio americano, que si ainda existisse, seria uma fonte inapreciavel de vida e civilisação para essas regiões remotas ; as quaes, todavia, melhor aquinhoadas que as do velho mundo, —em circumstancias identicas, tiveram em substituição essa extraordinaria rêde de rios, *caminhos que andam*, e que ainda hoje são quasi que as unicas estradas suas.

Ficaram-lhe o Tapajoz e o Xingú ao *N.*, o Araguaya e o Tocantins, á *E.*, o Guaporé, Mamoré e Madeira, á *O.*, todos indo ligar-se ao rei dos rios ; e ao *S.* o Paraná e o Paraguay, que descem para o Prata. Arterias do oceano que divididas e subdivididas em mil ramaes, uns já de ha muito são perlustrados, outros jazem ainda á espera que appareçam interesses que reclamem o seu trafego.

Querem distinguir pelo nome de *Tapajonia* a região situada entre o Tapajoz, o Xingú e o Amazonas ; *Xingutania*, a entre o Xingú, o Amazonas e o Tocantins ; e *Tapiraquia*, a entre o Arinos e o Araguaya : nomes de mero luxo, e que, não sabe-se porque olvido, não couberam tambem ás outras duas regiões, quiçá as mais conhecidas : a que se delimita entre o

Guaporé, Madeira e o Arinos, e a do valle do Paraguay, as quaes por motivo identico bem se poderiam denominar *Parecinia* e *Paraguania*, si disso houvesse necessidade. A idéa é de Ayres do Casal, que foi o primeiro á dividir a capitania de Matto-Grosso em *Cuyabá, Juruhena, Arinos, Tapiraquia, Bororonia* e *Camapuania*, divisão á que o Sr. Candido Mendes ajuntou, com sobrada razão, a *Cayaponia.*

Serra de Maracajú.
(Desenho do Sr. Dr. Taunay).

CAPITULO II

I.

i les rivières sont des ché-mins qui marchent, como disse Pascal, nenhum paiz do mundo, tendo menos estradas abertas, tem mais estradas que *andam* do que Matto-Grosso. E sem querer fazer praça de conhecimentos, e somente recordar os estudos e investigações dos antigos exploradores paulistas, á quem deve a provincia o descobrimento de seus invios sertões, farei uma resenha da extraordinaria rêde potamogra-phica que a cobre, uma das mais opulentas do globo ; na qual as correntes conhecidas são em numero supe-rior á seiscentas, e em milhares se podem computar todas as que a formam.

Da extremidade septemtrional da cordilheira dos Parecis descem ao Madeira o *Jacy-paraná*, o *Mutum-paraná* e o *Ribeirão de S. José ;* ao Mamoré o *Pacas-novas*, ou melhor *Pacahás-novos*, do nome da tribu que ahi habitou,si é que não habita ainda; e ao Guaporé o *Soterio*, os tres *Cautariós*, o *S. Domingos* e o *S. Miguel ;* sendo bem proximos os nascedouros da maior parte delles.Mais para e diante descem o *Candeias*, o *Camaighuhina* e outras cabeceiras do Jamary, affluente do Madeira, que tém por contravertentes o *S. Simão*, o *Mequenes*, o *Catururinho*, e o *Co-rumbiára* (a), braços do Guaporé. Seguem-se, ainda, affluindo neste rio, o *Turvo* ou Paredão, antigo *Piolho;* o *Cabixy* ou Rio Branco, contra-fontes do rio Camararé, affluente do Juruhena ; o *Quaratiré* ou Burity ; o *Ga-lera*, contra-fontes do Juhina, cabeceira do Juruhena, que tambem é conhe-cido por aquelle nome ; o *Sararé*, contra-vertentes do Juruhena pelos riachos Bulha e Lages; o *Gabriel Antunes;* e por fim, no Alto da Serra, o *Guaporé*, por quatro cabeceiras, Meneques, Lagoinha ou Ema, Sepultura e Olho d'Agua, contra-vertentes do Juruhena ; o *Piquihy* e outras origens do Jaurú, e o *Quatro Casas* e as outras fontes do Juruhena.

Dos flancos da Tapirapuam descem para o *N.* o *Sabardúhina* e o *Turós*, tributarios do Juruhena ; o *Sumidouro*, o *Parecis* e o *Preto*, que vão engrossar o Arinos ; e para o *S.* o *Cabaçal*, o *Jubá* e o *Gerivátuba*, cabeceiras do *Sipotuba ;* os ribeirões do *Quilombo* ou Negro, e do *Amolar*, este das fontes do Paraguay a mais septemtrional (14°, 10'); o *Diamantino* o *Rio do Ouro*, o *Brumado* e o *Sant'Anna*, que faz contra-vertentes com e o Sumidouro; aquelles todos cabeceiras do Paraguay ; e emfim o *Cocaes* e o *Lagarto*, cabeceiras occidentaes do Cuyabá. Mais á *E.*, já nos começos da Serra Azul, despenham-se o *Estivado*, origem principal do Arinos, e o *Tombador*, do Cuyabá, do morro do mesmo nome á que Bossi dá uma altitude de dous mil pés (b), separadas as duas correntes apenas por

_____

(a) O verdadeiro nome é Corumbiará, como tambem o são *Cautariós, Arinós, Apá, Xarruds, Baurés. Manahós. Murás, Pacahás*, etc., como os escreviam os anti-gos, e não com a ultima syllaba breve, como o fazemos hoje. Luiz D'Alincourt es-creve *Caraimbiara*.

(b) Bartolomé Bossi—*Viage pintoresca en los rios Parand. Paraguay*, etc.

pouco mais de cem metros de terreno. Adiante separam-se as fontes do Cuyabá das do Paranatinga ; e na serra de S. Lourenço as do rio deste nome, pelo *Tiquinito*, das do *Manso*, subsidiario sinão principal curso do *Rio das Mortes*, rico tributario do Araguaya ; e as outras origens deste grande rio das do *Taquary*, braço do Paraguay, que apparecem já no parallelo 19°.

Para *NE.* o Tocantins e o Paraná recebem aguas, quasi que juntos, no parallelo 16° ; e á *E.*, na extrema do *divorsum*, descem em busca do *N.* as correntes subsidiarias do rio *S. Francisco*, emquanto que proseguem no rumo do oriente as do Paraná : partindo, assim, quasi que de um mesmo sitio, aguas que vão sahir á meio da costa atlantica, com o S. Francisco, que ali divide as provincias de Alagôas e Sergipe ;—nas frias regiões do *S.* com o Paraná, que reunido ao Paraguay e mais tarde ao *Uruguay*, formam o vasto estuario do Rio da Prata ; e lá no equador com o Tocantins, de quem é tributario o proprio *rio-mar*, o gigante *Amazonas*, que por dous de seus braços, o *Tajipurú* e o *Breves*, manda-lhe seus raudaes.

———

Si bem que encachoeirados quasi todos os rios que correm no grande araxá, a mór parte delles offerece, no emtanto, livre navegação em longos tractos desempedidos de entraves, ora á meio de seus cursos, ora, e mais geralmente, na porção inferior.

Ao Tapajoz com trezentos e trinta kiloms. (a); Xingú, com cento e sessenta e cinco, desde *Piranhacoára* até a foz ; Araguaya, com mil e

———

(a) *O Imperio do Brasil na exposição universal de Vienna,* 1873.

quarenta (a); Alto-Tocantins, com mil duzentos e dezoito (a), dos quaes trezentos do melhor transito, sendo cento e setenta e quatro desde a cidade goyana da *Boa Vista* até a da *Carolina*, no Maranhão, e o resto desde a villa da *Imperatriz*, nesta provincia, até a confluencia ; e Baixo-Tocantins, com duzentos e setenta e nove (a): ajuntem-se o Mortes, com cerca de oitocentos e com pouco mais de cem, cada um, o *Tapirapé*, o *Crystallino*, o *Crixá*, o *Vermelho*, o *Arinos*, o *Juruhena*, o *Xacuruhina* e o *Paranatinga*, além da multidão dos outros subsidiarios, todos com longos espaços de curso livre.

Salto das Sete Quédas.

O Paraná, entre os saltos do *Urubupongá* e das Sete Quédas, offerece seiscentos e sessenta kiloms. (b), com uma rêde immensa de tributarios, quer na provincia mesmo, quer nas outras visinhas, caminhos dos antigos sertanistas e primeiros exploradores ; sendo que só o Rio Grande

(a) O Sr. major Dr. A. de E. Taunay : A *Provincia de Goyaz na exposição de 1873. O Imperio do Brasil na exposição de Vienna*, 1873, consigna ao Araguaya mil quinhentos e dezoito kiloms., e igual extensão ao Alto-Tocantins, dando seiscentos e sessenta ao Baixo.

(b) *O Imperio do Brasil na exposição universal de Vienna*, 1873.

tem mil e trezentos, o *Sapucahy* duzentos e quarenta e o *Cabo-Verde* cento e oitenta kiloms. (a).

Na região baixa, que pelo lado de *OSO.* cerca a provincia, formando as vastissimas bacias do Paraguay e do Guaporé, póde-se dizer desimpedida a navegação. Por aquelle sóbe-se á vapor até *Herculanea*, Cuyabá, Diamantino e Registro do Jaurú ; e em canôas até as ultimas fontes do S. Lourenço, no Piquiry, até o porto da antiga fazenda de Camapuam, até Nioac e até cabeceiras do Cuyabá. Seu curso é de cerca de dous mil e quinhentos kiloms., mas a sua rêde potamographica é vinte vezes maior.

O Guaporé e o Mamoré são francos n'uma extensão de mil e setecentos kiloms., á que se addiccionarão mais cinco mil e quinhentos das dos seus affluentes (b); e o Madeira, livre da região encachoeirada que se prende ao Mamoré n'um percurso de trezentos e oitenta e oito kiloms., offerece, como o Paraguay da Gahyba para baixo, navegação aos navios de

(a) O Sr. senador Joaquim Floriano de Godoy: A *Provincia de S. Paulo em* 1873.

(b) *O Imperio do Brasil na exposição de Vienna.*

maior calado por todo o resto de sua corrente, extensa de mil e duzentos kiloms. (a), até entroncar-se no Amazonas. Dos seus affluentes, o Gyparaná tem cento e vinte, o *Manicoré* outros tantos, e o *Aripuaná* mais de duzentos. Ligada á rêde amazonica, que se póde computar em cincoenta á sessenta mil kiloms., não será exagerado o computo de dez á doze mil myriametros para a rêde potamographica da provincia de Matto-Grosso.

Os engenheiros do fim do seculo passado calcularam em doze mil leguas quadradas, de vinte ao grau, a bacia do Guaporé, isto é, o territorio regado pelos seus affluentes ; em quarenta e quatro mil a do Madeira ; e em oito mil cada uma das do Beni e Mamoré. Inferiores á estas não são as do Tapajoz e do Xingú ; as do Araguaya e Paraná, e a do Paraguay, só *edem em grandeza á do Amazonas, que por si só representa quasi metade da superficie de toda a America Meridional.

II

O TAPAJOZ

O TAPAJOZ, corruptela de *Tupayú-paraná* dos aborigenes, chamou-se tambem *Paraná-piauna*; nomes equivalentes á *rio negro*, denominação que os indios dão ás correntes de aguas não barrentas, e que muitas vezes, sendo crystallinas, apresentam-se negras pela sua grande profundidade. E' um dos maiores rios da America, formado pela confluencia de dous grandes cursos, o *Arinos* e o *Juruhena*, cada qual de mais de cem leguas de longo (b). Suas mais remotas origens estão no

----

(a) *O Imperio do Brasil na exposição de Vienna.*

(b) Parece-me, mas não affianço, que o illustrado Sr. barão de Melgaço faz o. Tapajoz continuação do S. Manoel e do Juruhena, de quem o Arinos será affluente

Estivado, formador do Arinos, nascido no morro do *Buritysinho* (a), da serra Azul, onde suas aguas se dividem das do Paranatinga, que deslisa para o *N.*, das do *Tombador*, cabeceira do Cuyabá, á *SE*. e das do *Diamantino*, que, em rumo de *SO.*, descem para o Paraguay.

Assim, desse ponto do araxá, no extremo *S.* da serra Azul, partem, quasi juntas, quatro cabeceiras para outros tantos rumos oppostos.

Segundo Ricardo Franco (b), das origens principaes do Arinos fica uma, que é o Estivado, nove leguas á *E.* de Cuyabá, e a outra, que é o Rio Negro, á quasi egual distancia, em rumo opposto, nascendo o Cuyabá no chapadão que fica no angulo formado por essas duas nascentes, terreno coberto de densa mattaria de soberbos madeiros, abundantissima em caça, do mesmo modo que mui piscosas as aguas dahi.

Faz distar a margem do Rio Negro (c) apenas uma legua da mais septemtrional cabeceira do Paraguay, que é a do Diamantino: segue elle muito pedregoso n'um tracto de umas trinta leguas, rumo *N.*, mas com uma só cachoeira. Quasi á meio de seu curso recebe pela direita o ribeirão de *Sant'Anna*, onde em 1734 o sargento-mór de ordenanças Antonio Fernandes de Abreu descobriu as minas dessa denominação, defesas dentro em pouco de serem lavradas, por tambem serem diamantinas. Na margem oriental do Arinos, fronteira á foz do Rio Negro, ficavam as minas de *Santa Isabel*, descobertas em 1745 pelos filhos do mestre de campo Antonio de Almeida Falcão, morador no arraial de *S. Francisco Xavier*. Povoadas com rapido incremento pela soffreguidão desse povo de aventu-

E' o que parece deduzir-se de suas conclusões na *Mem*. publicada pelo Instituto Historico, na Revista Trimensal de 1867, 2º tomo.

(a) No sitio de S. José, pertencente ao capitão-mór da villa do Diamantino, diz Luiz D'Alincourt, no seu *Resumo de observações estatisticas desde Cuyabá ao Diamantino*, 1826.

(b) *Memoria geographica do rio Tapajoz*. Ms. de 1799.

(c) Ou *Rio Preto*, como outros erradamente dizem; nome este que deve ser reservado para o ribeirão que faz cabeceiras ao Paraguay.

reiros, e já florescente o seu arraial, foi quasi totalmente destruido pelos assaltos e depredações dos *apiacás*, tribu vizinha, e em seguida pela fome, miserias e enfermidades, cortejo de males inseparavel das minas, onde a insana avidez do ouro fazia os garimpeiros, só cuidadosos em buscal-o, esquecerem-se insensatamente das mais simples noções da vida, não plantando nem provendo-se de meios necessarios de subsistencia. A fabulosa riqueza das minas descobertas no *Alto Paraguay do Diamantino* acabou de despovoar Santa Isabel, chamando para lá o resto dos seus mineradores, como já tinha attrahido os de Sant'Anna.

Ainda ha poucos annos existia o chamado *Arraial Velho*, entre o *S. José* e o *Sumidouro*, algumas leguas abaixo do Rio Negro.

————

O Arinos tem por principaes braços: o *Negro*, o *S. José*, (de vinte e seis metros de boca) o *Sumidouro*, *S. Cosme e Damião*, *S. Wenceslau* ou Tapanhuna, *S. Miguel* e *S. Francisco*, na margem direita; e o *Parecis*, *Sararé* e *Alegre*, na opposta; todos rios de mais de vinte metros de largura ao se lhe entroncarem. Delles: O *Sumidouro* foi descoberto por João de Souza e Azevedo, em 1746, de uma maneira que bem claro manifesta o espirito audacioso desses sertanistas (a), e

————

(a) Não sendo conhecido geralmente o roteiro dessa viagem, aqui se o transcreve, podendo se por elle avaliar o que havia de audacia e temeridade no espirito emprehendedor daquelles aventureiros. O original, « *escripto segundo a narração de Azevedo*,» donde foi copiado, pertence ao Sr. general barão da Penha, possuidor de alguns bons manuscriptos que pertenceram á seu parente o capitão-general Caetano Pinto de Miranda Montenegro, mais tarde marquez da Villa Real da Praia Grande.

Eil-o (*Sic*) :

« *Noticia da viagem de João de Souza de Azevedo.*

1.

« No dia 4 de agosto de 1746 sahio da caxoeira grande do Jaurú, com 6 canôas carregadas com 490 alqueires de mantimentos e 58 pessoas, em cujo numero entravam 32 escravos seus.

2.

« Descendo o dito rio, e subindo o Paraguay até a foz do Sipotuba, entrou por este, e passados doze dias de navegação trabalhosa, por causa das correntes e ser o

que assim o denominou por vêl-o cinco vezes   esconder-se sob

---

rio lageado,chegou á hum salto como o do Itapura no Tieté,onde varou a canôa por curto espaço, e mais adiante achou outro semelhante varadouro.

3.

« Seguio viagem sempre por infinitas caxoeiras até chegar á hum salto grande que teria huns cem palmos de altura,no qual varou as embarcações por hum morro acima muito á pique, cousa de 200 braças ; e por baixo do salto entra pela parte esquerda hum ribeirão grande. Seguio se hua grande caxoeira á esta, dous dias de boa navegação, outro ribeirão grande, de canôa, da mesma parte esquerda, bastantes dias de trabalho com os páos que embaraçavam o rio, até chegar á primeira forquilha que elle faz.

4.

« Entrou pelo braço esquerdo e cortando páos e perseguido de violentos marimbondos á que chamam paragoazes, chegou á hum salto como o do Corão, no Rio Pardo, com 200 braças de bom varadouro. Continuou a viagem até rematar esse braço na segunda forquilha, e os braços que a formam ambos se despenham neste logar de mais de 600 palmos de altura.

5.

« Daqui varou as canoas para as contravertentes do Sumidouro por distancia de tres leguas, subindo hua grande s rra. passando grandes concavidades, fazendo grandes girdos (*), e nestas asperas fadigas gastaria 50 dias para descer esta difficil passagem (**).

6.

« Depois de concertar as canoas que chegaram muito destroçadas, rodou-se no dia 26 de outubro pelo dito Sumidouro,que é muito mais largo que o Sanguesuga (***) e com o quadruplo de aguas, porém tão embaraçado de páos que era preciso de gente adiante abrindo caminho, e muitas vezes em 1 e 2 horas de navegação o que se tinha aberto em 3 e 4 dias. E' o rio muito violento com caxoeiras e saltos, em que abrio cinco varadouros, e o ultimo de legua de comprido. Neste espaço é que o rio se some cinco vezes ; e logo para baixo topou a ponte e passagem dos moradores de Matto-Grosso, donde até chegar ao Arinos gastou sômente hum dia com que completou 50 no referido Sumidouro.

7.

« Empregando 3 dias em acondicionar o mantimento, seguio viagem pelo sobredito Arinos no dia 19 de dezembro. Aos 3 dias de navegação topou da parte direita hua pequena ribeira, porém, capaz de canoa ; ficando da esquerda duas barras mais

---

(*) Nome dado ora á pequenas e ligeiras pontes que construiam sobre as falhas do terreno, ora ás estivas que no solo pedregoso e irregular faziam para facilitar o varadouro e escorregamento das canôas. Disso proveiu o nome da cachoeira do Girau, uma das do Madeira. (N. do autor).

(**) No original a traça destruiu completamente o algarismo das unidades; suppri-o pelo zero para ao menos conservar o valor das dezenas. (N. do autor).

(***) Affluente do Rio Pardo, braço do Tieté. (N. do autor).

outros tantos tunneis subterraneos, tunneis que bem attestam a natu-

---

pequenas, em cuja passagem é o Reino dos Apiacás, que atravessou em perto de 2 dias. Ao quinto entrou á passar infinitas caxoeiras, todas caudalosas, e contava já doze passadas no dia 26 do mez de dezembro, do qual procede o seu roteiro indivi-duando todos os dias.

8.

CAXOEIRAS.

« No dia 27 entrou por outras cordas de serranias, muitas ilhas e pe-   12
dras altas, pelo rio, passou 2 caxoeiras muito caudalosas, hum riacho da   2
parte direita,e a sua gente lhe disse que da mesma banda vira hua grande
barra.

9.

« A' 28 navegou por entre ilhas, e pelas 9 horas da manhã topou a barra
de hum rio que entrava pela esquerda,maior. do que o que hia navegando, o
qual despejava suas aguas por 4 boqueirões; e olhando daquelle logar vê-se
hua corda de serras que atravessa o mesmo rio. Julga elle ser este o Juruhena e Juhina, e depois da sua juncção vêm-se da direita ilhotas e pedras   1
altas, logo hua caxoeira e mais abaixo 3 ilhas que repartem o rio em 4 canaes Encontra-se mais 3 barras pequenas perto huas das outras e hua
orrenda caxoeira.

10.

« No dia 2) e 30 muitas ilhas e correntesas e o rio cheio de pedras. No
primeiro passou uma barreta pequena, e no segundo uma grande caxoeira.   1

11.

« No ultimo de dezembro encontrou muita rancharia de gentio, e o rio
corre por entre morros, com grandes mattos e terras, e muitas ilhas. Aqui
fórma hum meio salto e a corrente vai emparedada em largura de 8 braças,
com tal violencia, rebojos e impetos, que submergiria a minha embarcação.   1
Por cima deste salto entra hum rio que na barra mostra ser pequeno;porém,
mandando por elle asima, dizem que é largo, e suppõe ser o Bacairy.

12.

« No dia 1º de janeiro falhou para abrir varadouro muito custoso, por
entre rochedos, com subidas e descidas, o qual compara com o *Avanhadava*
do Tieté. Naquelle lugar faz o gentio grande assistencia á pescar e tirar
pedras para os seus machados que os tem excellentes.

13.

« No dia 2 passou as canoas, e no dia 3 carregou-as e seguio viagem
em navegação perigosa e embaraçada, com seis caxoeiras, e duas destas   6
muito violentas, ficando por cima de um salto, que compara com o de Ita-   1
pura no Tieté.

14.

« No dia 4 começou á abrir o varadouro, o que lhe custou acertar, e teria mil braças de comprido. No dia 5 e 6 concluio esse trabalho, passou as
canoas e ficou pela parte de baixo do dito salto. Desde 7 até 16 esteve fa-
lhado por causa da muita enfermidade em toda a comitiva.

reza cretacea do solo em certo local proximo á entrada do *matto*

15.

« Partio no dia 17, e desde este dia até 25 do mesmo mez foi a navegação muito trabalhosa e arriscada, por causa das muitas e perigosas caxoeiras e saltos, correntes e páos atravessados, estreitando alli o rio com as morrarias e penhascos que o bordam. As caxoeiras que passou foram quatorze, e neste numero tres saltos, descarregou-se sete vezes as canoas e quatro vezes foram varadas, não o podendo fazer mais vezes pelos rochedos que emparedam o rio o não permittirem, de sorte que se abalançou á alguns canaes por não poder levar as embarcações por terra. No referido dia 25 passou a barra de hum ribeirão que teria 4 braças, e logo abaixo outro mais pequeno, tornando desde aquelle logar a ser largo o leito do rio como era antes de entrar nos sobreditos saltos e caxoeiras. 14

16.

« No dia 26 e 27 era o rio bom, e neste segundo dia passou, á direita, por hua barra muito grande, que julga ser do Rio Grande de S. João; mais abaixo outra, não grande, e logo outra mais pequena, e hua ilha de pedraria.

17.

« No dia 28 era o rio pouco limpo, com correntesa e hua caxoeira, que teria meia legua de comprida. Nos dias 29, 30 e 31 de janeiro e 1º de fevereiro tornou á ser o rio de boa navegação. 1

18.

« No dia 2 de fevereiro topou hua caixoeira, onde descarregou e varou as canoas meia legua mais abaixo ; outra que passou o canal no dia 3. O rio é ahi violento, e diz terá hua legua de largura, e que hia navegando por entre morrarias, ilhotas, pedras e paredões na beira do mesmo rio. 1 1

19.

« Nos dias 4, 5 e 6 era o rio limpo. No primeiro entrava pela esquerda hum rio não pequeno, e duas voltas mais abaixo, pela direita, hum riacho grande. No segundo dia passou por hua barra grande, e com agua suja que vinha da direita. No terceiro hia por entre grandes serranias.

20.

« No dia 7 navegou por entre morrarias, e logo chegou a hua caxoeira de baixos e correntesas, com 2 boas leguas de comprida, aonde topou hua canoa carregada de gentio, que se póz em fuga por hum ribeirão acima. Abaixo encontrou outra canoa rodada tambem de gentio, mas que mostrava ser feita com ferramenta nossa, e mais abaixo uma caxoeira, defronte da qual estava um morro em meio do rio. 1 1

21.

« No dia 8, navegando por meio de morrarias, boas campanhas para procurar o ouro, seus campestres e rio de ruim navegação com 2 resacadas á direita. A 9 topou hua caxoeira ou *entaipaba*, muito comprida, que lhe levou á passar todo esse dia e o seguinte, no qual vio vestigios de brancos. 1

grosso (a) umas dez á doze leguas afastado do Arinos; atacado e dissolvido pelas aguas em processo identico aos das cavernas, resistindo sómente a crosta, de formação menos sujeita, ou isenta, á acção demolidora do tempo e das aguas.

Os outros conservam as denominações que lhes deram os exploradores de 1812, Castro e Thomé da França.

Sumidouro, Itararé dos indios.

E' o Arinos uma corrente de mais de 500 kiloms., não muito enca-

22.

« No dia 11 e 12 navegou por hum rio, mas muito largo e com grandes ondas; a largura, diz, será de legua e meia, e neste ultimo dia avistou, pelas 3 horas da tarde, hua canoa que se póz em fugida, e elle em seguimento della até que a alcançou junto da noite. Eram indios mansos das missões dos jesuitas; e no dia 14, pelas 7 da manhã, chegou á primeira, denominada de S. José, da parte esquerda(*) á quem desce o rio, e onde falhou até o dia 15. A' 16 passou para a margem direita, a qual, diz, distará da outra duas leguas, e no dia 18 chegou á segunda missão da mesma banda direita, aonde existe a fortaleza de Tapajoz, tendo já o rio em partes 6 para 7 leguas de largura. »

45

(*) A mesma de S. José de Matapús acima nomeada.

(*N. do A.*)

(a) Extensa floresta que se estende desde o norte de Goyaz até as cabeceiras do Guaporé, mas cuja largura varia entre nove á doze leguas. Della é que tirou nome a provincia.

O outro grande braço do Tapajoz é o *Juruhena :* desce no parallelo 14° 42' 30," do planalto dos Parecis, em contravertentes com o Guaporé, que lhe fica duas leguas ao oriente, e com o Sararé, uma legua ao occidente, e á vinte, mais ou menos, da cidade de Matto-Grosso. A' poucos passos de suas nascentes corre já com uma profundidade de uns quatro metros (b), mas estreito e assemelhado á uma valla. Duas leguas mais abaixo, e logo após a sua primeira e maior cachoeira, apresenta-se com uma largura de trinta metros e grande profundidade ; correndo com impeto pelas fortes declividades do solo.

Seu curso é pouco maior do que o do Arinos, porém menos potente em aguas. E' pedregoso e semeiado de *entaipabas*, qne, todavia, não lhe impedem completamente a navegação, visto que o sabio autor da *Descripção geographica da capitania de Matto-Grosso* dá-o por navegavel até duas leguas abaixo daquella sua primeira e grande cachoeira. Segundo elle, seu curso é de cem á cento e vinte leguas.

Tem por cabeceiras mais remotas e conhecidas :

1.° O *Sucury*, seu visinho em origens, as quaes demoram á distancia egual ás do Sararé. Com dous kilometros de curso já tem quatro metros de largo e tres de fundo. 2.° O *Ema*, ribeirão que lhe cahe por *NE*,

---

(a) «A extensão do Arinos regula em cem leguas, não sendo suas cachoeiras nem muitas nem insuperaveis. » *Ob. cit.*

(b) *Mem. geog. do rio Tapajoz.*

cerca de uma legua ao oriente das primeiras cabeceiras do Galera, que talvez serão as do *Quatro-Casas*, do *Mappa geographico do rio Guaporé*, feito em 1792 pelos engenheiros Ricardo Franco e Joaquim José Ferreira.

São seus braços principaes, á direita :

1.º O *Turro*.

2.º O *Xacuruhina*, ultimo subsidiario importante do Arinos, que o recebe na margem occidental, poucas leguas acima da sua confluencia com o Juruhena. Nasce n'um esporão da Tapirapuam, cerca de doze leguas ao norte das vertentes do Jaurú, e corre sempre para o septemtrião. Na sua borda esquerda ha vastos terrenos fortemente salitrados, notando-se uma lagôa salgada e abundantes salinas, sufficientes, diz o engenheiro Ricardo Franco (a) para o abastecimento da provincia.

E á esquerda :

1.º O *Juhina*, contravertentes com o Sipotuba, que por sua vez tem contravertentes com o Galera. Alguns cartographos suppôem ser este o tronco do Juruhena e conservam-lhe aquelle nome.

2.º O *Camararé*, formado pelos rios *Branco* e *Paranan* em contra-fontes com o Corumbiara, o Cabixy e ainda o Galera, todos braços do Guaporé ; e com o Jamary, braço do Madeira, que segue em rumo de noroeste. Partem todos da chapada dos Parecis, na região onde a serra se ramifica para o septemtrião sob o nome de cordilheira do Norte. Nestas paragens existiram as celebres minas do *Urucumacuam*, descobertas em 1757 e depois perdidas como a dos Martyrios em vão buscadas posteriormente. O capitão-general Luiz de Albuquerque foi um dos que mais se interessaram pela busca dessas minas ; e de novo fez explorar seus sertões no correr dos annos de 1776 e 1779 : nada, porém, descobriu-se. Sabe-se,

---

(a) *Mem. geog. do rio Tapajoz.*

todavia, que os jesuitas do Madeira subiam o Jamary, varavam duas grandes cachoeiras, exploravam, e, segundo as lendas, extrahiam muito ouro das cabeceiras deste rio.

Morros do Tapajoz.

3.º O *Juhina-merim*, que vae sahir no Juruhena cerca de cincoenta kiloms. abaixo do outro Juhina.

E' pouco mais ou menos no parallelo 9º 30' e meridiano 14º 30' que o Juruhena e o Arinos reunem-se, e descem com o nome de Tapajoz, n'um tracto de mais de mil e trezentos kiloms. (a), dos quaes trezentos e trinta navegaveis, desde o Amazonas, onde sua foz é aos 2º 25' de lat. e 11º 27' 29'' de long.

Ricardo Franco, ao descrevel-o, cita como dignos de nota cinco morros altos e isolados que se encontram á meio rio, espalhados n'um trecho de oitenta e quatro leguas, sendo o primeiro na foz do Tres Barras e o ultimo na cachoeira do *Tracoá*.

Da foz do Juruhena em diante recebe, á direita: *Tres Irmãos, Sant'Anna, S. Joaquim* e *S. João,* aquelles de mais de vinte metros de

(a) 235 leguas dá Antonio Thomé, no seu *Roteiro.*

largura e este com perto de setenta; *S. Thomé,* de egual largura, *Almas, S. Manoel,* de que adiante fallar-se-ha; *Bons Signaes, Creporé, Jaguahy, Tapacorá ;* e á esquerda: *S. Martinho* e *Tracoá.*

Seu salto mais notavel é o *Salto Augusto,* de cerca de 20 metros de altura, n'um contraforte da serra dos *Apiacás.* Considerado como um ponto conveniente para auxilio dos navegantes e reparo de suas forças, foi ahi estabelecido um destacamento e aldeia de indios Apiacás, em 1809, por ordem do capitão-general João Carlos Augusto de Oyenhausen Gravensburg, em honra de quem recebeu o nome, do mesmo modo que outras duas cachoeiras entre elle e o Arinos, as de *S. João* e *S. Carlos.* Magessi, o ultimo capitão-general, mandou repovoal-o em 1815; e ainda esse posto por varias vezes soffreu renovações, em consequencia de depredações dos selvagens e destroçamento da povoação. Abandonado pela ultima vez em 1845, foi novamente restabelecido ha poucos annos, conservando-se ainda hoje, ahi, um pequeno destacamento.

Azevedo, o descobridor da navegação do Tapajoz, ao chegar á Belem foi logo chamado pelo governador Francisco Pedro de Alencar Gurjão, no collegio dos jesuitas, onde não só deu conta da sua extraordinaria viagem, como tambem dos descobrimentos e minas do *Matto-Grosso* (a).

————

Segundo o padre Manoel da Motta (b), já cinco annos antes da descida do Tapajoz por Azevedo, descêra por elle o madeirense Leonardo de Oliveira, que em agosto de 1742 chegára á aldeia de S. José dos Matapús (c), na boca daquelle rio.

———— ....

(a) Pizarro, *Mem. Hist.,* t. 9. Baena, *Compendio das éras da provincia do Pará.*

(b) V. *Chorographia Historica,* do Sr. Dr. Mello Moraes, tomo 3º, pag. 488.

(c) Fundada em 1722 pelo missionario João da Gama.

Ainda hoje a navegação do Tapajoz é quasi nulla acima das cachoeiras. Entretanto, á crêr-se Baena, já em 1753 por elle transitou Antonio Villela do Amaral, trazendo de sua exploração alguma quina (a).

João Viegas, passa por ser o primeiro que o subiu, nos fim do seculo passado ; e desde 1804 que o capitão general Manoel Carlos de Abreu e Menezes (b), e depois seu successor Oyenhausen, trataram de exploral-o em bem do commercio; não obtendo resultados pelos muitos tropeços que encontraram, não só dos que a natureza lhes antepunha, como ainda dos que lhes traziam as aggressões dos indios, por tal sorte, que em quatro annos morreram quatrocentos homens dessas frotas, de fome, miseria, naufragio ou das flechas dos selvagens. A primeira expedição foi capitaneada pelo forriel Manoel Gomes, que sahiu á 5 de julho de Cuyabá, e á 13 de setembro chegava á Santarém, dando em 8 de outubro a informação seguinte : « As cachoeiras e saltos são muito trabalhosos, os varadouros muito custosos em algumas partes, por causa das muitas pedras e covancos....... Logo conheci que semelhante caminho não servia para os fins que V. Ex. desejava...... » (c)

A 14 de setembro de 1812, partiu do porto do Rio Negro, á quatro leguas do arraial do Diamantino (d), uma expedição dirigida por Miguel João de Castro (e), e tendo por piloto Antonio Thomé da França, que á 27 de novembro aportava em Santarém, donde voltou conduzindo generos de commercio. Gastou de *Itaituba*, ultima povoação paraense, setenta dias ao Salto Augusto, e dahi quarenta áquelle porto do Rio Negro, tendo na

---

(a) *Compendio das éras da provincia do Pará.*

(b) Em 1805, diz o presidente Herculano F. Penna, no seu relatorio de 1862. Menezes, falleceu á 8 de novembro desse anno.

(c) Relat. de 1862 do presidente Herculano Penna.

(d) Oito leguas, segundo o Sr. Couto de Magalhães.

(e) Falleceu em uma segunda exploração na cachoeira de S. João da Barra.

descida gasto, apenas, setenta e cinco. Antonio Thomé, no seu roteiro, marca as seguintes distancias :

Do porto do Rio Negro ao Arinos	5	leguas
Dessa confluencia á do Sumidouro. . . .	25	»
Dahi ao Juruhena.	70	»
	100	
Havendo nesse percurso seis pequenas cacho-eiras e alguns recifes e baixios. Da conflu-encia do Juruhena ao Salto Augusto, com 7 cachoeiras.	40	»
Do Salto á cachoeira de Gibraltar (ca-choeiras 11).	15	»
Dahi á confluencia do *S. Manoel*, ou Tres Barras (1 cachoeira)	20	»
Dahi á Itaituba (9 cachoeiras).	95	»
Total (cachoeiras 34) . .	270	»
De Itaituba á Santarém.	65	»
E dessa cidade á Belem.	165	»
Somma	500	»

Desde então que a navegação do Tapajoz tem sido algumas vezes tentada, mesmo pelo governo, que ahi fez subir até canhões de calibres 6 e 9. Por quatro varadouros tem-se buscado facilital-a : o primeiro,—que fôra aberto por Azevedo e abandonado por sua extensão de quasi tres leguas e o difficilimo transito do Sumidouro; o segundo, aberto em 1814, pelo capitão Bento Pires de Miranda, desde o Rio Negro até o dos *Nobres,* cabeceira do Cuyabá, por onde fez varar igarités vindas do Pará, apezar de ser de quasi sete leguas o varadouro e de trinta e quatro a distancia á capital ;

o terceiro, aberto em 1820 pelo tenente de milicianos Antonio Peixoto de Azevedo, que no anno anterior percorrêra o Paranatinga até a foz do S. Manoel : foi elle quem conduziu pelo Arinos e Rio Negro os quatro canhões, que dali varou para o rio Sant'Anna e deste para o Paraguay, levando-os á Villa Maria ; o quarto, finalmente, é o que em 1846 abriu José Alves Ribeiro, de um porto no Arinos acima do Rio Negro, ao lugar do *Baixio*, entre o Salto e a foz do Manso, trinta e oito leguas acima de Cuyabá.

Não se deve omittir que, tambem, em 1827 explorou este rio o conselheiro russiano Langsdorff, em commissão scientifica por parte do seu governo ; e ultimamente, em 1871, os engenheiros Antonio Manoel Gonsalves Tocantins e Julião Honorato Correia de Miranda, commissionados pela presidencia do Pará, com o suspirado fim de abrir communicações com Matto-Grosso.

Salto Augusto

III

O rio de *S. Manoel*, das *Tres Barras*, ou *Paranatinga*, limite, em quasi todo o seu curso, da provincia com a do Pará, desce da serra dos Bacauhyris, ramal da Serra Azul, e em rumo de nornoroeste vae cahir no Tapajoz, com uma corrente de cerca de mil á mil e duzentos kilometros, perto do Salto Augusto—a *horrenda* cachoeira de que falla Azevedo no seu roteiro, junto ás fraldas da chamada *Serra Morena*, e logo abaixo de um pequeno ribeiro, o rio do Ouro, descoberto e designado por aquelle explorador. D'Alincourt dá-lhe cento e oitenta e nove leguas, desde o porto de S. Francisco até a foz. Foi descoberto por Azevedo em 31 de dezembro de 1746, e notado no seu roteiro com os nomes de Bacauhyris ou Tres Barras. Ricardo Franco, delle não falla determinadamente na sua *Memoria geographica do rio Tapajoz,* que escreveu *por combinadas informações que desse rio adquiriu*, e que por isso mesmo é dos seus trabalhos o que mais carece de interesse ; mas do roteiro de Azevedo comprehendeu que fosse a foz desse rio a que fica no lugar chamado *Tres Ilhas,* á dous e meio dias de viagem abaixo da foz do rio Branco, no Tapajoz, sitio onde se achava « o quinto e alto monte collocado no centro do largo alveo do rio com uma pequena ilha de cada lado; não deixando de ser rara circumstancia essa de ter o Tapajoz cinco altos montes situados no meio do seu largo e caudaloso leito, e á muitas leguas de distancia entre si. » Passam por auriferas as suas margens. Nos sertões, onde tem as vertentes, collocava o Anhanguêra as fabulosas minas dos Martyrios, ainda agora em vão buscadas. Duas leguas abaixo da sua foz encontrou Azevedo ouro em um riacho, que desse invento recebeu o nome.

O *Paranatinga*. Seu principal affluente, sinão o curso principal, é o

Paranatinga, Rio Branco ou *Paraupéba* (a), que muito tempo se suppôz e ainda ha bem pouco tempo os cartographos davam como tributario do Xingú(b). Nascem suas cabeceiras nas serras Azul e do Roncador, em con-travertentes com o Arinos, o Manso e o Cuyabá. Tem por tributarios al-guns grossos cabedaes de aguas, designados sob os nomes de rios *da Jan-gada* e *dos Bois*, que lhe entram pela margem direita e *Trubario*, *dos Paus*, *Barubó*, *Trahiras* e *Bacauhyris*, pela esquerda.

Já em 1771 o capitão-general Luiz Pinto, approvando um projecto da camara de Cuyabá de fundar-se um povoado nas suas margens, recom-mendára-lhe visse de que rio era tributario. De ordem de Magessi, ultimo capitão-general, desceu por elle em 1819 o segundo tenente de milicianos Antonio Peixoto de Azevedo, que á 26 de julho sahiu da capital e á 20 de agosto do porto de *S. Francisco de Paula*, á que deu tal nome por ser o de Magessi, do mesmo modo que baptisou com os de *Magessi* e *Ta-vares* dous dos principaes saltos, que encontrou no rio.

Gastou sessenta e sete dias nessa exploração, e lutando com im-mensas difficuldades, como cachoeiras, baixios e indios bravos, chegou á foz do S. Manoel, subindo então pelo Juruhena.

Na mesma época percorreu-o tambem o forriel Joaquim Ferreira Nhandú, que deu noticia de dous outros grandes saltos, um de duas e outro de vinte braças de altura.

O illustrado Sr. barão de Melgaço foi o primeiro á tratar de restabe-lecer essa verdade geographica, nas suas *Observações á carta geogra-phica da provincia de Matto-Grosso*, publicadas na *Revista* do Instituto Historico, tomo XXV, pag. 346.

(a) Este nome dão tambem ao Tocantins alguns autores, sem duvida por con-fusão. O capitão-mór Antonio Pires de Campos, um dos primeiros sertanistas que por ahi exploraram, assim o chamou; o que consta do roteiro dado ao capitão An-tonio Rodrigues Villares, para buscar as minas dos Arayés.

(b) O atlas do Sr. Candido Mendes, ora o dá como affluente do Xingú, nas cartas geraes, ora como do S. Manoel, já na do Pará.

IV

O *Xingú* é um dos rios brasileiros menos conhecidos, e sobre cujas origens mais duvidas existem. Fazia-se-o provir desde o parallelo 15°, em contravertentes com o rio *das Jangadas*, cabeceira do S. Lourenço, dando-se-lhe assim um curso de mais de mil e quinhentos kilometros (a). Já Baena, no seu *Ensaio chorographico da provincia do Pará*, marcou-lhe as nascentes na latitude de 12° 42'; o Sr. Melgaço colloca-as « perto do parallelo 11°, sinão mais ao norte » (b) ; cortando-se-lhe, portanto, mais de um terço do curso que lhe emprestavam.

Dá-se-lhe como tributarios o *Maiary, Acarahy, Acaixy, Pery, Curenis, Turú, Maxuá, Iriry, Pacuruhy, Bacyó, Fresco*, etc.; corre em terreno matto-grossense até as confluencias do Fresco e do Acarahy, e lança-se no Amazonas na latitude de 1° 42' e aos 8° 54' de longitude.

E' navegavel por navios de grande calado desde a sua ultima cachoeira, o *Piranha-coara*, á cento e sessenta e cinco kilometros da foz. Por elle subiu, em meiados do seculo XVII, o padre Roque Hunderpfundf, de quem faz menção o padre Manoel da Motta, na sua Missão (c). Foi conhecido dos hollandezes, que em 1695 o subiram, indo estabelecer-se fortificados no sitio conhecido desde então por *Marin-uassú, a cidade grande*, entre os rios Pery e Acaixy. povoado que pouco tempo durou, tendo sido atacado e destruido pelo famigerado explorador do Amazonas Pedro Teixeira. Os jesuitas frequentaram o seu baixo curso ; talvez outros exploradores galgassem-lhe as cachoeiras em busca do curso superior ; mas seu

---

(a) Ricardo Franco dá-lhe 800 leguas de curso. *Descripção geographica da capitania de Matto-Grosso.*

(b) *Observações á carta geographica da provincia de Matto-Grosso.*

(c) Dr. Mello Moraes.—*O Brasil Historico*, t. 3.°

estudo só despertou interesse quando, em 1843, o principe Adalberto da Prussia venceu-lhe as primeiras cachoeiras e investigou-o até cerca do 4° parallelo. Acompanhavam-o o conde de Oriola e o hoje tão celebre chanceller do imperio allemão, o principe, então conde de Bismark. No seu diario de viagem, Adalberto falla n'uma excursão que por esse rio fez um tenente de milicias, em 1819, descido de Cuyabá, e que diz ter chegado até o porto de Moz, não podendo referir-se, salvo pasmoso engano, ao explorador Peixoto, do Paranatinga. Em 1872 navegou até o parallelo 3° 30' o engenheiro Adriano Xavier de Oliveira Pimentel.

Projecta-se a construcção de uma via ferrea na corda do grande arco que esse rio fórma na sua região encachoeirada, que situa-se entre os 4 e 5 graus de latitude, e é destinada á salvar todo o trecho do rio impossivel á navegação.

Dahi em diante canôas e igarités podem vencêl-o até suas cabeceiras, sendo de facil remoção os impecilhos que appareçam. Em identicas circumstancias ás da malograda via ferrea do Mamoré e Madeira, ha de lutar com os mesmos embaraços e difficuldades para ser levada á effeito; o que, todavia, se realisará, mas n'um futuro, quiçá, remoto. Seus exploradores são acordes em affirmar as riquezas do territorio que banha, mormente em vegetaes preciosos, como as seringueiras, o cacau, o cravo, a copahiba, as salsaparrilhas, a castanha, o puchury, e mil outros que são a maior fonte de rendas do Amazonas e do Pará.

V

O ARAGUAYA, *Rio Grande* ou *Berocoan*, que no dialecto dos *carajds* tem identica significação (a), é um rio magestoso, de cerca de mil

---

(a) *O Rio Araguaya*. Relatorio de sua exploração, pelo major de engenheiros Joaquim Rodrigues de Moraes Jardim.

e oitocentos kilometros de extensão, dos quaes quasi mil e duzentos bei-
rando terras de Matto-Grosso; largo e desimpedido na maior parte do seu
curso. Castelnau assigna-lhe quatrocentas e oitenta leguas, e mais cento
e treze ao Tocantins depois da confluencia (a): D'Alincourt dá-lhe trezentas e setenta leguas; outros sómente trezentas até a sua foz no Tocantins.

E' o principal limite da provincia com Goyaz.

A mais remota das suas origens é o corrego das *Duas Pontes,* descido das abas septemtrionaes da serra oriental do Cayapó. Com o *Pitom-*
bas, contravertentes do Taquary, encontra tambem cabeceiras, entre o
Piquiry e o Sant'Anna do Paranahyba, á meio dos parallelos 18° e 19°.

Tem os nomes de *Cayapó Grande* até a juncção do rio do Barreiro
ou do Cotovello; de *Rio Grande* até a foz do Vermelho; e só dahi para
diante é que é conhecido pelo seu principal nome, *Araguaya.*

Com o nome de Cayapó Grande seu curso é superior á quinhentos
kilometros.

São seus principaes subsidiarios, á direita:

1.º O *Bonito,* rio de cerca de cento e vinte kilometros, nascido na
serra de Santa Martha.

2.º O *Cayapó-mirim,* de uns cento e cincoenta, nascido na serra da
Sentinella; é engrossado pelas aguas do *Piranhas* e *Santo Antonio.*

3.º O *rio das Almas,* vindo da mesma serra, formado pelo *Ponte*
Alta e ribeirão *dos Bois.*

4.º O rio *Claro* ou Diamantino, grande curso descido da serra de
Santa Maria, aos 17° 30' de latitude, e augmentado pelas correntes do
Santo Antonio, braço de mais de quatrocentos kilometros nascido na

---

(a) Si o primeiro computo é elevado, o segundo approxima-se da verdade O.
Tocantins mede 448 kilometros de S. João das Duas Barras á Santa Helena de
Alcobaça, onde recomeça a navegação; dahi á Belém ha 279, e 116 de Belém ao mar.
O Sr. Dr. Eduardo José de Moraes dá-lhe 110 leguas (*Navegação interior do*
Brasil, 1869).

serra Escalvada; o *Pilões*, um pouco menor, que recebe o *Fartura*, oriundo da serra Dourada, e o *S. Domingss*.

5.º O *Agua Limpa*, nascido na serra Dourada; recebe á direita o *Guarda-mór*, formado pelo *Bocaina*, e á esquerda o *Mamoneiras*, e sahe abaixo do Itacayú (a).

6.º O *Vermelho*, nascido na serra do Ouro-fino, ramal da *Geral* ou cordilheira do *Estrondo*; seu curso é de mais de trezentos kilometros, dos quaes cento e oitenta de boa navegação, desde o porto do Travessão, á doze leguas da capital; indo sahir no *Rio Grande,* donde á este se muda o nome em *Araguaya*. Tem por braços, á direita: Bugres, Boa Vista, Ferreiro, Lambary e Vermelhinho, dos quaes o Ferreiro vindo da serra da Canastra, é de mais de cem kilometros; á esquerda: Cachambú, Estrella, Forte, Ubá, Taquaral ou *Indios Grandes,* maior do cem kilometros, e o Tiquihé (b).

7.º O rio *do Peixe,* ou Thesouras, nascido na serra do Carretão; recebe as aguas do Peixe Pequeno, Isabel Paes, Taquaral e S. Miguel, todos oriundos da mesma serra, e vae juntar-se ao Araguaya com um curso de mais de cento e oitenta kilometros.

8.º O *Crixá,* maior de duzentos kilometros, é formado por dous principaes braços, o *Crixá-assú* e o *merim.* Aquelle tem por affluentes o Canabarro, o rio do Peixe (que recebe o *dos Bois* e *Novilhos*) e o dos Pintados. Vem das serras de S. Patricio, e cahe noventa kilometros abaixo da foz do Vermelho, cujas nascentes, como as delle, distam mui poucas leguas da capital de Goyaz. Seu curso é em rumo nornoroeste; sua largura de cem metros. Delle diz o Sr. major Jardim « que é um dos mais importantes affluentes do Araguaya, e no futuro será o escoadouro do grande municipio

(a) O destacamento de Itacayú foi fundado por Braz Martinho de Almeida, de ordem do 15º governador de Goyaz D. João Manoel de Menezes.

(b) Rel. do Araguaya do Sr. major Jardim.

do Pilar. Como todos os braços daquelle rio varia muito em cabedal de aguas, conforme as estações, ora dando franca navegação á grandes botes, ora apenas á igarités. »

9.º O *Chavantes*, que vem da serra Pintada, e desagua nas vizinhanças do parallelo 12º.

10º e 11.º O *Tucupá* ou Pequeno e o *Javahés*, nascidos na serra do Estrondo, e que margeiam a morraria á direita do furo do *Carajahy*, este pelo lado oriental e o Tucupá pelo occidental. O Javahés tem mais de cento e cincoenta kilometros.

E 13.º O *Salomé*.

E á esquerda :

1.º O *Pitombas*, originado por duas principaes cabeceiras na serra das Divisões, perto do parallelo 19º.

2.º O *do Barreiro* ou do Cotovello : este desce das abas orientaes da serra das Divisões, pouco mais ou menos á meio do parallelo 15º, perto do meridiano 9º. Seu curso é de mais de trezentos kilometros, com a largura média de duzentos á trezentos metros.

D'entre os seus affluentes destacam-se, á esquerda, o *Passavinte* e á direita, o *Paredão*, no qual o Sr. Couto de Magalhães suppõe reconhe cer o *rio das Garças* dos jesuitas, que o tinham no caminho entre o Pará e o Paraguay, e após o seu curso quinze leguas de transito por terra, as unicas em toda essa longa viagem ; e que tantas são as que medeiam entre o Paredão e o *Itiquira*, braço do S. Lourenço, entre os pontos onde lhes começa a navegação.

3.º O *Alagado*, rio de oitenta á cem kilometros, que sahe junto ao porto da Piedade.

4.º O *Crystallino, Manricberó* ou *rio das matrinchans* (a): nasce perto do parallelo 15º, na divisoria das aguas orientaes do rio das Mortes

---

(a) O rio Araguaya. Rel. do Sr. major Jardim.

e occidentaes do Araguaya ; corre em rumo de nordeste. com cerca de duzentos kilometros de curso, e a média de oitenta metros de largura, com cinco de profundidade.

Em tempo de aguas augmenta muito o seu cabedal, mas na estação sêcca baixa ás vezes á meio metro de profundidade. Vae lançar-se já no braço do Araguaya, á esquerda da ilha do Bananal.

5.º O *rio das Mortes*, *Iuaberó* dos carajás (a), *rio em fórma de pé*, tem cerca de oitocentos kilometros de extensão. D'Alincourt dá-lhe cento e cincoenta leguas (b). Nasce com o nome de rio Manso á cento e oitenta kilometros á noroeste da cidade de Cuyabá e á uns vinte e cinco das fontes do *Aricá-merim,* braço do Cuyabá ; e não deve ser confundido com o ribei- rão do mesmo nome e egualmente tributario deste rio, cujas cabeceiras o rio Manso circumda, e cuja foz é uns cem kilometros acima daquella ca- pital. Suas vertentes mais remotas acham-se entre o *logar* de Guimarães, antiga Sant'Anna da Chapada, e as cabeceiras do Paranatinga, do qual é contravertentes.

Passa por ter sido descoberto por Bartholomeu Bueno, o *Anhanguêra,* na sua primeira entrada, pelo anno de 1682 ; sendo depois percorrido por seu neto do mesmo nome, quando em busca das minas dos Martyrios, cuja tradição guardára do avô. Foi explorado em 1803, de ordem do capitão- general Caetano Pinto, pelos irmãos Alexandre e João de Brito Leme, (c) que, em quarenta dias, chegaram ao porto de Arayés. Tinham partido de Cuyabá á 14 de maio, no intento de não só verificarem si o rio era nave- gavel, como tambem de saberem si era o principal tronco do rio das Mortes ; em 21 de setembro estavam de volta, tendo averiguado que esse, e não o braço que se entronca junto á aquelle porto, é o verdadeiro rio

(a) O Rio Araguaya. Rel. do Sr. major Jardim.
(b) Obra citada.
(c) João Alexandre de Brito Leme e João de Brito Leme e mais 22 soldados.

das Mortes (a). Sua navegação foi livre de tropeços durante nove dias, o que implica um tracto superior á trezentos, sinão quatrocentos kilometros ; no decimo dia penetraram na região encachoeirada, onde houve á vencer cento e vinte e tres cachoeiras, com doze varadouros, vinte e oito sirgas sem carga e oitenta e tres á meia carga.

Passa o rio das Mortes por ser um formoso curso de mais de duzentos metros de largura, apresentando-a ás vezes, mesmo, de oito á nove kilometros. Ricardo Franco, na sua *Descripção Geographica*, e D'Alincourt, no seu *Resultado dos trabalhos e indagações estatisticas*, consignam-lhe cento e cincoenta leguas de curso, sem computarem-lhe o do Manso. O Sr. Couto Magalhães calcula-o em duzentas.

O outro braço, que é o oriental e que vem com o nome que o rio guarda, é formado pelos ribeirões do *Jatobá*, que recebe o *Mutuns* e o *Pindahyba:* desce desde a serra das Divisões, nos ribeirões do *Roncador*, nascido no contraforte desse nome, o *Sangradorzinho* e o *Sapé*, braços do *Sangrador*, que faz contravertentes com o S. Lourenço. Vae com rumo de noroeste á entroncar-se no Manso, logo abaixo do ribeirão dos *Arayés* ou Araés. Neste ficavam as celebres minas deste nome, descobertas em 1670 por Manoel Corrêa (b) e abandonadas pelas difficuldades que sobrevieram á seu trafego, pela distancia dos povoados, aggressões dos indios, miserias e fomes. Seu ouro era de 17 quilates e de côr esverdinhada (c). Perdido seu sitio, casualmente o descobriram, quasi um seculo depois, o coronel de milicianos Amaro Leite (d) e João da Veiga Bueno, que andavam em busca da dos Martyrios ; fundando-se ahi um arraial com o nome do primeiro, estabecimento que não

---

(a) Officio do mestre de campo José Paes Falcão das Neves, de 29 do mesmo mez, ao *governo de successão* da capitania.

(b) Pizarro. *Mem. Hist.*, tomo 9º, pag. 145.

(c) Ricardo Franco. *Descrip. Geog. da Cap. de Matto-Grosso.*

(d) *O Rio Araguaya*. Rel. do Sr. major Jardim.

se deve confundir com outro tambem de *Amaro Leite* que houve nas *Lavrinhas*. Em 1819 a companhia de mineração de Cuyabá, buscou novamente seu sitio e projectou novos estabelecimentos; ficando porém, em projecto:

O rio das Mortes lança-se por duas bocas no braço esquerdo do Araguaya, além de meio da grande ilha do Bananal, e cento e noventa e cinco kilometros abaixo da bifurcação do rio: sua largura nas barras é de duzentos e quarenta metros n'uma, e cento e oitenta n'outra, e de tres e meio metros a profundidade média. O triste nome que tem provém-lhe da grande mortandade que uma epidemia de febres causou á uma das primeiras *bandeiras* que por ahi andaram (a).

Com o nome de rio Manso recebe innumeros affluentes, sendo principaes, á direita : *Cachoeirinha, Cerradinho, Sapê, Sangrador, Sangradorzinho* (que tem por affluente o Malas), *Taquaralzinho, Sangrador* (que recebe o Mortandade), *Couro de Porco, Macacos* (engrossado pelos Cabeça de Boi, Torresmo, Corisco, Tejuco-Preto e Sambambaia), *Paredão*, (que nasce junto á montanha abrupta desse nome e recebe á esquerda o Guanandy, Areias, Lages, Olho d'Agua, Jatobá, Mutuns, Pau Furado, Taquaral, e Antinha), o *Peixe* (formado pelo Lage que recebe o Laginha, o Taquaral, descido de serras deste nome, e o Insua), *Pindahytuba* e *Lages* ; e á esquerda o *Tapera, Cururú, Maracajá* e *S. João* (b). Lança-se quasi á meio do braço Araguaya.

6.º O *da Casca*, formado pelo Farto ; é o ultimo dos seus affluentes importantes que lança-se nesse braço. Seu curso é mais de cem kilometros.

7.º O *Tapirapé, Manamberõ* ou *rio das pedras*, dos carajás (b), é de curso talvez egual ao do Mortes, bastante largo e profundo. Entra no

---

(a) D'Alincourt, *ob, cit.*
(b) O *Rio Araguaya*. Rel. do Sr. major Jardim.

Araguaya cento e oitenta e oito kilometros abaixo da foz do Mortes, e por muitas bocas. O benemerito capitão de fragata Balduino de Aguiar, tão conhecido por seus heroicos feitos nos combates do forte de Coimbra e outros no rio Paraguay e S. Lourenço, subiu-o em 1868 cerca de cincoenta kilometros, n'um pequeno vapor, o *Araguaya*, que o Sr. Couto de Magalhães fizera transportar de Cuyabá para as explorações do rio, cujo nome tomou.

Desce o Tapirapé das escarpas do Chapadão que medeia entre esse rio e o Xingú, dividindo-lhes as aguas (a).

8.º O *Cujurú,* que lança-se quasi fronteiro á ponta septemtrional da ilha do Bananal.

9.º O *Aquiquy,* pequeno rio, contravertentes com o Fresco, braço do Xingú, e notavel por ser a divisoria mais septemtrional da provincia.

E 10º, finalmente, o *Gradahus,* rio tambem pequeno, nascido nas serras do mesmo nome.

(a) Cunha Mattos (ob. cit.), dá-lhe sessenta leguas de curso.

VI

Á 72,24 kiloms. da foz do Crixá divide-se o Araguaya em dous grandes braços, formando a ilha do Bananal ou *Sant'Anna*, á que o braço esquerdo banha n'uma extensão de 477.170 kiloms. (a). O nome de Santa Anna é-lhe tambem dado por que nella aportou em dia dessa santa o alferes José Pinto da Fonseca, que ia em expedição para conquistar os carajás, e ahi fez celebrar missa e impoz-lhe o nome (a). Seu comprimento é calculado em sessenta á setenta leguas e sua maior largura em mais de vinte. O braço direito toma o nome de *furo do Bananal* ou *Carajahy*, conservando o outro o nome do rio.

O Sr. major Jardim, em setembro de 1879, achou para este braço a largura de 259,9 metros e 3,3 de fundo, emquanto que o Carajahy estava quasi á sêcco, apresentando-se como um regato de quatro metros sobre meio de profundidade. Antes da ilha o rio mede setecentos á oitocentos metros de largo, e depois mil e duzentos. Logo dez kiloms. adiante desta ha outra ilha de dez á doze leguas, formada pelo *furo* chamado da *Maria do Norte.*

Depois do presidio de Santa Maria desce encachoeirado por uns seiscentos kiloms. até a confluencia do Tocantins, que por sua vez assim continúa por quatrocentos e quarenta e oito kiloms. até Santa Helena de Alcobaça (b). O curso total deste rio será de dous mil e duzentos kiloms., dos quaes grande parte navegado com alguma difficuldade, e trezentos e trinta de facil navegação, e essa mesma dividida em dous tractos, um de cento e setenta e quatro entre a cidade da *Boa Vista* e a da *Carolina*, no Maranhão ; e o

(a) *O rio Araguaya*. Rel. do Sr. major Jardim.

(b) *A Provincia de Goyaz em* 1873, memoria do Sr. major Dr. A. de Escragnolle Taunay.

outro de cento e cincoenta, desde a villa da *Imperatriz* até a confluencia do Araguaya. E' perto do parallelo 6° que esta tem lugar; e o Tocantins, após um curso, ainda, de seiscentos e setenta kilometros, vae levar suas aguas ao oceano, não sem antes receber, na latitude de 1°, 40', com as do Tajipurú e Breves, o tributo do Amazonas.

———

Ligado ao Tocantins, a historia do Araguaya é a mesma do Baixo Tocantins.

D'entre os exploradores seus, são notados como primeiros Fr. Custodio de Lisboa, que, em 1625, subiu-o desde Belem (a), e Manoel Correia, *bandeirante* paulista. Em 1653, subiu parte delle o grande padre Antonio Vieira, á convite do capitão-mór Ignacio do Rego Barreto; partiu de Belem á 13 de dezembro, e chegado ás cachoeiras, em 23, onde já achou o rio com cerca de meia legua de largura, á 28 chegava á cachoeira das *Tabócas*, distante cento e sessenta leguas da foz (b). Em 1669 Gonçalo Paes e Manoel Brandão, subiram-o e penetraram no Araguaya, em busca de ouro, trazendo em compensação muito cravo, canella e castanha (c).

Quando o paulista Pascoal Paes de Araujo internou-se pelos sertões matto-grossenses e goyanos, devastando as tribus e aprisionando os indios que encontrava, foi o Araguaya o caminho por onde estes, fugitivos, correram á Belem á supplicar a protecção do governo.

Pedro Cesar de Menezes, governador, então, do Pará, soube por elles da existencia deste rio; e em 1673 mandou á exploral-o Francisco da

---

(a) Baena, *Compendio das Eras*; Ferdinand Denis, *Le Brésil*, 312.

(b) O Sr. Dr. Mello Moraes, *Chorog. Hist.*; tomo 3°, pag. 450.

(c) Encontraram um castanheiro que media cincoenta palmos em circumferencia. Baena, obra citada.

Motta Falcão, com força sufficiente para bater Pascoal. Não era, porém, da indole do sertanista Falcão o aventurar-se ás sortes da guerra com aventureiros taes, e, pois, preferiu retroceder á buscar Pascoal, que, já sabedor da sua expedição, era quem, por sua vez, o buscava.

No anno seguinte subiu-o o padre Antonio Velloso Tavares, para egual investigação,—á mandado do mesmo governador e com identico exito (a).

Berredo, quando governador do Maranhão, percorreu-o até o parallelo 12° 22,' ; e em 1719, mandou exploral-o por Diogo Pinto da Gaya, que foi por elle acima umas cento e oitenta leguas (b).

Em 1721, o sertanista Domingos Portilho subiu o Tocantins com os padres Manoel da Motta e Jeronymo da Gama ; da cachoeira Tabócas ao rio *Arary* ou da *Saude*, como o designam, gastou sete dias, outros tantos ao rio *Taquanhona* e mais cinco á boca do Araguaya (c).

Dois annos depois desceram de Villa Boa, em Goyaz, para o Tocantins, dous portuguezes um e negro, fugidos das minas ahi descobertas (d). Em 1731 o sargento-mór João Pacheco do Couto, mandado pelo governador Alexandre de Souza Freire á exploral-o, descobre as minas da *Natividade*. Em 1774, de ordem do governador José Cabral de Almeida Vasconcellos Souzel, funda-se a aldeia da *Nova Beira*, na ilha do Bananal, com indios javahés e carajás (e).

Foi esse governador o primeiro á interessar-se pelo commercio e relações que por essa via se podiam entabolar entre sua capitania e a do Pará.

_____

(a) *Annaes historicos do Maranhão*, liv. 17 ; Baena, *Compendio das Eras*, pags. 140 e 205.

(b) *Annaes historicos do Maranhão.*

(c) Missão do padre Manoel da Motta. V. *Chorographia Historica* do Sr. Dr. Mello Moraes, t. 3°, pag. 461.

(d) *Chorog. Hist.* ; t. 3°, (Dr. Mello Moraes).

(e) *O Rio Araguaya.* Rel. do Sr. major Jardim.

Foram naquella diligencia, em 1772, o capitão José Machado, e no anno seguinte o alferes José Pinto da Fonseca, o mesmo que deu o nome de Sant'Anna á grande ilha do Araguaya ; e em 1774 o ouvidor Antonio José Cabral de Almeida: com o intuito de descobrirem as minas dos Martyrios. Este, de volta, relatou tel-as encontrado no *Arayés*, perto do Xingú ; e seus companheiros, o piloto Luiz Antonio Tavares Lisboa, e outros, foram presos ao chegarem á Belem, em vista do disposto na lei dos caminhos das minas, cujos effeitos, como se vê, não eram eguaes para todos.

Em 1746 desce pelo Araguaya uma bandeira vinda desde S. Paulo, guiada pelo capitão-mór Antonio Rodrigues Villares (a), e entra no *Paraupéba*, como elle designou ao Tocantins. Em 1780 o governo do Pará toma á peito o fundar povoados no Baixo Tocantins, onde já os padres missionarios tinham bastantes aldeias de cathechumenos ; estabelece o *logar de S. Bernardo da Pederneira*, á margem direita, entre *Cachoeirinha* e a Tapayuna-coára ; o de *Alcobaça*, uma legua abaixo do igarapé *Caraipé*, o qual dez annos depois foi transferido para a ilha do *Ararapá* entre as cachoeiras Tapayuna-coára e *Guaribas*, mudando de denominação para a de *Arroios* (b).

Em 1780 organisam os commerciantes do Pará uma expedição que o governador Tristão da Cunha Menezes manda, sob a direcção do capitão Thomaz de Souza Villa Real, para explorar o Araguaya. Sahida á 5 de fevereiro do seguinte anno, de Belem, á 21 de abril chegava á Goyaz, e em 22 de dezembro de 1792 fazia-se de volta da confluencia do Ferreiro com o Vermelho, á quatorze leguas da capital. Em 1799 o governo real chama a attenção do capitão-general D. João Manoel de Menezes (b) sobre a navegação desses rios.

(a) *Chorog. Hist.* ; t. 3o, (Dr. Mello Moraes).
(b) *O Rio Araguaya.* Rel. do Sr. major Jardim.

O conde da Palma, D. Francisco de Assis Mascarenhas, 9° governador de Goyaz, trata della com interesse ; mas é seu successor Fernando Delgado Freire de Carvalho quem mais a favorece, obtendo do governo real a isenção dos direitos por dez annos e moratoria por seis das dividas á fazenda nacional, e fazendo fundar os presidios do *Rio Grande, Piedade* S. *João das Duas Barras*, este já no Baixo Tocantins (a). Em 1832 o sargento Carvalho, encarregado da abertura da estrada de Piquiry á Sant'Anna do Paranahyba, errando o caminho, percorre grande parte o rio, vindo desde o Manso até o porto da Piedade.

Em 1844 o viajante francez Francisco de Castelnau desce-o até o presidio de S. João das Duas Barras. Dous annos depois o bacharel Rufino Theotonio Segurado, juiz municipal da Carolina, no Maranhão, vem desde o presidio deste nome á Belem, e novamente sobe o rio até o porto de Thomaz de Souza (b), distante vinte e duas leguas da capital, onde aporta em 6 de fevereiro de 1848, tendo subido de Belem á 19 de maio antecedente.

Em 1850 o previdente e mallogrado administrador de Goyaz, Eduardo Olympio Machado, faz desobstruir o rio Vermelho desde o arraial da Barra, á quatro leguas da capital, e funda varios presidios, entre elles o *Leopoldina*, na confluencia daquelle rio e o *Santa Maria* e *Cachoeira Grande*, nas extremidades da ilha do Bananal.

Em 1851 uma associação commercial busca navegal-o ; e o presidente de Goyaz, Antonio Joaquim da Silva Gomes, funda os presidios de *Santa Isabel,* naquella ilha, o qual mais tarde é transferido para o rio das Mortes e o da *Januaria,* no antigo local do Santa Maria, á meia distancia entre a ilha e S. João das Duas Barras. Em 1858 o presidente,

---

(a) Pizarro, *Memorias Hist.*, tomo 9.

(b) *Manoel de Souza,* chama-lhe o Sr. major Jardim, obr. cit.

o Sr. Gama Cerqueira, aventa a idéa da navegação á vapor entre Leopoldina e Januaria (a), idéa que somente dez annos depois realisou outro presidente o Sr. Couto de Magalhães, o qual, já em 1864, tinha descido o Araguaya n'um tracto de mais de dous mil kilometros, acompanhando o engenheiro que o explorava, o Sr. Ernesto Vallée.

Presidindo o Pará, ainda o Sr. Magalhães acompanhou outra commissão exploradora do Tocantins, até a cachoeira Tapayuna, em vapor, e dahi em diante em bote até a ilha das Guaribas, donde voltou em setembro do mesmo anno; e afinal, em 1868, sendo presidente de Matto-Grosso, firme em seu intento, e dotado de uma energia e força de vontade invejaveis, fez transportar uma lancha á vapor, a *Araguaya*, por mais de seiscentos kilometros de pessimos terrenos, desde Cuyabá até Leopoldina, estabelecendo a navegação á vapor entre este presidio e Januaria, na extensão de cerca de mil kilometros (b), com aquelle vapor, e mais tarde outros dois, o rebocador *Colombo* o o *Mineiro*.

(a) Relat. dessa presidencia em 1858.

(b) 921.139 kiloms. é a distancia que dá-lhe o Sr. major Jardim, *obr. cit.* O Sr. major Taunay dá-lhe 990 kiloms.. *A Provincia de Goyaz em* 1873.

A' *SE.* tem a provincia, desde o salto do Urubupongá, cerca de sessenta e cinco kiloms. abaixo da confluencia do Rio Grande e uns doze acima do Tieté, até o Salto Grande das Sete Quedas, um trecho de seiscentos kilometros de navegação franca do rio Paraná, que, dividindo geographicamente a provincia das de Minas, S. Paulo e Paraná, liga-as todas nessa admiravel rêde de rios, da qual grande numero de braços, não só dos que correm no terreno matto-grossense como dos que ao grande rio vém ter das outras regiões, foram os caminhos por onde penetraram os seus audaciosos descobridores e primeiros exploradores.

O *Paraná*, formado como o Madeira pela juncção de duas magestosas correntes, toma aquelle nome ao encontrarem-se n'um leito commum as aguas do *Paranahyba* e as do *Rio Grande.*

Este, que é o seu principal braço, desce desde, mais ou menos, o parallelo 22°, nas proximidades do *Itatyaia*, o ponto culminante da orographia brasileira, na serra *Negra*, perto de Ayuruoca, em Minas-Geraes ; e tem, somente de boa navegação, um trecho de mil e trezentos kiloms. (a). Seu curso total é de 4560 kiloms. ou 821 leguas (b). São-lhe principaes tributarios: Ayuruoca, Angaby, Jacuhy, Ponte-Alta, Mortes, Jacaré, Alambary, Uberaba, Santo Antonio, Santo Ignacio, Cananéa, Inferno, Sapucahy e Mogy-guassú, os quaes recebem as aguas de uma infinidade de affluentes entre outros : Pedras, Carmo, Catoca, Corregos, Santa Barbara, Posse, Bagres, Verde, Sapucahy-merim, Cachoeira, Patrocinio, Paciencia, S. Paulo, Mogy-merim, Tucuba, Itaquy, Ita-cuarantan, Itupeba, Santa

(a) Senador Godoy. *A Provincia de S. Paulo em* 1873.
(b) Dr. Eduardo José de Moraes. *Navegação interior do Brasil*, 1869.

Anna, Piçarrão, Oricanga, Cocaes, Estiva, Prata, Tambahy, Cubatão, Lage, Araraquara, Desfiladeiro, Contas, Olaria, S. Simão, Cercado, Cajurú, Batatas, Upitinga e Boiadas.

Para bem considerar-se o valor dessa rêde potamographica, basta-nos attentar para o Sapucahy, rio de trezentos e quarenta kilometros de curso, dos quaes mais de cem de livre transito (a), desde o seu affluente, o Verde, até o Salto, e, ainda, mais cento e quarenta de barra acima. Além do Verde, o Sapucahy enriquece-se com os cabedaes do Agua Limpa, Machado, Lourenço-Velho, Douradinho, Cervo, Piranguassú, Mosambo e Cabo-Verde; todos navegaveis. Este ultimo desce da serra do *Jardim,* em Baependy ; tem duzentos e trinta kilometros de curso, dos quaes, segundo o Sr. Martiniano Brandão, cento e oitenta navegaveis desde a foz do Capivary até o Sapucahy. Para elle correm as aguas do Capivary, Baependy, Alambary, Rio do Peixe, S. Bento e Palmellas.

Rio Paranahyba

Desenho do Sr. Dr. Taunay).

O *Paranahyba,* nasce nas proximidades do parallelo 19° e do meridional 3°, no sitio da Guarda dos Ferreiros, perto do arraial do Carmo,

(a) Dr. Martiniano Brandão. Artigo na *Imprensa Industrial,* t. 2ª, pag. 519.

na Serra Geral (a). Seu curso é de mais de oitocentos kilometros. Dirige-se para *NO.* até receber o Corumbá, e depois para *SO.* até formar o Paraná, que desce, então, em rumo sul.

Os affluentes que o enriquecem como os do Xingù, Araguaya e Tocantins, não estão sufficientemente conhecidos, e até alguns delles guardam grande confusão nas descripções e mappas geographicos.

Passam por principaes, á direita :

1.º O *Jacaré.*

2.º O *Verde.*

3.º O *S. Marcos,* originado na serra dos *Arrependidos* ou dos Crystaes, e cuja corrente é maior de quatrocentos kilometros, tendo por succursaes, á direita: *Capimpuba, Taipas, Sambambaia, Castelhano* e *Embirussú,* vindos todos da mesma serra ; e á esquerda : *Pantáno, S. João, Batalha,* e *S. Bento,* o qual é um formoso curso de mais de trezentos kilometros, e o *Verde,* vindo da serra do Guarda-mór (a).

4.º O *Verissimo* (b), que desce da serra deste nome, ramo da dos Crystaes, e tem por braço principal o *Paranatinga,* originado no morro do Facão (a).

5.º O *Corumbá,* que desce da serra dos Pyreneos, no parallelo 16°, e tem varios tributarios, entre elles : *Carurú, Capivary, Antas, Piracanjuba* (formado pelo Gerivatuba e Taquary, cujas fontes estão na serra de Santa Rita), e o do *Peixe,* ao qual engrossam o dos Bois, á direita, e á esquerda o Calvo e o Brumado (c). Alguns faziam-o o braço principal do Paraná, e o Paranahyba seu affluente.

6.º O *Meia Ponte,* cujas vertentes estão nas serras do Escalvado e de Santa Rita, e tem por braços principaes, á direita, o *Dourados,* e á esquerda, os ribeirões das *Caldas* e da *Formiga*(c).

(a) Cunha Mattos. obra citada.
(b) Carta de 1875 da commissão da carta geral.
(c) Carta de Goyaz do Sr. major Jardim.

7.º O rio *dos Bois*, maior de quatrocentos kilometros, com a largura de cento e setenta metros na foz (a), o qual é um dos cursos desta rêde que em maior confusão tem trazido os geographos. Segundo os dados do distincto engenheiro major Joaquim Jardim, tem por subsidiarios, á direita, o *Turvo* (nascido na serra Dourada, e que entre outros recebe na margem occidental o S. José e na opposta o Capivára), e o *Verde* (que nasce em contravertentes com os rios Claro e Pilões, e é engrossado á esquerda pelo ribeirão do Estreito, o rio Formoso, que recebe o Ponte de Pedras, do qual o *Correntes*, é uma das cabeceiras, e o rio Preto ; e na opposta o Montevidéo e o Dôres); e á esquerda, o *Anicuns*, que recebe o Santa Maria, o *Flóres* e o *Sant'Anna*.

O rio dos Bois foi explorado por João Caetano da Silva e José Pinto da Fonseca (b) em 1816 : sahiram elles do arraial de Anicuns (á 14 leguas da cidade de Goyaz),em 22 de agosto, e no dia 16 de outubro chegavam á foz do Turvo, com já sessenta leguas de navegação ; quatro dias depois chegavam ao Verde.

Outra exploração do Bois foi feita á custa do governador D. Francisco de Assis Mascarenhas, por Estanislau da Silveira Guterres ; a qual infelizmente mallogrou-se, não havendo mais noticia dos exploradores, que se suppõe mortos nas cachoeiras.

8.º O *Claro* ou dos Pasmados,(c)engrossado pelo *Doce* (formado pelo Jatobá, Aterradinho e Aboboras), os ribeirões *Invernada, Invernadinha, Agua Parada* e *Santa Maria*, e os rios *Bomfim* e *Paraiso*, á direita ; e o *Onça* á esquerda.

9.º O *Verdinho* (d), nascido na serra oriental do Cayapó e tendo por

---

(a) O Sr. Dr. E. J. de Moraes. *Navegação interior do Brasil.*
(b) Não deve ser o mesmo explorador de 1773.
(c) Carta manuscripta do Sr. tenente-coronel Pimenta Bueno, 1880.
(d) Carta de Goyaz, citada.

uma das cabeceiras o Flores. E' tambem denominado *Verde* por muitos cartographos, convindo prevalecer aquella denominação pela multidão de homonymos que ha para a segunda.

10.º O *Correntes*, vindo pelo *Jacubas* e *Cabeceira Alta* do morro Vermelho, na serra do Cayapó (a), rio ainda mais confundido do que o Bois pelos cartographos (b).

11.º O *Aporé*, ou rio do Peixe (c), que alguns conhecem tambem por *Cayapó do Sul*, mas fazem-o sahido acima de Sant'Anna do Paranahyba, em frente á cachoeira de S. André.

E 12.º, finalmente, o *Sant'Anna do Paranahyba*, ribeirão cuja notoriedade consiste em passar pela villa dessa denominação.

———

Pela esquerda recebe o Paranahyba :

1.º O *Dourados*, rio de uns duzentos kilometros, originado na serra das Cangalhas.

2.º O *Bagagem,* onde se achou o celebre diamante *Estrella do Sul,* tambem conhecido pelo nome do rio : nasce na serra do Patrocinio.

3.º O rio *das Velhas*, que é de um curso talvez não inferior á quinhentos kilometros, e do qual são subsidiarios *Inferno, Conceição, Quebra Anzol* e *Tamanduá*. Suas origens estão na serra das Canastras.

4.º O *Piedade*, nascido nas serras de Monte-Alegre.

5.º O *das Almas*, nascido nas de Uberaba e engrossado pelo *Doura-*

(a) Carta de Goyaz, cit.

(b) V. cap. 1º, pag. 13, nota. Tal confusão ainda é augmentada por Cunha Mattos, ob. cit., que o baralha com o *Cururuhy*, que diz elle, recebe o Pasmados e o Cayapó do Sul e vae lançar-se abaixo do salto do *Urubupongá.*

(c) Carta manuscripta do Sr. Pimenta Bueno.

dinhos, rio de mais de quatrocentos kilometros, *Tejuco*, *Prata*, *S. Lourenço*, *Babylonia* e muitos outros (a).

———

O Rio Grande tem de curso cerca de mil e cem kilometros. Reunido com o Paranahyba, e tomado já o nome de Paraná, affluem-lhe pela direita:

1.º O *Guacury* ou Acorisal, que é o *Cururuhy* de Cunha Mattos.

2.º O *Sucuryhú*, contravertentes do Piquiry, cabeceira do S. Lourenço: nasce na serra das Araras, e tem por affluentes, á direita, *Cachoeirinha*, *Embirossú*, *Cascarel* (que recebe o Roncador) e *S. João*; e á esquerda *Pedra Azul*, *Pedra Branca*, *Lageado*, *Lagôa* e *Indayá* (b), indo sahir cinco leguas abaixo do salto do Urubupongá. A estrada de Cuyabá, pelo Piquiry, atravessa-o á um terço de seu curso.

3.º O *rio Verde*, formado á esquerda pelo *Ranchinho*, que recebe o Fundo; e á direita pelo *Claro*, contra-fontes com o Taquary: sahe quatorze leguas abaixo do Sucuryhú.

4.º O *Orelha de Onça*, dez leguas abaixo do Verde.

5.º O *rio Pardo*, grande corrente, principal estrada dos primeiros sertanistas, mas obstruido por trinta e sete cachoeiras, n'um tracto de vinte e quatro leguas; arco cuja corda de deseseis leguas é toda em terrenos planos e os mais proprios para uma boa estrada (c). Seus principaes tributarios são, á direita: o Sanguesuga, o Claro, o Sucuryhú (explorado em 1827, de ordem do presidente José Saturnino), o Nhanduhy-merim, o Nhanduhy-guassú (que recebe o *Caracará*, o *Lageado* e *Santa Lucia*), cujas contravertentes formam o Miranda;—e á esquerda: o *Vermelho*, o *Orelha de Anta*, e o *Orelha de Onça*; aquelle doze e meia leguas acima do

———

(a) Carta geral, 1875.

(b) Carta manuscripta do Sr. Pimenta Bueno, 1880.

(c) O Sr. barão de Melgaço. Relatorios presidenciaes.

Nhanduhy-guassú. Neste rio Pardo pretende a provincia de Goyaz ter a sua linha limitrophe com Matto-Grosso, desde a foz até suas cabeceiras, contravertentes do rio Coxim, e por este até sua barra, subindo a linha novamente pelo Taquary até cabeceiras deste, e dahi por uma recta de limites em rumo *S. N.* á encontrar o rio das Mortes (a).

6.° O *Ivinheyma*, tambem chamado Brilhante no seu curso superior, nascido na serra de Anhambahy, e formado pelo Tapera, Agua Fria, Santo Antonio, Santa Gertrudes, Cachoeira (que recebe o *Restinga*), Sete Voltas, S. Bento, Santa Barbara, Sambambaia e Vaccaria (este á vinte e tres leguas da foz no Paraná (b), e tendo por braços, á direita, o *Passa-tempo* e o *Serrote*, e, á esquerda, *Campeiro*, *Cachoeira*, *Barreiros* e *Piau*); o Dourados, contravertentes do Apa, e distante quatorze leguas do Vaccaria (tendo por principaes affluentes o rio *dos Mattos, S. João, Onça, Santa Maria* e *Monte Alegre)*. E' do Dourados para cima que o Ivinheyma é conhecido pelo nome de *Brilhante*. Sahe por duas bocas no Paraná.

7.° O *Anhambahy* (c), originado na mesma cordilheira e, que recebe agua do *Guaynumby* e do *Verde*.

(a) Carta de Goyaz, cit.

(b) Carta manuscripta do Sr. P. Bueno.

(c) Occorre tratar aqui da confusão que varios cartographos e escriptores fazem com o nome deste rio e o dos Nhanduhys: Barboza de Sá na sua *Relação dos Povoa-dos* chama-os *Nhanduhy,Anhandohy,*e *Anhambohy.*Ao Tieté,que tambem era cha-mado *Anhemby*, Roque Leme (ob. cit.) nomeia *Anhamby*, e chama *Anhebu-guassú* ao Nhanduhy-guassú. Algumas cartas, como as de Conrado, Ponte Ribeiro e outras calcadas na do primeiro, designam-os por Anhambuhy, Indahuhy e Amambahy. Ao segundo chama o respeitavel Sr. barão de Melgaço *Anhambahy Guassú;* e outros, como F. S. Constancio, Anhandohy e Anhambohy. Nas suas *Noticias pra-ticas das Minas de Cuyabá* chama-os *Nhanduhy* o capitão João Antonio Cabral Camello; e da mesma sorte Francisco de Oliveira Rendon nas *Noticias da capita-nia de S. Paulo (Revista* do Iustituto Hist. 5°, pag. 23), e outros, entre os quaes Du-graty (ob. cit.). Esta denominação parece ser a verdadeira. *Nhandú*, nos dialectos tupi e guarany, significa *éma*.

8.º O rio do *Encontro*, em frente á parte septemtrional da ilha das Sete Quedas.

9.º O *Iguatemy*, descido da cordilheira de Maracajú, e que tem por tributarios o *Ibicuhy* e o *Barreiro*, á direita, e o *Bogas*, *Cachoeira* e *Escopil*, á esquerda ; aquelles contrafontes de *Aguaray*, braço do Paraguay. O Iguatemy tem cerca de cento e sessenta metros de largura na boca, que é demarcada em latitude de 25° 54' 44" (a).

Entre o Ibicuhy e o rio das Bogas tiveram os portuguezes um posto militar, denominado de *Nossa Senhora dos Prazeres*, fundado á margem esquerda do Iguatemy, o qual os hespanhoes tomaram atraiçoadamente e arrasaram em 1778.

Por este rio subiu em 1769 o capitão de aventureiros Joaquim de Meira Siqueira, com duzentos homens, sendo cincoenta de tropa e os mais negociantes de Cuyabá; partiu de Prazeres á 8 de julho e foi até as ultimas vertentes do rio, donde passou-se para as do *Ipané-guassú*, em busca de communicação com o Paraguay, mas sem resultado.

Nas cabeceiras do Dourados, á sessenta e seis kilometros da colonia de Miranda, fundou-se em 10 de maio de 1831, no planalto á margem direita da primeira e maior das tres cabeceiras que o formam, uma colonia militar, que teve por nucleo dez colonos e um pequeno destacamento de tropa. Desmantellado pela incuria que nas nossas cousas publicas sobreveiu nessa mesma época, sómente em 1858 foi restabelecida, e melhor organisada em 1860. Em 1865 os paraguayos a destruiram completamente, e só seis annos mais tarde, quando terminada a guerra, pôde ser restabelecida.

Na invasão das hordas de Lopes tornou-se celebre pelo heroismo com

(a) Diario da viagem de S. Paulo ao posto de *Nossa Senhora dos Prazeres*, pelo brigadeiro José Custodio de Sá Faria, 1774—1775.

que a defendeu o tenente cuyabano Antonio João Ribeiro, só com quinze homens, que tanto era a guarnição do ponto, e completamente desprovida de munições. O inimigo cercava-o em numero de duzentos e vinte homens, sob as ordens do sargento-mór Urbieta. Antonio João, sabendo que as forças se approximavam, esperou o ataque ; e certo de que em taes condições outro recurso não lhe restava sinão o morrer ou capitular,—o que de modo algum faria,—escreveu á seu chefe, o tenente-coronel Dias da Silva, as seguintes memoraveis palavras :— « Sei que morro ; mas o meu sangue e o dos meus companheiros será um protesto solemne contra a invasão do solo da minha patria. (a) »

———

Acima do Salto das Sete Quedas tem o Paraná dous mil e duzentos metros de largura, estreitando-se ali em, apenas, setenta. As paredes do salto medem vinte e oito metros de altura, e as aguas precipitam-se n'um angulo de 45° á 50°.

Entre o Urubupongá e elle, dos affluentes que recebe pela margem esquerda são principaes :

1.° O *Tieté*, antigo *Anhemby*, oriundo de S. Paulo, dos morros da *Barra*, na serra *Paranapiacaba*. Sua extensão é de mil duzentos e vinte e dous kilometros (b).

Foi com o Rio Pardo a mais antiga e procurada estrada dos sertanistas de Matto-Grosso, que só aqui no Tieté tinham cincoenta e quatro cachoeiras e dous grandes saltos á vencer. Tem por affluentes, á direita : o Jundiahy, Pirassupebossú, Paratihú, Tajassupémerim, Pirahytinga, Juquery, Jundiahy, Grande, Capivary, Piracicaba, Jacaré-pipira, Jaguaguassú, Quilombo, S. José e Sucury ; e á esquerda : Cabussú, Tamandoatehy, Pinhei-

---

(a) *Jornal do Commercio* de 27 de Abril de 1865.
(b) **Senador Godoy**, ob. cit.

ros, Pirapóra, Sorocaba, Onça, Capivara, Aracuan, Lençóes, Patos, Baurú, Claro e Alambary. Daquelles são subsidiarios: o celebrado Ypiranga, o Anhangabahu, Meninos, Couros, Rios Grande e Pequeno, Traição, Alambary, Ipanema, Quilombo, Turvo, Ponte, Sorocabussú, Sorocámerim, Una, Iperó e Sarapuhy; e dos da esquerda: Juquery-merim, Cachoeira, Guabirotuba, Cavalleiro, Jundiahy-merim, Guapeba, Mangabahu, Pirahy, Capivary, Gerivatuba, Ponte Alta, Pinhal, Jaguary, Camandocaya, Couros, Pirapitinguy, Atibaya, Cachoeira, Quilombos, Santo Agostinho, Peixe, Jequitibá, Feital, Sebastião Alves, Toledo e Alambary (a).

2.º O *Paranapanema*, de mais de mil kilometros, que vem da serra do Cubatão, braço de Paranapiacaba, engrossando-se com as aguas dos Itapetiningas, grande e pequeno, Santo Ignacio, Pedra Preta, S. João, Bonito, S. Bartholomeu, Pirajú, Almas, Pardo, Correntes, Jacutinga, Santa Barbara, S. Jeronymo, Cachoeira, Araras e Paiva, á sua direita; e á esquerda, com o Paranapitinga, Apiahy, Taquary, Verde e Itararé (formado pelo *Fundo* e *Perituba*),Cinza e seu affluente o *Peixe*, o Tibagy, o Vermelho e o Tirapó, dos quaes um só delles, o Tibagy, de mais de seiscentos kilometros, cujas nascentes vém das montanhas visinhas á Coritiba, recebe as aguas de dez grossos tributarios, que são : Pirahy, Japú, Capivary, Fortaleza, Santa Rosa, Alegre, Antas, Tigre, Congonhas, e Cerne. Aos braços da margem direita do Paranapanema vém ter as aguas de varios affluentes, entre outros: Jacú, Veados, Claro, Novo, S. Domingos, Alambary, Turvo, S. Pedro e S. João.

3.º O *Ivahy*, cujas principaes cabeceiras estão na serra da *Esperança*,perto da cidade de Palmeiras,no Paraná,e que tem por principaes formadores: Bello, S. Francisco, Muricy, Pinheiros, Peixe, Corumbátahy(com seus affluentes *Taquarussú*, *Herval*, *Palmital* e *Bonito*), o Anta, etc. (b).

(a) Senador Godoy. ob. cit.
(b) Carta de 1875 da com. da carta geral do Imperio.

VIII

Ao occidente e sul da provincia, dous dos maiores cursos da America banham o seu extenso territorio, servindo-lhe em grande parte de linha divisoria entre os paizes visinhos. São o Paraguay e o Guaporé.

———

O Paraguay vem desde o parallelo 14° 14', cerca de cento e cincoenta e cinco kilometros distante de Cuyabá; nasce no alto da chamada serra das Sete Lagôas, da Melgueira, ou Pary, n'um brejal onde apparecem distinctos, por livre dos hydrophytos que os soem encobrir, outros tantos pequenos lençóes d'agua, que trouxeram o nome por que é mais conhecida essa parte do chapadão. Sua corrente segue, em começo, o rumo norte, engrossada pouco á pouco com os ribeiros do *Quilombo* ou **Negro** e do *Amolar*, que é a mais septemtrional de suas fontes. Após duas leguas de curso despenha-se á banda do *N.* pela aresta do chapadão, ahi chamada morro *Vermelho*, n'uma altura de setenta metros; muda de direcção para *O.* e *S.*, e outras duas leguas abaixo recebe o *Diamantino*, nascido no **Arraial Velho** e augmentado com as aguas do rio do *Ouro*, nascido no morro do *Carandahy;* mais dez adiante recebe, á esquerda, o *Brumado* e á direita, o *Sant'Anna*, contravertentes do Sumidouro, rios bastante lageados. Por esse nome de Sant'Anna conhecem alguns o Paraguay dahi para cima; e era opinião de A. Bompland que este é corruptela de *Payagud-y*, rio dos payaguás.

Entre as muitas correntes que nelle vém morrer são principaes, á direita: *Rio Preto,* tambem chamado Pirahy (a), *Sipotuba, Cabaçal,*

———— —— .

(a) Tambem chamado *Verde. Branco. Vermelho* ou da *Forquilha* (barão de Melgaço); o que si por um lado indica ter sido muito explorado, mostra de outro

Bugres (a), *Jauru, Pilcomayo* e *Bermejo*, além de outros muito menores, abstrahindo já de alguns, como os ribeirões de *Antonio Gomes, Pary* e *Tucubaca* (que se lança na bahia *Negra)*, o *Laterequique*, o *Galvan* e o *Verde*, que são cursos accidentaes e não rios perennes.

Na outra margem notam-se os ribeirões *Salobas, Cachocirinha* e *Anhumas*, que prestam-se já á navegação de canôas ; o *Jaricocoára, Piraputangas, Roceiro, Seixo, Taquaral, Flexas, Bacahuva, Guaynandy, Chaves,Figueira* e *Rio Novo,*que vém desde a foz do Jaurú até a altura de Poconé, e perdem-se, commummente, no grande pantanal que do parallelo 16° vae até o 22°; e os rios *S. Lourenço, Taquary, Miranda, Branco, Apa, Aquidaban, Ipané, Jejui, Manduvirá* e *Tebicuary*.

Dos principaes :

1.º O *Sipotuba* desce da serra de Tapirapuam, onde fórma contra-fontes com o Sumidouro : tem por mais notaveis cabeceiras o *Gerirauba* ou *Jurubaúba*, contravertentes com o Sabaráuina, e o *Jabá* (Juva das cartas do seculo passado), que tambem origina-se bem proximo ás nascentes do Jaurú, Guaporé e Juruhena. Duas das suas cabeceiras, segundo João de Souza Azevedo, despenham-se de uma altura de seiscentos palmos.

Corre em terrenos firmes e proprios para a lavoura, e orlados de vigorosa mattaria, a qual até o Jaurú é uberrima de ipecacuanha, e conhecida sob o nome de *mattas da poaya*. E' encachoeirado em mais de um terço do curso (cerca de cento e trinta á cento e cincoenta kilometros), segundo o Sr. barão de Melgaço (b), tendo um salto de mais de vinte metros de alto,

---

o pouco conhecimento que se guardou dessas explorações, ignorando uns exploradóres o que os outros fizeram ; e clama por uma revisão na nossa nomenclatura geographica, que tire-a do cháos em que se acha. Na descripção do Paraná vimos não menos de 6 Alambarys, 5 rios do Peixe, 5 Capivarys, 3 Quilombos, Cachoeiras, Verdes, etc.

(a) E' tambem conhecido por *Tapirapuam, Branco* ou dos *Barbados*, pela sua procedencia, cór das aguas e indios que lhe povóam as margens.

(b) Roteiro do rio Paraguay.

e navegavel no resto, tendo já sido sulcado por vapores n'um tracto de quasi duzentos kilometros. Thomaz Page, capitão da canhoneira americana *Water-witch*, primeiro vapor que cortou as aguas do Paraguay, em 1859, subiu esse affluente no pequeno vapor brasileiro *Alpha* para mais de cento e vinte kilometros (a).

O Sipotuba lança-se, segundo Ricardo Franco, aos 15° 50', lat., após um curso de cerca de trezentos e trinta kilometros.

2.° O *Cabaçal* desce dos serros do *Olho d'Agua*, ramo da Tapirapuam, entre o Jabá e o Jaurú. São suas principaes origens o *Lagoinha*, o *Vermelho* e o riacho do *Ouro*, que corre em terrenos auriferos, já em 1790 explorados e agora em nova via de exploração, estando para esse fim organisada uma *Companhia de Mineração das Minas do Cabaçal*.

Tem por principal affluente o *Branco*, de quasi egual cabedal de aguas, o qual lhe entra pela esquerda. O Cabaçal corre por uns cento e sessenta á cento e oitenta kilometros, e, com sessenta metros de largura na boca, vae lançar-se cerca de um kilometro abaixo do Piraputangas e uns quinze acima da cidade de S. Luiz de Cáceres.

E' navegavel por mais de cem kilometros, sendo dahi para cima atravancado de cachoeiras e saltos.

3.° O *Bugres*, que vem das serranias entre o Cabaçal e o Jaurú: sua extensão é de cem á cento e vinte kilometros, recebendo dous pequenos subsidiarios no *Sangrador do Padre Ignacio* e no *Sangradorzinho*. Seu maior interesse está na riquesa da poaya de suas margens.

4.° O *Jaurú*. E' um dos mais notaveis da provincia pela sua importancia antiga, quando reputado a linha divisoria com as terras hespanholas, hoje da Bolivia. Seu curso é de cerca de setecentos kilometros, do qual metade navegavel até o Registro (b). Tem por principaes affluentes o

(a) Relatorio do presidente Herculano Ferreira Penna, 1862.

(b) Está aos 15° 44' 32", lat., conforme a *Carta Geogr. do rio Guaporé*, pela com-

Piquihy, Bagres e o *Aguapehy*, todos entroncando-se na margem direita,
sendo mais notavel este ultimo que nasce no alto da serra do mesmo
nome, perto das origens do Alegre, tributario do Guaporé, em lat.
de 16° 14', ambos correndo parallelamente e juntos por espaço de uns
quarenta kilometros, até precipitarem-se cada um por uma alta cascata,
separados apenas por um quarto de legua de terreno (a). Sua foz mede
na largura cerca de cento e dez metros e segundo D'Alincourt (b) está
á 180 de altura sobre o nivel do mar.

O morro do Caracará

Junto ás nascentes do Alegre e Aguapehy existiram as minas e arraial de *Santa Barbara*, fundado em 1782 pelo alferes José Pereira, que
as descobrira.

Uma legua abaixo é que ficava, já na baixada, o celebre isthmo de

---

missão demarcadora de 1783 ; e distante, segundo o Dr. Lacerda (diario de 1788)
trinta e tres e meia leguas da Villa Bella, vinte e cinco da ponte do Guaporé e sete
centas e trinta de Montevidéo.

(a) Aos 15° 52', conforme a mesma *Carta.*

(b) Obra citada.

duas mil e quatrocentas braças (a), que o capitão-general Luiz Pinto pretendeu canalisar, em março de 1771, com o arrojado intento de realisar a sua participação ao rei, de que— « ficava unido o mar equinoxial com o do parallelo 36° de latitude austral por um canal de trez mil e quinhentas leguas, formado pela naturesa.» Fez passar uma canôa de carga de seis remos por banda, partida de Villa Bella pelo Alegre acima, para o Aguapehy, donde desceu para o Paraguay.

Em tempos de seu successor encontrou-se melhor varadouro uma e meia legua mais abaixo, onde, comquanto mais affastados os rios, o terreno offerece menos difficuldades. Luiz de Albuquerque quiz exploral-o, imbuido nas idéas de seu antecessor, e tentou-o em Abril de 1773 sem nenhum resultado. O mesmo succedeu aos particulares que o pretenderam navegar (b).

_____

(a) Na *Descripção Geogr. da Capitania*, de Ricardo Franco, inserida no *Ensaio Chorographico* dos Srs. Mello Moraes e coronel Accioli, dá-se ao isthmo a extensão de 3920 braças, e de 5322 o outro, uma e meia legua abaixo.

(b) Em officio de 27 de julho de 1773 Luiz de Albuquerque communica ao ministro d'Ultramar o seguinte :

— « Cuidei incessantemente (quando principiaram as aguas á engrossar alguma cousa os dous rios) em mandar fazer muito mais larga e praticavel a primeira e mais antiga picada do matto, em limpar os rios dos embaraços das arvores, mandando finalmente bastante numero de gente á essa diligencia, não só na qualidade de gastadores, mas tambem com o objecto de darem toda a necessaria assistencia ao comboyeiro Gabriel Antunes, que havia assegurado á meu antecessor de varar o isthmo, com a occasião do retorno que devia fazer do Rio de Janeiro, debaixo da promessa de se lhe perdoarem os direitos da sua carregação ;—porquanto eu sabia já, por antecipadas noticias, que este comboyeiro havia de chegar naquelle tempo: assim succedeu justamente, quando os sobreditos gastadores, em conformidade das minhas ordens, o estavam esperando ; porém não puderam ser bastantes todos os esforços juntos pura acabar de subir o rio Aguapehy até a paragem proporcionada ao varadouro, pela falta das aguas, sem embargo· de se intentar essa operação no meio do mez de abril, em que ellas costumam reinar com mais alguma força; e foi finalmente obrigado o sobredito Gabriel Antunes á abandonar a empresa de passar o isthmo a sua fazenda, retrocedendo ao antigo porto do rio Jaurú, donde seguiu por terra á esta capital. Este negociante ainda insta na possibilidade de varar em annos de mais aguas ; mas eu, por varias informações, me acho persuadido de que nunca o será sem grandissima difficuldade, que isso possa conseguir-se, no caso

O Aguapehy tem de extensão cento e oitenta á duzentos kilometros e sahe no Jaurú vinte leguas abaixo do Registro.

Uma legua á *S. O.* deste, n'um terreno de schisto e talco lamellar, ficam as minas de cobre carbonatado, que passam por serem de grande riqueza. O Jaurú lança-se no Paraguay aos 16° 23', de latitude, cerca de trinta e oito kilometros abaixo da cidade de S. Luiz de Cáceres.

———

Os outros affluentes dessa margem não pertencem ao Brasil. O Tu-cubaca, que fenece na Bahia Negra, parece não ser mais do que uma corixa ou escoante, no tempo das aguas. A Bahia Negra está aos 20° 10' 16" lat. e 58° 17' 21" *O.* de Greenwich, segundo Dugraty, umas dez leguas abaixo do forte de Coimbra. Nella começa a linha divisoria do Imperio com a Bolivia. A commissão brasileira de limites, presidida pelo Sr. capitão de mar e guerra Antonio Claudio Soido, em 1873, determinou a posição do marco boliviano no parallelo 20° 08' 38" e aos 14° 56' 22", 38, O.; o brasileiro aos 20° 08' 33", 37, lat., e 14° 56' 20", 43, O.; e o marco commum, no fundo da bahia, em lat. de 19° 47' 32" e long. de 14° 56' 45", 60. Em 1864 o Sr. barão de Melgaço mandou-a reco-nhecer pelo Sr. capitão Francisco Nunes da Cunha, já tendo sido ante-riormente explorada, em 1853 e 1859, pelo capitão Page.

IX

Dos tributarios que o Paraguay recebe na margem oriental, os mais consideraveis partem do coração da provincia, e são:

---

somente de serem muito ligeiras as canôas e do intentar-se a passagem justamente na força das enchentes, que de ordinario duram pouco tempo. Deve tambem ser tomada em consideração a existencia de notaveis cachoeiras no Alegre e no Agua-pehy. »—

S. Luiz de Cáceres

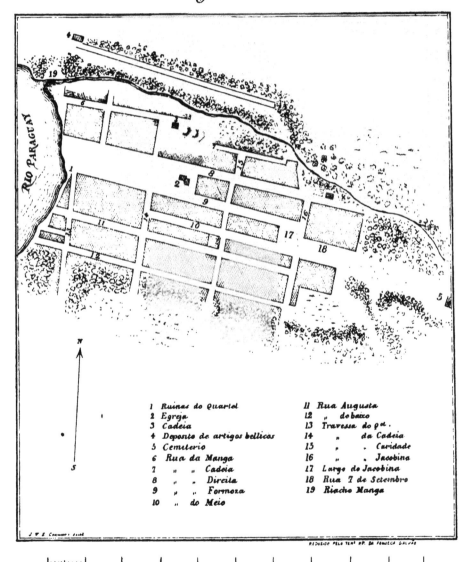

1 Ruinas do Quartel
2 Egreja
3 Cadeia
4 Deposito de artigos bellicos
5 Cemiterio
6 Rua da Manga
7 „ „ Cadeia
8 „ „ Direita
9 „ „ Formoza
10 „ do Meio

11 Rua Augusta
12 „ de baixo
13 Travessa do pª.
14 „ „ da Cadeia
15 „ „ „ Caridade
16 „ „ „ Jacobina
17 Largo de Jacobina
18 Rua 7 de Setembro
19 Riacho Manga

RIO PARAGUAY

0, 01   50, 0

1.º O *S. Lourenço*, cujas principaes origens estão, ao *N.*, na serra do seu nome e á *O.*, na de Santa Martha, entre os parallelos de 15° e 16°. E' rio de mais de oitocentos e cincoenta kilometros de longura, dos quaes cerca de seiscentos navegaveis. Seus maiores affluentes são : *Agua Branca, Parnahyba, Roncador, Itiquira* e *Cuyabá*. O rio Negro dos antigos não é mais do que um braço ou *furo* do mesmo S. Lourenço, longo apenas de uns dezeseis kilometros. Do Itiquira são subsidiarios, á direita o *Peixe de Couro*, e á esquerda o *Correntes*, cujo braço o *Piquiry* é bem conhecido. Alguns suppôem este o tronco principal e conservam-lhe o nome até a foz no S. Lourenço ; a opinião, porém, do illustrado Sr. Melgaço é a contraria. O Piquiry é navegavel até o destacamento do mesmo nome na estrada de S. Paulo, proximo já á suas origens, ao sul do parallelo 18°.

Em 1811, tendo o capitão-general Oyenhausen noticia de que entre este rio e o Sucuryhú havia um varadouro mais curto e mais facil do que o de Camapuam, mandou exploral-o, o que novamente fez em 1826 o presidente José Saturnino. Reconheceu-se que a distancia entre os dous rios era de quarenta leguas, atravessando pelos terrenos das nascentes do Taquary (a).

Na confluencia do ribeirão *Coroados*, que é uma das suas cabeceiras, estabeleceu em 1876 o presidente General Hermes a colonia militar de *S. Lourenço*, para manter em respeito os selvagens dahi e prover a segurança, então quasi nulla, da estrada do Piquiry, o que grandes beneficios tem trazido á provincia.

O *Cuyabá* é o principal tributario do S. Lourenço, sendo-lhe quasi egual no curso. Vem, como já se o disse, desde a montanha do Tombador, donde se despenha n'uma cascata de cerca de trinta metros de altura (b),

(a) Relatorio de 1862 do presidente Penna.
(b) Bart. Bossi, *Viaje Pintoresco*, etc.

do mesmo modo que o *Estivado*, cabeceira do Arinos. Tem por principaes tributarios os rios : *Triste*, *Quiebó*, vindo do Diamantino, o *Manso*, cujo raudal parece indicar ser confluente e não affluente (nasce junto ao morro do Chapéo de Sol, na *Chapada*, e recebe aguas do *Casca* e *Quilombo*) ; os dous *Coxipós* assú e merim, o *Cocaes*, os dous *Aricás* e o *Cuyabá-merim*. Os dous *Croarás*, o *Carandá* e os dous *Guachús* (a), todos vindos da *Chapada*,não são mais do que escoadores de aguas, só caudalosos na estação das chuvas.

O Cuyabá guarda uma largura entre oitenta e cento e cincoenta metros no curso ordinario. A navegação á vapor faz-se até a capital, que dista seiscentos kilometros da foz (b), em navios de menos de 1,6^m de calado.

Da cidade para cima ha talvez ainda uns trezentos e cincoenta kilometros de navegação para canôas—« sem outro impedimento que o de paus cahidos, » diz o presidente Penna, no seu relatorio de 1862. Entretanto não são poucas suas cachoeiras, corredeiras e entaipabas, que começam por um *Salto*, logo dez kilometros abaixo da barra do Quiebó.

Dessas são mais conhecidas a *Pendura*, oito kilometros após á barra do Manso ; *Paus*,dezeseis abaixo do rio da Forquilha ; *Soares*, cinco kilometros adiante; as entaipabas *Paiva*, *Fenda*, *Quatro Vintens*, *Cinco Oitaras*, *Toma Canóa* : as cachoeiras *Almas*, *Torta*, *Trez Pedras*. *Tucum*, *Bueno*. *Bueninho*, *Porcos*, *Leitão*, *Valle*, *Funil*, *Rancharia*,*Jaricocoára*, *Salto*, *Itamaracá*, *Jacapucú*, *Caiçára*, *Cachoeirinha*, *Corral de Cima*, *Ferreiro*, *Goyaz*, *Leite*, *Pedra Grande*, *Tamanduá*, *Pau Santo*, *Pedra Branca*, *Sucury*, *Anna Vieira*, *Buraquinho*, *Mundéo*, *Machado*, *Can-*

<hr>

(a) Vinte e dous kilometros abaixo do Guachu-merim fica o *Bananal* ou *Arraial Velho*, notavel por ser evidente que é um grande aterro feito pelos primitivos habitantes, quer sertanistas, quer autochthones ; entre os quaes se partilham as opiniões; não deixando, comtudo, de ser notavel que quaesquer delles se dessem á tal trabalho.

(b) Somente 235 milhas, assegura o Sr. Melgaço.

gica, Capella, Pedro Marques, Pary, Guarita e *José de Pinho,* estas tres ultimas entaipabas, e a maior parte de não mui difficil travessia.

O Cuyabá faz contravertentes com o Paranatinga e Arinos ; lançava-se aos 17° 19' 43", segundo Ricardo Franco, e n'uma altitude de oitenta e quatro braças e quatro palmos, segundo D'Alincourt (obras citadas); mas, ha poucos annos, após uma grande enchente, as aguas ao retirarem-se cavaram-lhe nova foz, cerca de um kilometro acima.

O S. Lourenço corre ainda uns cento e cincoenta kilometros depois de receber o Cuyabá, e vae entrar no Paraguay, por duas bocas, no vasto e perenne pantanal onde se eleva o morro do *Caracará,* n'uma altitude de setenta e meia braças sobre o nivel do mar, conforme D'Alincourt.

Esse rio foi antigamente conhecido pelo nome de Porrudos, pela confusão que trouxe aos seus descobridores a extravagancia de ornatos das tribus que o habitavam ; e que consistia n'uma cabaça comprida, que usavam como preservativo ás mortiferas dentadas das piranhas, extremamente communs nessas aguas. Por tal nome é hoje ainda designado, quasi que communmente, o seu trecho de corrente acima do *Paranahyba.*

— —

2.° O *Taquary,* principal entrada dos antigos sertanistas, que desde Porto Feliz, então *Araritaguaba,* desciam cento e quarenta leguas do Tieté e trinta e cinco do Paraná ; subiam sessenta e duas do Rio Pardo, donde passavam ao Vermelho e deste ao Sanguesuga, varando ahi as canôas por uma estrada de treze mil novecentos e quatro metros até a fazenda de Camapuam, sobre o ribeirão desse nome, pelo qual baixavam ao Coxim e por este ao Taquary, n'um trecho de trinta leguas, e o dobro neste ultimo, até o Paraguay. Teve começo essa navegação pelo anno de 1724: iniciaram-a os irmãos João e Lourenço Leme, tão celebres nos annaes desse tempo por suas explorações e aventuras, como por seus crimes. Em principio deixavam as canôas no *Salto do Cajurú*, no Camapuam, e levavam as cargas por terra até o Coxim (a).

As vertentes do Taquary ficam á noroeste, na serra Sellada, com o *Sujo*, contrafontes com o Piquiry (b); ao occidente, o *Camapuam*, o *Turvo*, o *Sellado* e o *Inferno*, este contrafontes do Pitombas ; e ao sul, nas serras de Santa Barbara e Anhambahy com as vertentes do *Taquary-merim* e do Coxim, estas contrafontes com o *Taboco*. Lança-se no Paraguay por duas embocaduras ; entretanto, desde quasi duzentos kilometros acima dessa confluencia, fórma, com grande numero de braços ou *furos*, uma intrincada rêde de canaes, entretida pela completa planura e nullo declive do solo. Desses, muitos transbordam e se espalham pela planicie, outros fenecem em lagôas, e todos servem para entreter o vasto alagado dessa região. Aquellas duas bocas são navegaveis ; e são conhecidas por *do Formigueiro*, a da norte, distante vinte e sete kilometros de Corumbá, e *Boca do Taquary*, a principal, que fica em egual distancia ao sul daquella.

Dos seus affluentes o *Coxim* é o principal : é uma corrente de mais de cento e sessenta kilometros, que vem dos contrafortes septemtrionaes da Anhambahy (c). Junto á sua foz (d), no local antigamente chamado *Beliago*, floresce hoje a villa de *S. José de Herculanea*, antiga *colonia militar do Coxim*, mandada estabelecer em 25 de novembro de 1862 pelo

---

(a) Barbosa de Sá. *Rel dos Pov.*

(b) Não se o confunda com o Piquiry affluente do Paraná, na sua margem esquerda e logo junto ao Salto das Sete Quedas, em cuja barra fundaram os hespanhoes em 1557 a *Ciudad Real*, em substituição da de *Guayrd*, fundada em 1538 do outro lado do Paraná.

(c) *Anhambahy* é e nome] guarany do *feto macho, polypodium*, vegetal ahi muito commum.

(d) A confluencia do Coxim, fronteira á *cachoeira da Barra*, foi, pelos astronomos de 1792, determinada em 18° 33' 53" de latitude e 322° 37' 18", long. occid. da ilha de Ferro.

zeloso presidente Herculano Ferreira Penna, em honra de quem, mais tarde, se lhe mudou o nome.

D'Alincourt marcou a altitude do ponto em cento e nove braças e sete palmos (243^m,8).

Engrossam suas aguas alguns rios e ribeirões entre os quaes o Barreiro Grande, Sellado, Inferno, Jaurú, Taquary-merim, Jacaré, etc.

3.° O *Miranda*, *Mboteteyn* dos indigenas, é um dos nossos rios que mais nomes tém. Algumas nações chamavam-o *Guararapó*; os exploradores de Luiz de Vasconcellos, que o percorreram em 1776 (a), baptisaram-o por *Mondego*, em lisonja ao rio patrio daquelle governador : no nome, por que actualmente é mais conhecido, chrismou-o por identico motivo o commandante do reducto (b), que o outro governador Caetano Pinto de *Miranda* Montenegro ahi mandou estabelecer em 1797 ; é ainda chamado *Mareco*, *Guachiy* e *Aranhaly* (c), sendo, porém, o primeiro desses tres nomes mais positivamente empregado para designar um dos dous grandes braços em que o rio se divide. Origina-se na serra do Anhambahy, onde pelo *Nioac*, ou melhor *Anhuac*, que é o seu verdadeiro nome, fórma com o Dourados contravertentes com o Ivinheyma. São aquelles dous braços o *Aquidauána* e o Miranda, propriamente dito ou Mareco.

Deste são contribuintes os rios e ribeirões *das Velhas, Atoleiro, Prata, Formoso, Santo Antonio, Feio, Desbarrancado, Nioac* (formado pelos *Urumbeba* e *Canindé), Laudĩjá, Cahy* e *Claro ;* começa á avultar da confluencia do primeiro, indo sua navegação até a *Forquilha* ou foz do Nioac ; sendo seu curso de pouco mais ou menos trezentos kilometros.

O *Aquidauána,* que desce da mesma serra, recebe o *Cachoeirinha,*

(a) João Leme do Prado, o mesmo que explorou, em 1772, a serra dos Parecis entre o forte do Principe e os Arraiaes.

(b) Francisco Rodrigues do Prado, depois commandante de Coimbra.

(c) Guachié e *Araniani* traz Dugraty na sua *Rep. del Paraguy.*

Cachoeira, Dous Irmãos, Taquarussú, Uacógo, á esquerda; e á direita o *João Dias, Paixexi, Paixão* e *Negro* que recebe as aguas do *Taboco,* sendo, ambos, rios de sessenta metros de largo (a).

Pelo Aquidauána subiam antigamente as *monções dos povoados* de Cuyabá á Araritaguaba, descendo depois pelo Nhandhuy para o rio Pardo.

O Miranda, após a reunião dos seus dous braços, recebe ainda dous tributarios, que são o *Vermelho,* desaguadouro da *lagóa das Onças,* e o *Capirary.*

Rio Taboco

(Desenho do Sr. Dr. Taunay).

Não está averiguado quem primeiro percorreu o Paraguay, si os portuguezes, si os hespanhoes; geralmente suppõe-se que aquelles: o certo, porém, é que foram estes os que primeiro ahi se estabeleceram, fundando Ruy Dias de Melgarejo, em 1580, a pretensa cidade de *Santiago de Xerez.*

O varadouro de Nioac para Dourados é de quarenta e cinco á cincoenta kilometros; foi aberto em 1850, quando o barão de Antonina res-

(a) O Sr. Dr. Taunay. Ob. cit.

tabeleceu a navegação do Ivinheyma. Em 1855 fundou-se ahi uma colonia militar, que em 1860 tornou-se a séde do commando militar do districto e fronteira, mudando-se para ella a parada do corpo de cavallaria da provincia. Em 1865 já tinha mais de setecentos habitantes quando sobreveiu a guerra paraguaya: tomada pelos invasores, só a abandonaram em 2 de agosto do anno seguinte, após terem-a destruido completamente. Restabelecida, com a dos Dourados, por acto presidencial de 21 de junho de 1872, tem tomado ultimamente soffrivel incremento, merecendo ser, por lei provincal n. 504 de 20 de maio de 1877, erigida em freguezia sob a invocação de *Santa Rita de Levergêria,* em homenagem ao sabio e venerando cidadão que, por occasião dessa guerra, novos direitos adquirira á gratidão da sua segunda patria com a heroica defesa do *Melgaço* que por sua vez lhe mudou o nome com o titulo que o condecorou.. Essas duas colonias do Nioac e do Dourados distam sessenta e seis kilometros uma da outra.

———

O Miranda lança suas aguas, tambem por duas bocas, no Paraguay ; a primeira sessenta e cinco kilometros abaixo da *Boca do Taquary.* A *villa de Miranda* é o antigo presidio á que Francisco Rodrigues do Prado impôz o nome do governador; foi fundado ao saber-se que por ahi andára um coronel hespanhol, Espinola, em perseguição de indios. Está situada na distancia de meio kilometro da margem direita do rio (a).

A *colonia de Miranda* estabeleceu-se duzentos e dez kilometros á SE., nas cabeceiras do rio, por ordem do governo imperial, de 23 de novembro de 1850. Em 1858, quando ninguem podia prever a guerra paraguaya, houve a idéa de fazer-se desse presidio uma praça forte, cercando-o de boas obras de guerra (b).

_____

(a) D'Alincourt dá 247 braças. Ob. cit.

(b) O Sr. barão de Melgaço. Ob. cit.

4.° O ultimo affluente brasileiro nessa margem do Paraguay é o *Apa*, ou Apá, *Pirahy* ou *Nighy* dos guaycurús. Desce dos morros de *Taquarupitan*, na cordilheira do Anhambahy, de dous braços principaes, cujo maior é o *Estrella,* do qual as fontes vertem do parallelo 22° 16' 39'',3 e meridiano 12° 39' 1'', 80.

Em sua margem esquerda tinham os hespanhóes em 1801 um fortim denominado de S. José, que o commandante daquelle presidio, o mesmo Rodrigues do Prado, ao ter noticia do insolito ataque do forte de Coimbra em setembro desse anno, foi por sua vez atacal-o, assaltou-o e reduziu-o á cinzas em 1 de janeiro de 1802.

Foi naquella origem da Estrella que a commissão demarcadora de limites com a republica do Paraguay levantou, em 30 de outubro de 1874 o seu primeiro marco divisorio, e o segundo em 29 de agosto seguinte na confluencia com o outro braço, aos 22° 4' 40'',3, lat., e 13° 10' 39'' 5, long., na distancia de 3300 metros do Passo da Bella Vista (a). Dessa confluencia á foz mede o Apa trezentos e vinte e nove kilometros e sessenta e oito centesimos, prestando-se á navegação até suas grandes cachoeiras. A linha limitrophe segue pelo alveo do rio até sua barra principal no Paraguay, onde está assentado o marco brasileiro aos 22° 4' 45'',2 lat., e 13° 48', 41'',20, long.

São principaes contribuintes seus : *Estrella, Lageado, Gabriel Lopes, Taquarussú, Sombrero, Ouro* e *Pedra de Cal,* quasi todos na margem brasileira.

Entre o Miranda e o Apa existem ainda algumas pequenas correntes, como o *Terery* ou Napileque, que é o rio do *Queimó* (b), de Ricardo Franco, e que segundo o Sr. Melgaço chama-se tambem S. *Francisco de*

(a) Relatorio do commissario, o Sr. coronel Rufino E. G. Galvão.

(b) *Queima* chama-lhe o brigadeiro Manoel Ferreira de Araujo na sua memoria publicada no *Patriota,*jornal litterario do Rio de Janeiro (*Chor. Hist.* do Sr. Dr. Mello Moraes, t. 2.°) no começo do seculo.

Paula; o *Tepoty,* citado por aquelle engenheiro ; e o *rio Branco,* volu
mosa corrente que os hespanhóes na demarcação de 1753 queriam que
fosse o *Correntes,* cuja foz Dugraty colloca aos 20° 58', de latitude , e
que entretanto é apenas um escoadouro dos pantanaes, do mesmo modo
que o *Rio Novo* descoberto em 1796 pelo coronel Ricardo Franco, nove
leguas abaixo do morro do Descalvado, segundo aquelle sabio general da
armada não é mais do que um braço do Paraguay (a).

––––

Taes são os principaes subsidiarios brasileiros do rio Paraguay, um
dos mais magestosos e de mais segura navegação do mundo, e indubitavelmente a melhor e mais facil estrada da provincia de Matto-Grosso.

Seu curso é maior de dous mil e duzentos kilometros ; e contando-se
lhe a continuação no Paraná e Prata, vae ao dobro ; sendo de mais de
cincoenta mil kilometros a extensão da sua vastissima rêde potamographica, navegavel talvez em mais da terça parte.

Desde 1537 que os hespanhóes começaram á percorrel-o em busca
de caminho para o Perú. Ao Jaurú chegaram em 1560; sendo dahi que
Nuflo de Chaves atravessou para o paiz dos chiquitos, onde foi fundar
a cidade de Santa Cruz de la Sierra; e como já viu-se, em 1580 Melgarejo
subia-o e o Mboteteyn, e lançava os alicerces da *cidade* de Xerez.

O capitão Thomaz Page, quando em suas explorações, navegou-o além do
Sipotuba uns sessenta á sessenta e seis kilometros : passa por facil o seu
trajecto, ém tempo de aguas, até as Tres Barras, local onde convergem
as aguas do Sant'Anna e do Brumado; sendo, portanto, navegavel todo o rio
Paraguay, visto que desde essa confluencia é que recebe o nome que tem.

––––

(a) O atlas do Sr. C. Mendes marca ainda á margem direita, entre a Uberaba
e o Descalvado, os rios *Zumanaca* e *Patagiosimos,* que lá não existem, e tambem o
Guabis. Quanto a este, ha uma pequena corixa, nessa direcção, chamada Javes,
que é escoadouro da lagôa Rabeca, mas sem a menor importancia. Marca ainda
duas outras correntes entre o Jaurú e o Descalvado, tambem desconhecidas.

X

A face noroeste da provincia é banhada pelos rios Guaporé, Mamoré e Madeira, que lhe offerecem caminho para o Amazonas n'um trecho de perto de tres mil kilometros ; o qual, comquanto trabalhoso e difficil pelos estorvos que encontra na região encachoeirada, tempo virá em que se converta n'uma excellente estrada, quando a ferro-via do Madeira ao Mamoré, tão mal aventurada, ou melhor, tão pouco favorecida, fôr uma realidade.

Eram esses rios o caminho por onde iam e vinham os capitães-generaes ; por onde durante muitos annos se fez quasi todo o commercio da capitania, maior e mais rendoso do que o das *monções dos povoados* (a); e por onde a provincia recebeu todo o material de que necessitou para a construcção de suas fortificações, subindo e descendo rios e cachoeiras. aqui conduzindo para o forte do Principe da Beira artilharia do Pará e cantaria do Jaurú, ali levando ao de Coimbra os mesmos materiaes e pelas mesmas vias.

————

Ha presumpções de que a navegação do Guaporé fosse iniciada em 1737 por mineiros que descessem o Sararé—sem duvida attrahidos pelas montanhas que avistavam ao occidente e que ficavam do outro lado do rio. Como quer que seja, o descobrimento dessa grande arteria e a gloria de abrir um caminho da capital do Matto-Grosso á do Pará,

---

(a) Nome que davam ás frotas que faziam o commercio com S. Paulo. Tirava a denominação da quadra melhor para a navegação, quer pela estação do anno, quer pelo ajuntamento de maior numero de canóas para fazerem em mais segurança a viagem. Dahi as phrases *esperar monçáo, vir com a monção*, mais tarde particularisada á frota.

devem-se incontestavelmente á Manoel Felix de Lima, portuguez, que, em 1742, perseguido da sorte nos trabalhos de mineração nas jazidas da Parecis, dispoz-se á tentar novos azares, descendo do Sararé áquelle formoso e grande rio.

Ahi, no porto que chamaram da *Pescaria*, refez-se de canôas e desceu em busca dos povoados castelhanos, dos quaes havia noticias vagas, para nelles tentar negocio. Facilmente angariou outros companheiros sempre promptos, então, para aventuras taes, e egualmente receiosos de volver á Cuyabá, por baldos de recursos seus e daquelles que os tinham ajudado nas minerações. Subiram o Itonamas e o Baures ; mas ainda lhes foi adversa a fortuna, que os missionarios da Magdalena e da Exaltação dos Cayoabás, fizeram-os retroceder.

Lima, era um dos poucos companheiros de Antonio Fernandes de Abreu, o investigador das minas do Brumado,— que sobreviveram á fome, peste e morticinios, apanagio fatal, desde então, de quasi todas os ricos *descobertos* (a).

Seus companheiros de viagem foram os paulistas Tristão da Cunha Gago, licenciado, e seu cunhado João Barbosa Borba Gato, Matheus Corrêa Leme, outro licenceado Francisco Leme do Prado e Dionysio Bicudo, o fluminense João dos Santos e os europeus Joaquim Ferreira Chaves, Vicente Ferreira de Assumpção, Manoel de Freitas Machado e João dos Santos Werneck. Acompanhavam-os uns quarenta captivos, de todos elles (b).

E' tradição que já antes de Lima, uns seis mezes, descêra o Guaporé Antonio de Almeida Moraes, cujos vestigios de recente acampamento aquelle encontrára junto á foz do Mequenes. O autor das *Noticias relativas á viagem de Rolim de Moura e creação de Villa Bella de Matto-*

(a) Barbosa de Sá, obra citada.

(b) *Annaes do senado da camara de Villa Bella*, tomo 1º, pag. 15.

Grosso (a) diz que em 1742 desceram o grande rio José Ferreira, José Felix, Francisco Leme e outros, para negociarem com os castelhanos, que os receberam com muita alegria, e já não assim outros que mais tarde vieram. Parece essa noticia referir-se á viagem de Lima, sendo elle o *José Felix* e Joaquim Ferreira Chaves o *José Ferreira;* não sendo de extranhar, por ser cousa natural e commum, que nessa epoca os contemporaneos não lhes soubessem tão bem como os posteros os nomes e aventuras, o que só mais tarde os annos e os acontecimentos elucidam.

Rio Guaporé

Dão os *Annaes do senado da camara* de Villa Bella, e a *Relação dos Povoados* de José Barbosa de Sá, que Lima, tendo sido recebido com as maiores honras, á principio, nessas missões, fôra depois coagido á retirar-se á força, em vista do desagrado que tal recepção causára ao superior das missões. Expulso da Exaltação, e sem ter, por tanto conseguido ainda melhorar na fortuna, resolveu descer o Guaporé, talvez após

(a) **Ms. da biblioth. nac., cópia não acabada, annexa á de uma carta de 1750 daquelle capitão-general ao marquez de Val de Reis.**

inteirar-se dos tropeços da viagem, e sem duvida com guias para fazel-a. O facto é que a maior parte da companha desistiu da empresa, que elle realisou seguido por Chaves, Machado, Assumpção, um indio, quiçá o guia, e tres escravos. Apezar de asseverarem as fontes, acima citadas, que Lima descêra sem mais guia que a correntesa, teve elle outro piloto que não a fortuna; que essa lhe não poderia ensinar, de aguas abaixo, os canaes e perigos das cachoeiras, nem avisar-lhe em tempo onde os saltos, rodc-moinhos e precipicios que infallivelmente destruiriam a frota, não maior de duas canôas á vista do total da tripulação.

Como quer que seja desceu elle as temiveis cachoeiras do Mamoré e Madeira— « passando infindas nações de indios bravos »—e indo surgir em Belem, onde em premio de sua affoutesa, dos perigos que venceu, e mais ainda do descobrimento importantissimo que fez, teve do governo que,—mais tarde,—determinava a prisão, por suspeito, de um certo Mr. de Humboldt, o fazer-se-lhe effectiva como transgressor da lei dos caminhos das minas, que prohibia a entrada nos povoados castelhanos, a penalidade que ella comminava. Teve, e os companheiros, sequestrados os bens ; e foi com alguns daquelles preso para Lisboa, onde após afflicções, pezares, desgostos e a perda de tudo o que podiam possuir, foram á final soltos, mas para esmolar da caridade publica o pão para o sustento quotidiano.

· Chaves, um dos que ficaram em Belem, fôra mandado assentar praça de recruta no regimento da cidade ; pouco tempo depois desertou ; e buscando rumos pelo Maranhão e Goyaz foi ter á Matto-Grosso, onde passa por certo que á final se estabelecêra, á propria borda do Guaporé, umas tres leguas abaixo da foz do Sararé (a).

Os outros socios de Lima, que da Exaltação retrocederam, deram as primeiras noticias dessa descida e propalaram-as tambem sobre as regiões

---

(a) Southey,—t. 5°, pag. 439. Trad. do Dr. Luiz de Castro.

que visitaram ; o que induziu o ouvidor de Cuyabá João Gonsalves Pereira á mandar ao juiz ordinario dos arraiaes do *Matto-Grosso*, Domingos José Gonsalves Ribeiro, que enviasse um explorador ás provincias hespanholas, agora reconhecidas, o qual do que visse mandaria um relatorio para ser presente ao rei. (a).

Foi esse emissario o proprio autor da *Relação dos Povoados* (b); partido, logo em fevereiro de 1743, com dous camaradas, Manoel de Castro e Alexandre Manoel Rodrigues, dous escravos delle e seis daquelle juiz, e tendo por piloto o mesmo Werneck que fôra companheiro de Lima. Visitou S. Miguel, Magdalena, S. Martinho, S. Luiz, Conceição de Baures, Exaltação, S. Pedro dos Caniquinaus (c), S. Romão e Santa Cruz de la Sierra,— « registrou todos aquelles districtos, adquiriu noticia de toda a provincia, dos hespanhóes e dos indios com quem tratou e conversou, tomou conhecimento das nações barbaras mais visinhas e habitantes das margens do *Aporé* (d); distancias em que ficavam tanto as povoações catholicas como as barbaras dos novos domicilios, suas alturas, capacidade da navegação e tudo o mais que convinha; »—do que tudo fez sua fiel relação que entregou ao juiz, o qual a remetteu ao ouvidor e este ao rei (a). Enganase, pois, Southey (e), attribuindo essa viagem á espirito de ganancia de aventureiros, quando fôra uma exploração de caracter politico : do mesmo modo que parece menos bem fundada a noticia que dá de terem nessa occasião seguido dous bandos, um com Sá e outro commandado por Francisco Leme do Prado (f), que ao descer o Guaporé já lhe encontrou trancada a navegação com a presença dos hespanhóes na aldeia de Santa Rosa,

---

(a) Sá. ob. cit.

(b) Sá dá noticia dessa exploração sem parecer referir-se á si proprio.

(c) Kinikinaus ? é esse o nome de uma tribu *xané* das margens do Paraguay .

(d) Guaopré.

(e) T. 5º,—pag. 548.

(f) Leme do Prado, um dos consocios de Lima, que retrocederam.

na margem direita e pouco abaixo da boca do Itonamas (a). O fundamento para a negativa dessa asserção é que nem os *Annaes* do senado de Villa Bella, nem Sá, no seu trabalho todo noticioso e chronologico, tratam dessa expedição de Leme, nem ainda das outras que o historiador inglez, sempre entretanto judicioso e exacto, diz que novamente fizeram Leme e seus irmãos até 1749.

Novo Colombo, Lima teve tambem o seu Americo em João de Souza de Azevedo, que chegado á Belem, no seu descobrimento da navegação do Tapajoz, e tendo noticia daquella derrota do Madeira, já não quiz voltar pela que descobrira, por suppôl-a de peior transito. Subiu por este rio, e em 1749 aportou ao arraial de S. Francisco Xavier, então o povoado principal das minas do *Matto-Grosso*, on·le foi tido pelo inventor do novo caminho, mau grado a presença de Chaves e o infortunio de Lima nos carceres e calçadas de Lisboa. E' que ainda nenhuma noticia havia delle.

Em Cuyabá sabia-se, todavia, que este emprehendêra tal viagem, comquanto lhe ignorassem o exito,—pelos testemunhos daquelles companheiros que propalaram tão temerosa aventura (b).

———

Segundo o padre Bento de Faria (c), dataria de 1725, e conforme Baena (d), de antes de 1722, o descobrimento da navegação do Alto Madeira, em tempos do governador do Pará João da Maia da Gama, quando Francisco de Mello Palheta para ali seguira ao saber, de uns *bandeirantes* que nessas regiões foram escravisar indios, haver povoados de brancos nos

---

(a) Tomada sete annos depois pelo capitão-general Rolim de Moura, que ahi estabeleceu o fortim da Conceição.

(b) Roque Leme (ob.cit.) cita somente Werneck,Francisco Lemes e Matheus Corréa, á fóra os indios e escravos, como os que acompanharam Lima nessa derrota.

(c) Carta inserta nos *Annaes da Hist. do Maranhão*, de Berredo.

(d) *Compendio das éras da provincia do Pará.*

rios superiores ás cachoeiras; e lá chegára na Exaltação em 1723. Nada acceitavel é essa noticia; e para refutal-a basta a admiração e espanto que causou em Belem a chegada de Lima, as perseguições que soffreu e ainda, a observação já feita por Baena, de não dar Palheta a menor noticia sobre o Beni e o Guaporé; parecendo impossivel que escapasse observação de tal marca á um explorador de regiões desconhecidas; pelo que é de suppor que si subiu o Madeira, não passou o trecho encachoeirado e soube do mais por informações.

Novellas semelhantes são as que Southey dá de terem sido esses rios navegados por um bando de fugitivos da Bahia, em cujo numero ia um sacerdote, que foi o chronista da viagem, os quaes foram ter á Santa Cruz de la Sierra, onde pediram permissão, que lhes foi negada, de se internarem para o Perú, não se sabendo o fim que tiveram. E tambem a viagem de outro sacerdote do Pará, que a fizera no intento grandemente quichotesco, de averiguar a distancia á que ficavam os estabelecimentos hespanhoes — e recommendar-lhes que não ultrapassassem a margem esquerda do Guaporé (a).

Ainda, conforme outros, vae á epocas mais remotas essa navegação. Juan Patricio Hernandes, missionario jesuita, e tambem citado por Southey, leva-a ao tempo de Nuflo de Chaves (1543 á 1560), quando, abandonando o seu estabelecimento de Santa Cruz de la Sierra, desceu o *Ubay* (b) e o Mamoré até o oceano (c).

Entretanto, só ha certeza da navegação completa dessa grande arteria do coração do Brasil depois da excursão de Manoel Felix de Lima.

Logo, em 1748, partiram do Maranhão pelo Amazonas, e subiram o

---

(a) Southey, t. 5º, pag. 437.
(b) O Itonamas. Alguns cartographos o confundem com o Baures.
(c) Southey, t. 5º—436.

Madeira, Miguel de Sá (a) e Gaspar Barbosa de Lima; sendo por um engano que Baena, á pag. 228 do seu *Compendio das Éras*, diz *terem descido*, e que é o contrario do que elle proprio comprovára quando, á pag. 226, diz que dous annos antes estava Gaspar na serra do Parú, em busca de quina que descobrira, segundo informações que prestára ao governador João de Abreu Castello Branco.

Em 1749, á 14 de julho, em cumprimento á ordens do Estado para Francisco Pedro de Mendonça Gurjão, governador do Pará, seguiu o geographo José Gonsalves da Fonseca com numerosa expedição á explorar os rios, observando-lhes os rumos até os arraiaes do *Matto-Grosso*, onde, com effeito, aportou em 16 de abril de 1750. Com elle foram o frade João de Santiago, capuchinho, e os jesuitas José Paulo e Francisco Xavier Leme, irmãos de Francisco Leme do Prado, o cirurgião Francisco Rodrigues da Costa e Tristão da Cunha Gago, outro dos companheiros de Lima (b).

Em 1750 buscou tambem essa navegação o sargento-mór Luiz Fagundes, de ordem do governo do Pará (c), seguindo integralmente a derrota de Fonseca.

E' pouco mais ou menos n'essa epoca que se atribue a fundação de grandes estabelecimentos na ilha Comprida do Guaporé, povoada desde 1746 por paulistas foragidos das minas de Cuyabá, e que chegando áquelle rio por elle desceram. Segundo Southey (d) era esse povoado de nove fógos, formado por doze homens com suas mulheres e escravos, cheios do mesmo espirito aventureiro, sem lei nem consciencia, vivendo de depredações e de escravisar indios que iam vender ás minas, e exercendo suas devastações do Mequenes ao Baures. Essa ilha fica em frente á foz do Mequenes e apresenta-se hoje com uma extensão de vinte kilometros.

(a) Baena chama-o Miguel da Silva.
(b) Baena. *Ensaio chorographico sobre o Pará*, 518.
(c) Relatorio do presidente Penna, 1862.
(d) Tomó 5º, pag. 446.

Hoje, comquanto coberta de alta e densa mattaria, revela-se tão alagadiça, sinão ella toda, ao menos um consideravel perimetro, que parece impossivel que ahi se levantassem estabelecimentos, quando, entretanto, fronteiras á ella, são em geral altas as orlas dos dous braços do Guaporé, que a formam, especialmente no do Jaracatiá, ende se elevam paredões e tezos de quinze á vinte metros de altura. Ou a ilha abrangeu antigamente essa região elevada, e o rio, nas suas transbordações costumadas, levou seus canaes pelo interior della, ligando-lhe a parte mais alta ao continente; ou então, o que póde tambem ser, taes habitações existiam nesses tezos e não na ilha, e a denominação provinha da proximidade desta, que pela sua grandeza e notoriedade deu o nome á localidade.

XI

O *Guaporé*, *Itenez* dos castelhanos, é um magnifico e formoso rio de mil e quinhentos kilometros de curso, todo de facil navegação. Na quadra das sêccas encontram-se obstaculos faceis de obviar ás embarcações pequenas, como o pedregal que o atravanca da foz do Itonamas á meia legua abaixo do forte do Principe, e os bancos de areia que ficam á descoberto, dos quaes o da *Pescaria*, situado uns quarenta kilometros abaixo do destacamento das Pedras Negras, é o mais notavel por se estender em toda a largura do rio e alongar-se por algumas centenas de metros (a). O Alto Guaporé, que tal se chama a parte que corre acima da

(a) Parece incrivel essa descripção, mas tal encontramos o banco na nossa descida; percorreu-se-lhe toda a borda superior de margem á margem do rio, sem encontrar um canalete por onde o bote podesse descer. A agua do rio deslisava-se sobre o banco tão imperceptivelmente que não se lhe distinguia a corrente. Para descer o bote abriu-se canal á pás de remos.

cidade de Matto-Grosso, é apenas atravancado de arvores cahidas e tramas de hydrophytos.

Mas, si nas estações mui sêccas somente botes ou igarités de pequeno calado podem vencer taes difficuldades, na das aguas ha fundo sufficiente para grandes navios. No local da ponte, que fica á cento e dez kilometros da cidade e pouco mais distante das proprias nascentes, acharam os engenheiros do seculo passado quinze braças de largo e duas de fundo, em o mez de setembro, isto é, no fim do verão (a).

———

Seu trajecto é sempre apreciavel pelo pictoresco de suas paysagens, e pelas formosas e extensas praias de fina e branca areia, que começam á apparecer do rio Verde para baixo, e longas, ás vezes, de leguas.

Que suas margens são cobertas de opulenta e magnifica floresta é desnecessario dizêl-o de um rio brasileiro, do mesmo modo que catalogar o que guarda de riquezas nas mais preciosas madeiras do sul e do norte do Imperio.

Cite-se apenas, como facto notavel, que do meio de seu curso em diante começam á apparecer as seringueiras (b) e o tocary (c), arvores, cujo valor não está somente nos productos de exportação, mas ainda no soccorro que prestam aos navegantes, aquellas com o seu succo e esta com as fibras do liber, ambos aproveitados nos calafectos e estas na confecção de resistentes cabos e espias. Mais notavel ainda se torna o facto de, abundando esses dous gigantes vegetaes na margem brasileira, na opposta quasi que absolutamente faltam, sendo encontrado somente na grande

(a) Essa ponte, á egual distancia da cidade e do Registro do Jaurú, tem 40 metros de extensão sobre 8,3 de largura. Os cabixys já incendiaram-a em parte.

(b) *Hevæe*, pricinpalmente.

(c) *Bertholelia excelsa*.

ilha formada pelo S. Simão, pequeno braço do Guaporé e pelo S. Martinho, braço do Baures; o que, talvez, tambem se explique pela mudança do alveo do rio, o qual deixasse á esquerda do novo canal e quasi encostada á margem essa ilha, que primitivamente fazia parte integrante da margem direita.

A baunilha, a salsaparrilha e a poaya enchem-lhe ribas, desde quasi as vertentes; o cacau, a copahiba e o cravo apparecem com as seringueiras [desde o meio do curso, sendo elles que dão um cunho especial á flora territorial.

———

A principal e mais remota cabeceira do Guaporé é conhecida por esse nome e pelo dé *Meneques,* do de um cacique de uma aldeia de *parecis* que ahi existiu. Nasce de uma caverna aprofundada sob um terreno de grés, onde o ferro é tão commum que o colora de vermelho e communica ás aguas o seu sabor styptico e metallico; abrindo o leito em fundo valle de denudação, segue por terreno tão formoso quão pictoresco e aprazivel, na descripção do Dr. Silva Pontes,—« que só falta ser povoado por homens para merecer os encomios poeticos de habitações de nymphas, tal sua frescura, o frondoso assento das altas arvores que cobrem com seus ramos essa copiosa corrente que já nasce grande » (a).

Origina-se o Meneques, segundo Ricardo Franco, aos 14° 40' lat., e 318° 39', long. do meridiano occidental da ilha de Ferro. As outras cabeceiras chamadas *Lagoinha* ou *Ema, Sepultura* e *Olho d'agua* (b) ficam á esquerda daquella; descem de perto da aresta de *SO.* da chapada, encor-

———

(a) Diario da diligencia do reconhecimento das cabeceiras dos rios Sararé, Guaporé, Tapajoz, e Jaurú, que todos se acham debaixo do mesmo parallelo, na serra dos Parecis.—1789.

(b) Mappa Geog. do rio Guaporé. A fonte do *Sepultura* está demarcada aos 14° 39', lat. e 318° 46' mesmo meridiano.

poram-se todas em distancia de poucos kilometros, e ao passar na cidade vae já o Guaporé com o formoso curso de duzentos e cincoenta kilometros. Em 1783 subiu o Dr. Antonio José da Silva Pontes, astronomo e *cadete de dragões* (a), á reconhecer o Alto Guaporé, mas não pôde vencer as cabeceiras por causa das cachoeiras que encontrou, em numero de dez, além da ponte. Mas, seis annos mais tarde, offereceu-se para terminar esse serviço e o fez partindo da villa á 9 de dezembro de 1789.

São seus tributarios ; á direita :

1.º O *Gabriel Antunes;* 2º o *Sararé,* rio de mais de cento e sessenta kilometros, engrossado, á esquerda, pelo *Bulha,* que recebe os ribeirões Lagem, Taquaral e Corrego do Pé do Morro, e o *Pindahituba;* e á direita, pelos ribeirões do *Ouro Fino, Sant'Anna,* e *Burity.*

3.º O *Galera,* corrente ainda maior do que o Sararé; recebe, á direita, os ribeirões da *Pinguela, Seixão, Sabará* (engrossado pelo Paiol de Milho) e *Vaevem ;* e á esquerda o *Maguavaré,* formado pelos corregos Brandão, Bimbuela (que recebe o *Sujo*), Quebra Greda (formado pelo *Jaboty*), José Manoel e Cassumbé ; e o *S. Vicente,* vindo de junto das minas e arraial desse nome.

3.º O *Quariteré* ou Burity.

4.º O *Cabixy* ou Branco.

5.º O *Turvo,* Paredão ou Piolho.

6.º O *Corumbidra,* que tem por braços o Ababás, Cuajejus (que recebe o *Puxacás*): em frente á sua foz houve a aldeia de Vizeu fundada em 1776. Seu curso é maior de cem kilometros.

7.º O *Mequenes,* rio maior de cem kilometros, sulcado pelos mineradores e pelos jesuitas que ahi tiveram a missão de S. José.

_____

(a) Esse astronomo da commissão de marcadora de limites de 1782 era official de marinha, capitão-tenente, ou de fragata. Neste posto veiu inaugurar o governo da capitania do Espirito Santo em 29 de março de 1800. Não sei porque velleidades assentou praça de *cadete de dragões,* e como o pôde fazer.

8.º O.S. *Simão Grande*, onde os hespanhoes fundaram missões em 1746, que mudaram antes de Julho de 1752 (a).

9.º O *Cautariós Grande*, ou *Terceiro*.

10.º O S. *Domingos*, onde existiu a *Casa Redonda* situação de Domingos Alvares da Cruz e mais tarde aldeia de Leomil.

11.º O *Cautariós Segundo*, ou *Pequeno*.

12.º O *Cautariós Primeiro*.

E á esquerda :

1.º O *Alegre*, rio de mais de duzentos e vinte kilometros de curso, oriundo do alto da serra do Aguapehy, notavel por ser delle que se pretendeu a formação do canal que ligasse as aguas do Amazonas ás do Prata, pelas do Aguapehy.

2.º O *Capirary*. pequeno curso descido da serra de Ricardo Franco.

3.º O *Verde*, rio de mais de trezentos kilometros, nascido nas fraldas da mesma serra ; tendo sua principal cabeceira aos 15º 5' 49," 82 lat., e por braços, á direita, *Pará*, *Antas*, *Veados* e *Monos*, e á esquerda, *Matta Grande*, *Lageado*, *Corrego Fundo*, *Macacos*, *Genipapo* e *Itacuatiára*.

4.º O *Jangada*.

5.º O *Paragahú*, rio maior do que o Verde, mas que deve antes ser considerado como torrente accidental, escoadouro dos vastos pantanaes de Chiquitos, lá pelo parallelo 17º.

6.º O *Garajús*.

7.º O *Guturunilho*, ou Catururinho de outros, descido das serras do Garajús.

8.º O *Tanguinho*.

_____

(a) *Noticias relativas á viagem de Rolim* ,etc.

9.º O *S. Martinho*, que é um braço do Baures.

10.º O *Baures*, curso de seis á setecentos kilometros, nascido no parallelo 17º, ao sul de *Concepcion* de Chiquitos. Tem por braços principaes o Branco e o S. Joaquim.

E 11.º O *Itonamas*, antigo Ubay, formoso rio que logo, perto da foz, recebe á sua esquerda um grande braço o *Machupo*. Seu curso não é inferior ao do Baures.

———

Seu nome vem de *Uraporés*, ou *Guaraporés*, tribu ou nação que vivia em suas margens.

Aos 11º 54' 12,"83, lat. e 21º 33' 6,"45, long. lança-se no Mamoré que cahindo quasi perpendicularmente,mais estreito, mas muito mais profundo e caudaloso, recebe suas aguas, quebra-se em angulo recto e vae continuar na direcção trazida pelo affluente, em rumo *SN.*,transmudando, ao cabo de um kilometro de andamento,as limpidas aguas deste nas suas torvas e feias.

XII

O Mamoré vem das escarpas orientaes de um dos contrafortes andinos entre La Paz e Cochabamba, Oruro e Sucre; no parallelo de 18º, umas cabeceiras, e outras no de 20º. Seu curso superior tem o nome de *Guapay* ou *Rio Grande de La Plata* (a).

São seus tributarios mais consideraveis : *Pirahy, Japacani, Ximaré, Xaporé, Securé, Tramuxy, Aperé, Jacuman* e *Juriané*, á esquerda ; e á direita : *Ibaré, Soterio* e *Pacahás Novos*, estes dous na margem brasileira e oriundos da serra dos Parecis.

———

(a) Ricardo Franco dá-lhe de corrente 245 leguas de 20 ao grau.

Banha uma extensão de duzentos e cincoenta kilometros de costa brasilica. Aos 10° 22' 30'' lat., encontra-se com o Beni, já na região encachoeirada e ahi altamente inçada de parceis, e os dous dão origem ao grande rio Madeira, o principal dos subsidiarios do rio-mar, onde vae despejar seus cabedaes após um curso de mil e duzentos kilometros, depois daquelle entroncamento.

Castelnau, pouco exacto em algumas de suas asserções, ainda o é relativamente ao Madeira, cujo leito prolonga pelo Guaporé acima, conservando-lhe aquelle nome até as origens deste.

———

E' o Madeira rio inteiramente brasileiro. Trazendo suas origens de centos de leguas distante, ao tomar o seu nome já se apresenta com a magestosa largura de dous kilometros, havendo logares onde ella excede de oito.

A' elle vém entregar suas aguas, na margem oriental: o *ribeirão de S. José,* os rios *Mutum-paraná, Jacy-paraná Jamary* e *Gyparaná,* todos nascidos na cordilheira dos Parecis, e o Jamary tendo, entre outros, por affluente: o *Camaiguhina,* descido da cordilheira do Norte; o *Mahicy,* o *Aruapirá,* o *Araxiá* ou Marmello, o *Manicoré,* o *Anhangatimy,* o *Mataurá,* o *Araras* e o *Aripuanan,* que se liga ao Canuman e por este ao furo Tupinambaranas do Amazonas; e na occidental: o ribeirão do *Pau Grande,* o *Aqua Preta,* o *Abuná,* o *Araponga* ou dos Ferradores, o *Maparaná,* o *Pauanéma,* o *Arraias,* o *Maguarauchy,* o *Baetas,* o *Capanan* e o *Marassutuba,* a maior parte de longo curso e bastante navegação.

Mais de espaço tratar-se-ha desses rios, á medida que nesta viagem forem-se apresentando ao estudo.

Nesses bons tempos coloniaes em que se prendiam os descobridores de novas regiões e estradas novas (a), o governo reservava-se á si o direito de designar aquella por onde, e somente, se poderia livremente transitar. Era coherencia. Reconsiderando o acto de aleivosia com que perseguiu Lima, achou util o seu descobrimento ; e por provisão de 14 de novembro de 1752, que todavia só foi conhecida em Matto-Grosso dous annos depois (b), permittiu o commercio com o Pará pela via do Guaporé e Madeira, fazendo-o defeso por qualquer outra.

Rio Grande

(Desenho do Sr. Dr. Taunay).

Começou então a éra de prosperidade da nova capitania. Já em 1754 desceu seu primeiro capitão-general D. Antonio Rolim de Moura Tavares á entender das allegações que fizeram os exploradores mandados pelo ouvidor de Cuyabá aos povoados castelhanos : foi até abaixo do Itonamas, onde na margem direita do Guaporé haviam estes estabelecido o seu aldeiamento e missão de Santa Rosa, fortificada com paliçadas e trin-

_____

(a) E que muito que fossem presos, si o foi Colombo, que descobrira um mundo !

(b) Relatorio do presidente Penna, 1862.

cheiras; e dahi os expelliu. Em 1758 o juiz de fóra nomeado para Villa Bella, Theotonio da Silva Gusmão (a), subiu esses rios, fundando, ao passar pelo segundo e maior dos saltos do Madeira, uma aldeia de indios *pamás*, á que deu a invocação de *Nossa Senhora da Boa Viagem do Salto Grande*. A aldeia desappareceu com o tempo, mas o salto guardou a memoria do juiz, ficando-lhe com o nome.

Em 1759 desceu de novo Rolim á fundar o forte de *Nossa Senhora da Conceição* no local onde fôra a missão de Santa Rosa. Nesse tempo aportava ahi uma expedição do Pará com apercebimentos de guerra, para armar a capitania. Em 1765 regressou por ahi aquelle general, ao terminar o seu trabalhoso governo. Seu successor João Pedro da Camara creou o destacamento das Pedras Negras no primeiro dos contrafortes da Parecis, que ao descer-se o Guaporé encontra-se prolongado até beira rio. A maior parte do tempo de seu governo passou-o Camara no forte da Conceição, que reformou, fazendo-o abaluartado, no systema de Vauban, e isso quando em sua frente ameaçava-o um grosso exercito de mais de oito mil homens, sob o commando do governador hespanhol Juan de Pestana, que entretanto foi quem desoccupou o terreno e retirou-se abandonando a margem opposta. O corpo principal do forte era de quarenta braças sobre vinte de fundo : em 1768 estava terminado.

Em novembro desse anno chegou Luiz Pinto de Souza, terceiro capitão-general, com quarenta e cinco canôas e quatrocentas e vinte e duas pessoas de comitiva. Na subida das cachoeiras fundou, na terceira—o salto de *Girau*, outra aldeia depamás que denominou de *Balsemão*.

Em 1769 desceram muitos aventureiros das minas do Alto da Serra em busca da dos Garajús.

Em 1774 veiu, de Villa Bella até o Beni, o quinto capitão-general

----

(a) Alguns o suppõem irmão dos celebres Alexandre e Bartholomeu de Gusmão o *Voador*.

Luiz de Albuquerque de Mello Pereira e Cáceres, com engenheiros para levantarem a planta da confluencia do Mamoré e tratarem do seu melhor meio de defesa. Em 1776 deu-se principio á construcção do forte do Principe da Beira, uma milha acima do da Conceição, já então rebaptisado com o nome de *Bragança*, e que, vindo á soffrer consideraveis damnos com as enchentes que sobrevieram, foi em breve abandonado.

O forte do Principe, além dos fins estrategicos á que foi destinado, como substituto daquelle, foi-o tambem á servir de *feitoria* á *Companhia do Commercio do Pará*, pouco antes creada.

Nesse mesmo anno fundava-se Vizeu, em frente ao Corumbiara, povoado que tambem pequena existencia logrou, fenecendo quando se acabou o monopolio daquella companhia.

Em 1781 subiram do Rio Negro os commissarios da terceira partida da demarcação de fronteiras, organisada em observancia ao tratado preliminar de 1777 : sahiram de Barcellos á 1 de outubro de 1781, e vieram levantando os planos hydrographicos do Madeira, Mamoré e Guaporé, chegando á Villa Bella em 28 de fevereiro seguinte.

Em 1787 desceu Ricardo Franco de Almeida Serra á explorar os affluentes da margem oriental do Guaporé.

Um grande periodo se passou, até que em 1844 o capitão de fragata boliviano José Agustin y Palacios desceu o Mamoré até o Beni, fazendo estudos topographicos e hydrographicos. Em 1874 os engenheiros allemães Keller subiram o Madeira e Mamoré, em identico emprego.

———

E finalmente, em 1877, da commissão brasileira de limites com a Bolivia, que subíra o Paraguay em 1875 e estabelecêra a linha divisoria desde a Bahia Negra até as cabeceiras do Verde, uma secção composta dos Srs. major de engenheiros Guilherme Carlos Lassance, 1° tenente da armada Frederico Ferreira de Oliveira, e do autor destas linhas, que era o medico da commissão, desceu estes rios Guaporé, Mamoré e Madeira, onde estabeleceu os marcos difinitivos nas barras dos rios Verde e Beni, e, buscando o Amazonas, voltou á côrte do Imperio pela maior, mais soberba e magestosa estrada fluvial do mundo.

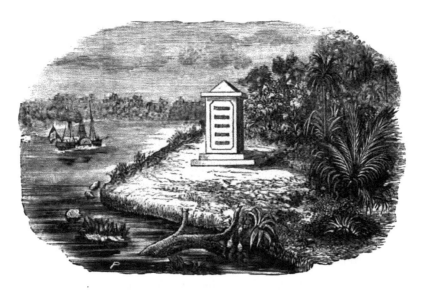

Rio Apa

CAPITULO III

I

Ão se póde dizer qual seja do Brasil a provincia mais rica em productos naturaes, mas, com certeza, Matto-Grosso é das mais avantajadas, sinão occupa o logar primeiro.

Situada no coração do continente sul-americano e dando sahida ás maiores correntes do mundo ali foram encontradas as riquezas mineraes á flôr da terra pelos primeiros exploradores. Innumeras são as minas que os sertanistas encontraram, ou descobriram os garimpeiros,—sem outras fadigas que as de suas aventurosas viagens, sem mais esforço que o de catarem o ouro, e sem outras machinas sinão os mais rudimentaes e primitivos instrumentos do labor.

Sendo immensos os depositos sedimentarios desse solo, tambem immensos devem ser os seus repositorios de riqueza ; e si a terra occulta, hoje, seus opimos thesouros, todos sabem o que ella possue de ouro e de ferro, de prata, palladio e platina, de cobre, chumbo e outros metaes; como sabem todos quão ricas são certas comarcas do seu territorio em diamantes e outras gemmas.

Toda a aresta occidental da Parecis, donde quer que manasse uma fonte—patenteou thesouros aos olhos fascinados dos avidos aventureiros. No seu massiço de *SO.*, o chamado *Alto da Serra*, não menos de seis arraiaes se fundaram n'um terreno de seis leguas sobre menos de metade de largura, junto á outras tantas riquissimas jazidas de ouro (a). Innumeras habitações, engenhos, fabricas, sitios, ergueram-se á margem dos ribeiros e regatos que da serra cahiam; povoados entretidos pela presença do aureo metal e que floresceram somente emquanto elle se mostrou, por assim dizer, na superficie do solo.

Na bifurcação da Parecis com a cordilheira do Norte ha as encantadas minas do Urucumacuam, descobertas e não mais encontradas quando voltaram á exploral-as os aventureiros que as haviam *topado*; para o mesmo lado exploravam os jesuitas do Madeira as nascentes do *Candeias* e do Jamary; contando-se que auferiram valiosas riquezas.

Os contrafortes da Tapirapuam, os da Aguapehy, Kagado, Ararapés e Santa Barbara, não abundavam sómente em ouro: tambem em brilhantes. Os terrenos auriferos do Alto Paraguay, do Diamantino, do Buritysal, do Coxipó, do Tombador, do Coxim, etc., foram defesos á mineração, por nelle apparecerem em quantidade aquellas pedras preciosas. Das origens do Paraguay duas tém os symbolicos nomes de rio *Diamantino* e rio do *Ouro*; e com este nome não menos de seis riachos se contam na provincia.

Innumeras correntes, entre ellas Candeias, Jamary, Camararé e Ju-

---

(a) S. Francisco Xavier, Sant'Anna, Pilar, Ouro-Fino, Boa-Vista e S. Vicente Ferrer.

hina, por um lado ; de outro o Curumbiara ; o Galera, o S. Vicente e o Maguavaré, seus tributarios, e as origens deste, Brandão, Bimbuela, Sujo, Quebra Greda, Jaboty, Godoys e Cassumbê ; o Sararé,'o Samburá, Sepultura, Ema, Burity, Ouro-Fino, Pilar e S. Francisco Xavier ; os Coxipós, o Manso, o Aricá, o Cuyabá, etc., etc., rolavam suas aguas sobre areias de ouro, como o Pactolo de Homero.

E' sabido o facto de Miguel Subtil, que é o da origem da cidade de Cuyabá : no primeiro dia colheu mais de meia arroba de ouro e seu camarada quatrocentas oitavas, dessas minas que em um mez produziram quatrocentas arrobas (a). Ainda hoje sem nenhum trabalho apanha-se folhetas de ouro nas ruas e quintaes, principalmente após as grandes chuvas. Em 1875, acampado o 8° batalhão de infantaria, junto á Prainha, os soldados faziam seus fogões escavando a terra : sobrevindo uma grande chuva, lavou os cinzeiros e deixou descobertas já não palhetas, mas pequenas barras fundidas. Dessa origem vi algumas, entre outras uma de quatro á seis oitavas, pertencente ao Sr. alferes Cassiano, daquelle batalhão, e outra ao Sr. Boaventura da Motta, capitão do vapor *Leocadia* : constando-me que haviam maiores, sendo notavel uma de que era possuidor o commandante do corpo.

———

Diamantes encontraram-se em ricas jazidas no Diamantino, no Burytisal, em S. Pedro, Areias, Melgueira, Sant'Anna, no rio do Ouro, todos cabeceiras do Paraguay, no Coxipó-merim, na freguezia da Guia, á seis leguas de Cuyabá, no Aricá, no Tombador, no Coxim, etc. Si das minas de ouro o Estado—exigia o imposto de um quinto, das de pedras

---

(a) Sá. *Relação dos Povoados.*—Ferdinand Dénis, Pisarro, Ayres do Casal e quantos autores tém tratado de Matto-Grosso citam esse facto, que supponho consignado nos *Annaes* da camara de Ouyabá.

preciosas guardava para si o direito da exploração e prohibia, com as mais fortes penas, os exploradores ; fazendo evacuar e abandonar ricas jazidas de ouro por ahi descobrirem-se tambem daquellas pedras. Assim foi que as do Diamantino foram defesas aos mineradores pelo ouvidor Manoel Martins Nogueira, quando em 1748 lá foi dividir os terrenos em lotes, e em vez disso—fez largar a mineração e evacuar o sitio, por terem apparecido os diamantes ; prohibição que só foi revogada em 1805.

São tão ricas as regiões daquellas cabeceiras que, ha poucos annos, José Porphyrio Antunes, tirou em poucos dias uma fortuna de cerca de duzentos contos, á crer-se a asserção do autor dá *Noticia sobre a provincia de Matto-Grosso* (a).

O Buritysal, abaixo do ribeirão do Diamantino, é hoje uma tapéra, como quasi todos os antigos povoados da capitania. Sua casaria de telha attesta-lhe ainda a antiga importancia. Seus poucos habitantes passam a vida em descuidosa indolencia, trabalhando somente quando a necesidade os obriga. Consiste o trabalho na cata de diamantes, que vão buscar ao fundo do rio : para isso vão sempre dous companheiros com um *baquité*, preso á uma corda. Baquité é o samburá que as indias costumam trazer ás costas. Dos companheiros um segura na corda, e o outro mergulha no rio e enche o cesto de areia e cascalho, que o primeiro retira; repetindo-se a operação uma meia duzia de vezes. Lavam, então, as areias, e o resultado dá-lhes sempre para passarem uma semana ou duas, de gaudio, bebendo restillo e tocando viola. O convite para essa pesca dos diamantes tem uma expressão propria : *vamos biguar*, isto é, vamos mergulhar como os *biguás, carbo brasilianus*, ave ribeirinha e que só se sustenta de pequenos peixes, que pesca mergulhando.

_____

(a) O Sr. Joaquim Ferreira Moutinho.—pag. 26.

A MARTINET DEL. SECUNDO UM CROQUIS DO SR. SEVERIANO.

PINHEIRO, V. 2. OR

A PESCA DOS DIAMANTES

O ferro é tão commum na provincia e encontra-se tão facilmente nas proximidades das grandes arterias, que com a maior facilidade será explorado. Para comprovar-se-o, baste á citar-se a cordilheira que costeia a margem direita do Paraguay desde a Insua, na Uberaba, até Albuquerque, as montanhas do Aguapehy, as que margeiam o Arinos e rio Vermelho, a de S. Jeronymo, e os notaveis paredões, rochas talhadas á pique e enroxecidas pelo minereo que contém.

Em quasi todas predomina o ferro oligisto, o mais rico dos minereos ferricos. A analyse do das montanhas de Jacadigo e Piraputangas, entre Corumbá e Albuquerque, deu 69 por cento, a maior que até hoje se tem podido obter. Encontra-se o metal não só no estado crystalloide, principalmente o octaedro, peculiar ao Brasil e ahi primitivamente descoberto, como em concreções e ainda sob a fórma terrosa, mormente nos araxás e nas planicies ao sopé das montanhas. Nem mesmo falta nos terrenos alagadiços, onde é encontrado em *limonito* ou ferro hydratado, resultas da acção chimica do acido tanico e outros acidos vegetaes e muito principalmente da do acido carbonico sobre o oxydo de ferro.

Em meio da lagôa Uberaba, na ilhota, que nos é commum com a Bolivia, e onde, em 6 de setembro de 1876, a commissão demarcadora assentou o marco limitrophe, o sulfureto de ferro entra em tão grande proporção na composição geologica, que as bussolas adoidavam, e o que é mais frizante ainda, não podiam os trabalhadores fazer fogo no solo pedregoso, nem fazer trempes dos seixos e calhaus, que o calor arrebentava-os com estampido e fazia-os voar longe em estilhaços.

A maior parte das rochas dioriticas da provincia, e assim são quasi todas essas montanhas que terminam notavelmente por uma face vertical,

19

e que os naturaes chamam *trombas* ou *itambés*, são ricas em minereos de ferro. Taes as de Jacadigo, Piraputangas, Aguapehy, Napileque, etc.; taes os *paredões* do Araguaya, Arinos e Xingú, picos isolados e de fórmas abruptas ; taes, finalmente, as minas de ferro do Polvarinho, em S. Luiz de Cáceres.

Lagôa Uberaba

Esse metal por si só constitue uma riqueza inesgotavel, **um porvir immenso de grandeza**—e não só para a provincia,—para o Brasil todo. Prouvera á Deus começasse á ser explorado de nossos dias. Convença-se o povo de que mais ditoso é o paiz que guarda em seu seio ferro e carvão de pedra, do que o que encerra jazidas de diamantes e veios de ouro. Estas attrahem os garimpeiros, os aventureiros, os ambiciosos que esperam do acaso os lucros da fortuna ; aquellas os industriaes e trabalhadores, que buscam obtêl-a á custa do labor, explorando não o acaso, mas a realidade. Umas crescem e povoam-se com rapidez, mas com a mesma decahem e se convertem em ermos, depois de terem sido theatros de morticinios e roubos, mil crimes, mil iniquidades ; as outras—crescem de vagar, mas vão pouco á pouco tornando-se o nucleo de fabricas e povoações manufactureiras e industriaes,bases solidas de um futuro sempre á melhor. De umas extrahem-se facilmente riquezas que se escoam com a mesma rapidez das adquiridas na guerra paraguaya, deixando o paiz exhausto dellas e de tudo, pobre, fraco, estenuado. As outras vém trabalhosas e trabalhadas, á custa de muito labor, muita delonga, muita fadiga em seus começos; pouco á pouco, porém, vão ajuntando forças e desenvolvem-se em progressões geometricas, de modo á formarem solidas e verdadeiras riquezas pessoaes, e dotam o paiz com suas fabricas, suas manufacturas, suas industrias e suas rendas, e o progresso, o desenvolvimento e grandeza que lhes servem de côrte. Bem transitoria é a prosperidade das minas diamantinas e auriferas; e para que dêem resultados reaes é preciso apparecerem na Australia e na California, entre povos da pujança anglo-saxonia.

Nos paizes novos e sem forças pouca ou nenhuma vantagem tiram: e tantos os exemplos quantas as antigas e grandes minas. ¿ Que proventos tiraram os descobridores do Rajá de Borneo, do Gran Mogol, do Orlow, do Regente, do Koh-i-noor e do Estrella do Sul, o diamante da Bagagem ? Senhores de valor de milhões ficaram ricos, foram felizes, são conhecidos ? Quem sabe delles? A legenda apenas falla: foram, de ordinario, miseros escravos, poleás da sociedade, que os acharam; venderam-os por alguns vintens ou á troco de alguma caxaça, de vinho ou de rhum; os segundos donos já abriram mão de boas quantias para havêl-os, mas não lograram-os, porque terceiros se appropriaram do seu haver, roubando-lhes tambem a vida. Seus nomes ninguem conhece, como ninguem sabe a felicidade que o thesouro lhes deu. E assim foram mudando de donos até pararem nos escrinios regios ... ¿ Mas, por quantas mãos passaram essas preciosidades antes de chegarem aos erarios que illuminam com seus fulgores? O que é certo é que o descobrimento e a posse de uma dessas gemmas custa a vida á dezenas de possuidores; sendo o assassinato e o roubo quem dá direitos de possessão ao herdeiro.

Aqui mesmo em Matto-Grosso o exemplo é commum. ¿ Que é dos arraiaes do Alto da Serra, e Lavrinhas, Santa Barbara, Santa Isabel, Garajus, Arayés, Arinos, etc. ? Que é da prosperidade da florescente Villa Bella, hoje moribunda;—da prospera villa do Diamantino e da Poconé, tão decadentes hoje; e da mesma Cuyabá, apezar dos seus incentivos de cidade capital e da sua entrada, com a navegação, no gremio do commercio e mais facil sociedade com o resto do mundo ?

III

Já vimos que riquezas a provincia possue em sal marinho e em salitre : sabemos das suas minas de cobre do Jaurú e do Araguaya, e de prata em varios logares; e do palladio e platina, companheiros constantes do ouro e da prata. Mas não é isso o que constitue o valor da região matto-grossense : seu solo descortina outras riquezas mineraes de não somenos valia para o commercio, para as artes, para a industria.

São extensos os seus terrenos calcareos onde sobejam os spathos, onde abundam os crystaes de rocha, agathas e pederneiras, talca, mica, varios leptinitos de que com facilidade se obtem o *kaolin*, innumeras qualidades de argillas plasticas,—desde o gesso e aquella materia prima da finissima porcellana até o barro negro, aproveitado pelos aborigenes na sua tosca ceramica. Nem lhe faltam o marmore, as ardozias e os porphyros de varios matizes, de que formosas amostras se accumulam nas vitrinas do muzeu nacional.

Como todo o Brasil, a terra de promissão da historia natural

Matto-Grosso é uberrima em vegetaes de toda a classe e proveito. A medicina, a construcção terrestre e naval, a marcinaria, a tinturaria, a pelleteria, etc., ahi encontram repositorios de riquezas enormes ; do mesmo modo que delles tira grandes subsidios a economia domestica, em plantas de horticultura, ornamentação e recreio, ou de penso para os gados. Aqui desenvolvem-se perfeitamente todos os productos de exportação do Imperio, inclusive o café. No Brasil, póde-se dizer sem hyperbole, não ha solo ingrato, nem maninho. Os mesmos pantanaes do valle paraguayo seriam fontes de opulencia si se cultivasse o arroz que ahi pullula e fructifica expontaneamente, fazendo parte da alimentação das indolentes e descuidosas tribus selvagens e semi-selvagens que ainda lá vivem ás margens dos rios e lagos. O algodão não necessita de cultivo para dar provas de ser uma exuberante producção do solo.

A cana faz prodigios que nunca fizeram os canaviaes do norte, suas *sócas* reproduzindo-se com forças sachariferas por dez e vinte annos, segundo informações geraes, e não se querendo fazer cabedal dos trinta e quarenta annos que alguns lavradores pretendem dar-lhe de duração.

Ha vehementes suspeitas de que esse producto seja indigena da provincia. Dizem que, logo em começos do povoado de Cuyabá, alguns sertanistas a encontraram nos albardões e malocas dos indios dos rios S. Lourenço e Paraguay (a). O assucar, desde 1758, ha cento e vinte annos,

---

(a) Ayres do Casal.—*Chorographia Brasilica.* Ferdinand Dénis.— *Le Brésil.* pag. 66.

Eis o que á tal respeito diz Barbosa de Sá, na sua *Relação dos Pcvoados,* copiado, sem duvida, dos *Annaes* da camara de Cuyabá « —1728. Havendo já dous annos noticia por alguns sertanistas que tinham andado pelos sertões das vargens da habitação dos Guatoz, Xacoéres, e outros, tendo-lhe visto em seus reductos plantas de cana ; fallando-se nisso e intentando algumas pessoas de mais posses hir em procura da dita planta para a introduzir nesta povoação ; foi isto praticado muitas vezes, mas não produzia effeito algum. Neste anno, depois da sahida do general (*) preparou o brigadeiro Antonio de Almeida Lara duas canóas de guerra, com outras

---

(*) O capitão-general Rodrigo Cesar dè Menezes.

que se fabrica na provincia. O tabaco está tão na natureza do solo como na Bahia e no Rio de Janeiro ; e em qualidade não é somenos ao de Goyaz e do Amazonas. A mandioca é excellente, do mesmo modo que os carás, inhames e batatas : grandes, grossos, e portanto uberrimos em principios nutritivos. O ricino é a praga das plantações, pullulando onde quer que se roteie, como nas outras provincias, após as derrubadas e a queima das mattas virgens. O mate, *caa-mi*, dos guaranys, cobre os districtos fertilissimos de Miranda e Nioac, do Taquary ao Apa.

Mattas da poaya.

Quasi que só em Matto-Grosso a ipecacuanha tem patria ; sendo os

de montaria, com escravos seus e alguns homens brancos, todos com boas armas, e fazendo isto á sua custa os enviou á procurar as canas, com que fez o brigadeiro um bom quartel : no anno seguinte logo todos as tiveram e logo começaram á moer nas moendinhas á que nós chamamos escaroçadores e á estilar em lambiques que formavam de tachos : appareceram logo aguardentes de canas que vendiam o frasco a dez oitavas de ouro e as frasqueiras a quarenta e cinco oitavas. Com esta aguardente é que se começou a lograr saude e cessaram as enfermidades, e a terem os homens boas côres, que até então eram pallidos commumente ; foram a menos as hydropesias e inchações de pernas e barrigas e a mortandade de escravos que até então se experimentava foi indo em muito menor excesso... » (*sic*).

terrenos da sua predilecção as ribas occidentaes da provincia, e notavelmente as das cabeceiras do Guaporé e do Paraguay até o Jaurú. E' nas margens deste affluente e nas do Cabaçal que se colhe a maior parte da que desce a abastecer os mercados do mundo; e são conhecidas pelo nome de *mattas da poaya* as frondosas florestas que cobrem as margens desses dous rios, e á cuja sombra protectora vegeta extraordinariamente tão precioso medicamento.

Como a poaya, a baunilha, a quina, a japecanga, a salsaparrilha, a jalapa, o jaborandy, o sangue de drago, a copahiba, a bicuiba e muitas outras especies de oleos, o angico, o páo-santo, a caroba, a carobinha, a cainca, o jatobá, etc., são thesouros da materia medica muito communs na região. A baunilha enreda-se ás grossas arvores e particularmente ás palmeiras, nas ribeiras de quasi todos os seus rios e corixas, e com preferencia nos terrenos do Alto-Paraguay, e seus affluentes, do Guaporé, Mamoré e Madeira, e ries que os engrossam. A quina e o barbatimão, o timbó de arvore e a mangaba, tão delicada no sabor do fructo, como util na borracha que produz, cobrem os taboleiros e albardões argillo-silicosos dos terrenos baixos e meiões. Da primeira, varias especies existem, todas aproveitaveis, mas não da qualidade melhor : abundam mais a quina vermelha *varicosa*, *chinchona nitida*, de Pavon, a *lancifolia* e a *mycrophila*, variedade de folhas ovaes, de pouco mais ou menos dous centimetros de comprimento.

Nas margens dilatadas do Guaporé, Mamoré e Madeira, e dos outros cursos dos systemas do Araguaya, Tapajoz e Xingú, abundam extraordi-

---

— E accrescenta : « —... e hoje (1775) se acham os engenhos quasi extinctos pelos muitos tributos que se lhes tém imposto. »—

A cana, chamada creoula, foi trazida da Madeira em 1531, por Martim Affonso (F. Dénis, ob. cit.) ; para ser a introduzida em Matto-Grosso, seriam os indios que as houvessem dos colonos e não o inverso. A chamada de *Cayenna*, foi introduzida no Pará, somente em fins do seculo passado pelo general Narciso que a trouxe da Guyanna Franceza (F. Dénis).

nariamente a salsaparrilha, o cacau, o cravo, a copahiba, e sobretudo as *seringueiras* e o *tocary*, estes ultimos elevando-se sobranceiros sobre as altas franças das florestas e dando um cunho especial á feição do paiz.

Infelizmente para Matto-Grosso o immenso territorio seu, que abunda em taes thesouros, pouco explorado é por amor dos obstaculos que as cachoeiras oppõem á industria:—mas sabe-se que só do Alto-Madeira desce annualmente uma renda de cinco á seis contos de réis para os cofres da Amazonas, a administradora desse territorio matto-grossense.

IV

Basta attentar para a extensão e posição geographica da provincia para ficar-se convencido de que suas florestas encerram tudo quanto as outras provincias podem ostentar em madeiras de lei. Os jacarandás, o vinhatico, e guatambú, o guarabú, o pau-santo (guayaco), as varias especies de canelleiras e de perobas, o pequiá, as aroeiras, cedros, o angico, o tapinhoam, a secupira, a parnahyba, o coração de negro, gonçalo alves, barauna, pau d'arco, — nas regiões de *NE.* o pau brasil, e mil outros madeiros de subido valor, são-lhe tão communs como nas provincias mais favorecidas.

A' beira Paraguay, apezar da ignára devastação dos lenhadores, á custo se avista um ou outro jacarandá, guatambú ou vinhatico, que o mais já tem desapparecido para se converter em combustivel dos vapores que sulcam o rio: precioso material que povoava as margens e que agora só, de longe em longe, deixa vêr um ou outro exemplar, que de julho a setembro, na estação das flôres, tornam tão bellas as mattas, esmaltandolhes o verde-escuro com as altivas grimpas transmudadas em ramalhetes enormes e formosissimos, brancos, amarellos, roseos, escarlates e violetes. Si ainda abundam e avultam os *ipés, peúvas* na provincia, não é porque sejam peior combustivel, mas por embotarem os machados e cançarem o braço dos lenhadores. Quando mais escasso fôr o outro material de carvão, o *quebracha*, quebra-machado, dos hespanhoes, será derrubado em tanta cópia quanta se apresente; porquanto só a preguiça tem-o poupado até agora.

A derrubada.

E, já que ha occasião de fallar nessas derrubadas, nessa devastação sem limites, verdadeira depredação ao Estado, seja licito estranhar-se a indifferença com que a provincia vê arderem essas riquezas tão faceis de ser aproveitadas. Não tenho certeza, mas supponho que as madeiras de lei são propriedade da nação; e que, quanto á algumas, nenhum particular, ainda mesmo em terrenos seus, as póde devastar, sem especial concessão, onde lhe seja especificada a qualidade e marcada a quantidade das arvores que propõe-se á derribar. A circular do ministerio da marinha de 5 de fevereiro de 1858 prohibe cortar, sem licença, as perobas, secupiras, pequiás, jaguarés, cedros—batata ou angelim do Pará, perobas brancas, potumujús, itaubas do Pará, etc.; e si não falla de outras mais raras ou de maior apreço é que sem duvida outra lei já preveniria a sua devastação.

Custa á crêr, aos annos que dura a navegação á vapor da provincia, que ainda as companhias ou os armadores não tenham estabelecido depositos de carvão de pedra para o consumo, nem que se tenha tomado, até hoje,providencia alguma á tal respeito. Entretanto é questão de magno interesse, e que ha de ser resolvida, mas tardiamente. Tempo virá, e não longe, que os vapores, já não encontrando nas margens do rio madeiras de lei para queimar, recorram ás outras; e quando tudo estiver completamente devastado, tudo consumido, buscarão então outro recurso nos depositos de carvão de pedra.

Mais vale tarde do que nunca; faça-se agora o que a desidia e a ganancia não tem querido fazer; salve-se o que ainda resta dessa preciosa vegetação ribeirinha;—e os jacarandás, o pau-santo, os cedros, o vinhatico, o guatambú, etc., em vez de serem reduzidos á achas para alimentar caldeiras, descerão como cargas desses mesmos vapores para serem vendidos por preços decuplos ou serem utilisados em artefactos de subido valor. A navegação, do modo porque hoje é feita na provincia, prejudica mais do que favorece-a. Apenas dispondo de tres pequenos vapores, quasi sem accommodações, e dos quaes o *Coxipó* nem camarotes tem; e que, ainda na vasante dos rios, são substituidos por canôas que fazem o resto da viagem desde Santo Antonio á Cuyabá; é essa companhia, no emtanto, largamente subvencionada e ha longos annos; e, ainda, para poupar os gastos do combustivel esgota as fontes de riqueza da provincia. Si nos primeiros tempos, quando nas explorações, houve necessidade desse recurso; si nas primeiras viagens pôde-se desculpal-o, hoje não ha mais razão para que ainda se o procure, sendo franca, effectiva e privilegiada essa navegação.

Attenda-se para o que se destroe e se perde nesse vapor feito com contos de réis de preciosissimos lenhos. E' a abundancia que se desperdiça, é uma fonte de rendas que o Estado perde—e que Matto-Grosso não póde nem deve perder.

V

Quando escrevia essas linhas vinham-me ao conhecimento os brilhantes resultados obtidos pelo Imperio na Exposição Universal da Philadelphia.

Teve o Brasil razão de orgulhar-se do exito da exhibição dos seus productos nesse grande bazar internacional do *Fairmount Park*.

Occupou logar distincto entre as nações mais avantajadas em potencia de recursos naturaes, sinão pelo bom gosto e belleza dos seus variadissimos productos, ao menos pela utilidade, abundancia e valor delles. Ahi está á comproval-o o parecer dos juizes : em mil cento e quatro expositores brasileiros, quatrocentos e vinte e um obtiveram premios e diplomas de honra. Mais do que nenhuma outra, nacional ou estrangeira, essa exposição lhe foi favoravel; tambem em nenhuma outra teve elle a felicidade de reunir tantas condições de bom exito.

Teve razão de orgulhar-se. São essas creações da intelligencia e da actividade, da industria e do trabalho, que fazem a maior gloria de uma nação; porque são as fontes de sua grandeza e independencia, e o metro da sua influencia e supremacia.

São as exposições o melhor incentivo para a educação industrial ; são uma escola, na qual a humanidade em peso vae soffrer os exames do seu adiantamento, e onde si se premeia o invento e os descobrimentos—

creações do genio—tambem louva-se e acoroçôa-se a perseverança do artista, a habilidade e industria do obreiro que simplifica o trabalho e que melhora o producto,—todos benemeritos da humanidade.

———

E dahi vem a emulação e o estimulo. Cada qual corrige os erros ou os defeitos ; aprende os melhoramentos; concebe novas idéas, que vae executar em honra sua e da patria, em seu proveito e da humanidade toda.

As exposições não só instruem e corrigem, como crêam e inventam : melhor que tudo desenvolvem e aperfeiçoam a civilisação e o bem-estar dos povos, que se aproximam, estreitam-se e tendem-se á unificar-se nesses convivios da intelligencia, nessa permuta do genio e do esforço pessoal. Si estamos ainda na infancia, « porém já bastante viciados, » como judiciosamente o disse um dos nossos commissarios em Philadelphia; si precisamos educarmo-nos para os grandes commettimentos, esse grandioso certame do intellecto e da industria humana veiu mostrar ao mundo que não somos remissos á essa educação; que podemos recebel-a e fazer fructificar; e que, emfim, não somos hospedes no progresso—e podemos marchar com a civilisação.

Actividade; mais perseverança nos trabalhos; mais estudo, mais cuidado, mais confiança nas nossas forças: e o ganho será todo nosso.

———

Matto-Grosso não carece de homens intelligentes e laboriosos, nem é por essas causas que não se tem apresentado nesses combates de honra. E' de iniciativa que carece, é de emulação. Que diga-o o Sr. Miguel Angelo (a), si não está bem pago dos seus afans industriaes,—e si isso

———

(a) O Sr. Miguel Angelo de Oliveira Pinto, fazendeiro do rio abaixo. no Cuyabá. que expoz licores finos do succo de fructos da provincia.

não lhe vale muito dinheiro,—com o simples voto consciencioso de apreço dos juizes americanos, provectos avaliadores dos licores que expoz, e com a medalha de honra que obteve.

Vale dinheiro e muito, porque essa industria, assim distribuida, virá á ser procurada, graças á patente de superioridade que lhe conferiu tribunal tão conspicuo.

Os licores e as conservas dos fructos brasileiros foram dos especimens que mais chamaram a attenção dos americanos e europeus, pela sua variedade, gosto, paladar e excellente preparo, de modo que nada perderam em sabor e qualidade com o tempo e a longa travessia. São dous ramos de industria em que a provincia póde aventurar-se com certeza de bom exito.

Como já viu-se, não é só o util que chama a attenção da humanidade e merece animação e premio ; o agradavel tambem. E quando essas duas qualidades se reunem mais aprimorado fica o objecto, mais realce tem em seu valor. As rêdes de dormir de Goyaz, Pará, Maranhão e Ceará, foram admiradas por seu trabalho, algumas dellas entretecidas de vistosas plumagens das araras, tocanos, beija-flôres; do mesmo modo leques, ramalhetes e mosaicos de pennas, bordados feitos com os elytros de insectos brilhantes, que pareciam gemmas de subido valor, e prendiam mais a attenção do que os diamantes do Serro, as esmeraldas da Bahia e as saphyras de Goyaz e de Minas. Nesses artefactos primorosos ha apenas a industria delicada propria dos dedos de uma senhora.

Aqui, em varias localidades da provincia, não faltam productos eguaes, e principalmente rêdes de finissimo lavor : entre outras, as de Poconé occupam logar distincto ¿ Mas porque não figuraram como as das outras provincias no *Main-Building ?* porque não descem á serem vistas nas grandes capitaes ?

A fáuna de Matto-Grosso por si só basta para prover opulentamente todos os gabinetes do mundo.

Entretanto, ao passo que ali a zoologia está representada com magnificencia verdadeiramente soberana : collecções entomologicas superiores á tudo o que de melhor e de mais rico possue a Europa nesse genero ; mil diversos animaes preparados, desde o tigre e o tamanduá, a sucury e o jacaré, até a *tocandira* e a jequiranamboya; desde o tuyuyú e a avestruz até os formosissimos e mimosos beija-flôres; collecções de ninhos, de ovos, casulos de borboletas, e estas, em selecções esplendidas e incomparaveis ; e tudo isso mandado pelas outras provincias ; entretanto, Matto-Grosso nada apresentou—por falta de iniciativa.

Daquellas foram differentes amostras de madeiras, vegetaes medicinaes, oleos, resinas, gommas, extractos, etc., collecções preciosas á todos os respeitos e de um valor inestimavel; e de Matto-Grosso apenas a ipecacuanha e a baunilha, e esta pessimamente preparada.

Causou estupefacção, para não dizer compaixão, a presença deste producto matto-grossense no Fairmount-Park, pelo seu mau preparo, e, por conseguinte, depreciamento. A nossa baunilha não é procurada no commercio e pouco valor tem, emquanto paga-se na Europa á mil réis a fava • á cem e cento e vinte mil réis o kilogramma da chamada *mexicana,* em cuja classe estão as expostas por Pernambuco, Bahia, Paraná e Goyaz.

E entretanto, onde o custo e a difficuldade do preparo da baunilha ?

Mas, ao menos, valha á Matto-Grosso a sua boa intenção. Trabalhou para apresentar um producto, e si não fêl-o bom, á carencia de habilidade e industria, ao menos mostrou que o possuia, apto para converter-se n'um excellente producto quando convenientemente beneficiado o seu preparo ; e deu ensanchas para outros melhor o explorarem, no que não perderão tempo nem trabalho e lograrão faceis proventos.

Oxalá fizesse o mesmo com o seu excellente fumo, e o seu algodão, já que não o póde fazer com o café, ainda mal ensaiado na provincia.

———

E foram estes tres productos os que firmaram a maior gloria do Brasil no Main-Building, porque são a sua verdadeira riqueza e a base do, ainda hoje, solido e bem firmado credito de que goza na Europa, apezar das abstracções de alguns dos nossos financistas, cujo tino se revela por uma *singular virtude* dissolvente.

———

Não é o fim dessas festas da industria coroar somente os trabalhos raros do espirito, os inventos, os descobrimentos: animam tambem, acoroçoam e protegem a actividade e a perseverança em trabalhos que, parecendo materiaes, presuppôem o estudo. Ao lado das machinas intelligentes que substituem o braço do homem, dos livros de alta ensinança, dos inventos utilissimos, são premiadas as materias brutas de que se póde obter artefactos necessarios; os productos da phantasia que deleitam apenas os sentidos ; o util como o agradavel.

Cada producto tem uma sciencia ou uma arte de que é subsidiario, á que se liga e que o ennobrece. O curioso expositor das armas, utensis e objectos do *costume* dos indios, é um colleccionador que trabalha em bem da ethnographia e anthropologia; o colleccionador de borboletas e besouros, o entomologo, é um benemerito da historia natural ; o expositor de madeiras de construcção, de medicinas e mineraes, é um obreiro do progresso que trabalha pelo desenvolvimento do paiz, pelo bem da sociedade, descortinando aos olhos do mundo as riquezas que aquelle possue. Os objectos, os mais insignificantes na apparencia, podem ser de um immenso valor real.¿ Que cousa mais sem apreço, á primeira vista, do que a terra que pisamos ; e, entretanto, quanto não vale ella aos olhos do sabio industrial ? Aqui os calcareos com os seus immensos usos ; ali as argillas proprias para a ceramica, para construcções, para ornatos ; lá o precioso kaolin para a porcelana finissima : cousas que o descuidado despreza e o industrioso transforma em thesouros. Já não se as encare pelo seu valor proprio ; tome-se-as pelo que lhes é relativo : são terras de plantio ou estereis, maninhas, baldias e que aos olhos ignorantes nada valem e nada dizem, mas aos do industrial revelam-se verdadeiros cabedaes ; taes pedras são mais ferro que granito e indicam terminantemente a riqueza do seu minereo ; taes outras revelam a existencia do cobre, da prata, do enxofre, do arsenico ; estas areias, estes cascalhos são indices da presença do ouro e da platina, ou da formação das gemmas de valor.

Os olhos da intelligencia serão sempre os de Nicomaco, que respondeu ao ignorante que nada via de bello nos quadros de Apelles :— « *Pede á Deus os meus olhos e vê.* » Apresente-se collecção dessas variedades de terras e o ignaro rir-se-ha ; mas o industrial irá soffrego revistal-as, revolvêl-as, estudal-as, analysal-as para vêr onde com maior profusão, menor despeza e trabalho, colherá tal ou tal producto. E lá virá elle, e com elle a industria, e com a industria as fabricas, o trabalho, a população, o desenvolvimento social, a prosperidade, o progresso e o engrandecimento.

VI

Desgraçadamente, provincia tão opulenta de forças é a mais pobre de industria. Fóra della ninguem a conhece por um producto seu que a represente, que lhe seja peculiar, que della falle—pela abundancia no mercado ou pela raridade na especie,—á não ser a poaya, os couros de onça remettidos de mimo, ou algumas favas dessa baunilha, comquanto boa na qualidade, má no preparo. Nenhuma outra provincia, nem mesmo Goyaz, com a sua difficuldade de communicações, nem ainda a do Amazonas, provincia nova e de população egual á da velha Matto-Grosso, tem fugido de apresentar-se, deixando muito á desejar em seus productos, mas dando sempre o seu contingente ao commercio, e arrhas de seu labor á industria e á civilisação. Goyaz já é conhecida nos mercados do Atlantico por sua courama, artefactos de couro e lonca, seus excellentes fumos, suas rendas de linho, as rêdes de dormir e alguns bons productos medicinaes, sem fallar nos mineraes que exporta, como o seu crystal de rocha, o ouro, as pedras preciosas. Tudo isso appareceu em Philadelphia, e si ahi não deu uma soberba idéa de Goyaz e dos goyanos, sempre disse alguma cousa das forças do solo e da disposição dos habitantes para o trabalho. A Amazonas, apezar do Pará absorver-lhe e exportar como proprias as producções homogeneas della, tem como principaes ramos de exportação a borracha, o cacau, a salsa, a copahiba, o cravo, o tocary ou castanha, etc., e o peixe secco, o pirarucú, succedaneo do bacalhau, além das madeiras de preço que são innumeras. O progresso da sua industria é attestado pelo augmento de producção, pelo augmento de consumo e pelo rapido e importante accrescimo das rendas provinciaes.

Só Matto-Grosso conserva-se estacionario, si é que não retrograda.

Os grandes proprietarios não conhecem hoje outra fonte de riquezas sinão a criação do gado (a). Mas é que, ordinariamente, a razão está em que o unico labor do dono consiste em agenciar a fazenda por compra ou qualquer outro meio, e largal-a nos vastos campos de sua propriedade e terrenos vizinhos. Não sabem preparar pastagens, si estas faltam ; nem provêr-se de aguadas, si ellas escasseiam. Nunca idearam fazer açudes

---

(a) O primeiro gado foi introduzido em 1739 ; dez annos depois tinha-se propagado com o mesmo admiravel incremento que o das campinas do sul.—Pizarro. *Mem. Hist.*, t. 9.

ou depositos de agua, ás vezes de bem facil canalisação, para abeberar o gado nas estações do estio.

E o terreno presta-se maravilhosamente á isso. Em grande parte da provincia é plano e atravessado pelas corixas ou vasantes, longas depressões do solo formadas pela passagem das aguas, que nesta occasião transformam-as em verdadeiros rios, sendo que nas outras já são canaes meio trabalhados á espera somente do esforço do homem para completal-os.

Com a sêcca o gado affasta-se, entra pelos bosques em busca da sombra e do fresco, indo ahi lamber o terreno humedecido do relento das noites, ou a terra salitrosa e sempre humida dos *barreiros;* *alça-se* (a) pela sêde, principalmente, indo procurar onde possa matal-a, e ahi ficando por, além da humidade do solo, encontrarem o pacigo que ella entretem e que já falta nos terrenos crestados da sêcca ; e o resultado é a sua diminuição pela fuga, extravio e morte—tanto como pela difficuldade do reponteamento.

Todo o criador sabe que os animaes procream e augmentam em muito maior escala no estado domestico do que longe dos cuidados e vistas do homem ; aqui desconhece-se ou parece ignorar-se esse ensinamento da pratica.

Ha apenas dous annos via-se ainda no delta do Taquary uma fazenda, que pelas promessas que fazia prometfia vir á ser o modelo das da provincia. Seu dono, joven, activo e emprehendedor, intelligente e docil aos sãos conselhos da experiencia, empregava o melhor dos seus esforços em beneficial-a. Vastas sementeiras de alfafa estavam feitas do mesmo modo que campos immensos plantados com grammineas de pasto. Seus gados não tinham precisão de percorrer leguas para abeberarem : havia canaes e açudes, e, mais, que não eram requeridos pela necessidade e só

(a) Diz-se *alçado* o gado domestico que foge dos apriscos e torna-se selvagem.

por um excesso de previdencia. O joven e intelligente fazendeiro já enchia-se de legitimo orgulho, observando como o seu gado prosperava de modo extraordinario relativamente aos outros não cuidados. Attendendo á fazenda, attendia á si e aos seus. Sua vivenda não seria um · *rancho,* um galpão, um miseravel pardieiro como os de tantos outros mui superiores em meios da fortuna : ia sendo construida conforme suas posses actuaes, mas com gosto e confortabilidade, e seguindo o adiantamento da época. Hortas, pomares e jardins, delineavam-se em já prospero crescimento : para elles buscava sementes de tudo o que era de utilidade e ornamento, consciente de que augmentando-lhes a belleza mais encarecia o valor da vivenda. Em pouco tempo seria ella o orgulho do seu laborioso dono e o espelho das da provincia.

Mas á fatalidade pesou sobre ella, cortando com a faca do assassino a vida do trabalhador esforçado ; e a fazenda *da Palmeira* parece que morreu com o dono, tanto os vermes a estão roendo. Grande falta fará esse matto-grossense á sua terra ; esforçado e emprehendedor, honrado e honesto, seria um valoroso contribuinte para o desenvolvimento da sua patria e seguro garante da sua prosperidade (a).

———

Matto-Grosso já nem couro exporta ! Houve tempo em que cada um dava sete mil réis e mais ; a ambição desordenada da ganancia no *hoje* sem ponderar no *amanhã,* contribuiu muito para o despovoamento dos campos ja talados pelos paraguayos. Matavam-se vaccas pejadas só para utilisar-se-lhes o couro... e eram fazendeiros que assim praticavam !

Succedeu o que era de esperar, por quem entendesse, pouco que fosse de economia pratica : as fazendas depauperaram-se e em algumas o gado ficou completamente extincto.

———

(a) Joaquim José da Silva Gomes, conhecido pelo *Baronete,* filho do barão de Villa Maria. Foi assassinado á 22 de Junho de 1876, dous mezes depois da morte de seu pae.

Entretanto, a população ia em augmento, e em alguns logares extraordinariamente, como em Corumbá, que nestes tres ultimos annos quasi dobrou a de quatro mil almas, que em 1874 registrava !

Póde-se avaliar em quinze á dezesseis mil as rezes que se cortam annualmente para o consumo da provincia, fóra o que se mata para *xarque.* Só Corumbá e o Ladaiio, á quinze, média do córte diario, dão o computo de cinco mil quatrocentas e setenta e cinco por anno. No emtanto, não se aproveita da courama nem a decima parte !

O commercio do gado para o Rio de Janeiro, S. Paulo e Minas, é hoje feito por mui poucos fazendeiros, entre os quaes o Srs. Metello e Sant'Anna, este na estrada do Piquiry (riacho Vallinhas), talvez os mais importantes criadores da provincia. Não sei o quanto exportam, mas aventuro um calculo de cinco á seis mil rezes em cada periodo de dous annos, attentas ás forças relativas das suas propriedades.

———

O Estado tem um bom numero de fazendas e quasi todas nos terrenos melhores da provincia, adrede escolhidos nos tempos coloniaes, em que a vontade do governo ou seus delegados era sufficiente para a posse legitima. Assim possúe extensos e feracissimos campos de boas aguadas e magnificas florestas. Entre outras, as de Casalvasco e Salinas possuem os mais formosos prados que hei visto, notaveis pela extensão e planura, e como si foram nivelados á cordel.

Em tempos idos eram as fazendas do governo que, quasi, suppriam os mercados de meio Brasil, desde a Bahia e Pernambuco, Minas e o Rio, até S. Paulo. Hoje, abandonadas, os seus gados, na maior parte alçados, vivem perdidos pelas florestas, ou já estão absorvidos nas estancias que os bolivianos tém ultimamente creado junto á divisa, e cujos campos tém elles a boa lembrança de queimar, com cedo, para os attrahir com o novo pasto que brota e que tão grato é ao paladar dos ruminantes ; — ou mesmo nas da provincia, alapardados por fazendeiros da terra, os quaes toda a rez que encontram sem marca suppõe, com a maior singeleza, ser sua.

———

Que rendimentos immensos tem Matto-Grosso perdido desde o abandono dessas fazendas... e todavia quão breve poderia rehavêl-os !

A incuria nas fazendas nacionaes é ainda superior á dos particulares, que sem duvida naquellas bebem o exemplo.

E' ainda o systema da economia mal entendida, da economia empobrecedora. Não se semeia,—porque é perder o grão que póde ser comido já ; não se sustenta, não se alimenta o criado—allegando-se falta de forças para isso,—allegação eterna ! sem occorrer-lhes a colheita que o grão dará dahi a mezes, nem os dons immensos com que lhes pagará o beneficiado : sem occorrer-lhes que a despeza hoje feita, mesmo com sacrificio, para o o custeio das fazendas, será resarcida cem vezes, mil vezes mais, em breves annos ! Do campo semeiado que se abandona, não só se perde a colheita como a sementeira ; o mesmo acontece á tudo que é prea do descuido, imprevisão, indolencia, egoismo ou tibieza.

O gado para propagar e crescer requer tambem cuidados, pouco trabalhosos, mas consuetudinarios : o reponteamento, o rodeio e a marca affirmam a riqueza da fazenda e impedem o seu extravio.

O gado manso, como acima se expõe, multiplica-se mais depressa e facilmente do que o bravio, e muitas vezes a novilha de anno, como a Margarida do *Fausto*,

« quando come e bebe, á dous sustenta. »

———

Matto-Grosso está fadada á grandes destinos. E' immensa a sua opulencia, e suas riquezas principaes e enormes não estão escondidas, estão á vista de todos.

E' só trabalhar para colhêl-as e reduzil-as á dinheiro, á industria, á commercio, á progresso, á civilisação, á bem-estar, á grandeza. E' só actividade e esforço. Tome o governo a iniciativa, já que o genio peculiar á seus habitantes não lhes a permitte, e principie-se á colher, o mais breve possivel, essa gigantesca opulencia do porvir.

VII

Ha poucos mezes, Paris, a capital da civilisação hodierna, em uma nova exhibição universal, fez mais uma vez celebrar esse jubileu dos labores do entendimento humano.

Ali cada nação se apresentou trazendo novas provas de trabalho, provas de um adiantamento e progresso, e promessas de um melhor porvir. Aquellas que mais se distinguiram no Fairmount-Park buscaram exceder no *Trocadero* as glorias que ali obtiveram ; as outras esforçaram-se por ser melhor apreciadas.

E o Brasil não foi presente...—mau grado seu, e mau grado aos desejos daquelles de seus filhos que mais o estremecem, e mais labutam por seu renome e gloria.

Não foi nem soberba das corôas conquistadas, nem desgosto por não ter-se adiantado nas trilhas da industria...— faltaram-lhe, e apenas, forças para emprehender a viagem. Arreliado dos loucos esbanjamentos devidos á má gestão de seus negocios, entrava na quadra das economias forçadas ; a *inopia pecunia*impediu-o de concorrer áquella escola das nações, onde se ensina o trabalho, onde se inventa o progresso, onde se descobre os genios creadores, onde se ensina á curar dos povos, enriquecendo-lhes a seiva, e onde se aprende á ser grande, prospero, feliz. E o

Brasil, que tão invejado papel desempenhou no Fairmount-Park, tornou-se distincto pela sua ausencia no Trocadero. Paizes ha que, como elle, nas primeiras exposições universaes,—mais por descuido, acanhamento ou indifferença, do que por deficiencia de forças,—fizeram má figura. Mas si o descuido e indifferença em assumptos dessa ordem são um crime de lesa nacionalidade, o que não será a deserção desse congresso do trabalho, essa fuga dos certames da intelligencia? A nação, como o individuo, tem brios, pundonor e dignidade proprias á respeitar ; como o individuo deve envergonhar-se do papel triste que faz, ou do dezar que soffre.

Nós tinhamos o dever de mostrar que lucrámos com a exposição passada ; que corrigimos nossos erros ; aprendemos processos novos ; que temos, emfim, além dos recursos da intelligencia para produzir, aptidão e boa vontade para trabalhar. Não fazer isso, é provarmos desidia, mostrarmo-nos retrogrados, e aquem da civilisação que marcha. O que nos falta não é dinheiro, já o dizia ha muitos annos um nosso estadista (a), é juizo.

Mal avisados andam os que não semeiam na industria ; os que prohibem ou impedem o trabalho ao paiz—por ficar mais caro do que o que nos póde vir do estrangeiro, esquecidos de que foi trabalhando e perseverando no trabalho que lá chegaram á obtêl-o bom e barato. Si as exposições são a escola das nações, onde ellas aprendem á ser grandes, gaste-se para ser-se rico, semeie-se para colher-se abundancias. Em todos os paizes adiantados os pais de familia—pauperrimos—são obrigados sob penalidades, á despezas para educarem os filhos, isto é, para provêrem seu futuro e tornarem-os uteis á si, á familia, á patria e á humanidade.

Poupásse o Brasil os gastos sem utilidade, os esbanjamentos em *compadrices,*—e baste um exemplo—essas subvenções caríssimas á com-

---

(a) O visconde de Albuquerque.

panhias de navegação, que só visam o monopolio em prejuizo e pura perda de quem as sustenta, e lucraria, não só o que com ellas despende, como os proventos que a extincção do monopolio lhe traria.

Em vez de animação ao trabalho, despediram os trabalhadores ; coherencia que não abona a sciencia da vida e á economia social, mas que é filha do mesmo tino administrativo que fecha as escolas e supprime os direitos de cidadão ao analphabeto.

Si nem todo o homem necessita do trabalho para viver, nação nenhuma nasce rica que possa dispensal-o : sinão, dia virá que lhe neguem o que carece—por não ter quem o faça e não ter dinheiro, por não ter quem o ganhe—e faltar-lhe o credito para comprar, mesmo á juros de judeu.

———

Levou-me á essa diversão—a idéa do que é Matto-Grosso e o paiz todo, e o estado de penuria em que o Brasil está, —quando nas arcas do seu solo jazem occultas riquezas enormes. Moderno Hyparcho, cujo cerebro paralytico não atina com as chaves do cofre, ou cujos membros pestiados e corruptos não tém forças para o abrir !

Não matem o trabalho, a iniciativa, a industria,—que assassinam a patria !

CAPITULO IV

. Climatographia — Condições hypsometricas do solo. Differença entre o clima do planalto e o das comarcas baixas. Paludismo. Nosographia. Hygrometria e meteorologia. Estudos thermicos.

I

ALVEZ não seja com muito acerto que se capitule de malsão e inhospito o clima de Matto-Grosso. Composta de duas vastas regiões, o planalto e a baixada, são-lhe bem diversas as condições climatericas, pelo seu hypsometrismo, natureza e influencias do solo.

O ar sêcco, a temperatura — relativamente mais baixa do que a das baixas regiões, e por conseguinte mais agradavel, e as aguas das mais puras e sãs, constituem, já não salubre, mas saluberrimo o clima do planalto, onde as molestias endemicas são quasi que completamente desconhecidas e onde as epidemias poucas vezes assolam.

E, pois, si essa região abrange cerca de duas terças partes do territorio matto-grossense, não é pelo clima da restante, isto é, do das comarcas alagadiças, onde actua uma atmosphera densa, pesada e carregada de

22

principios miasmaticos, que se deve auferir o clima e salubridade,—
a constituição medica da provincia.

———

Mas esta noção existe e tem perdurado, porque as estradas de Matto-
Grosso são os seus rios, os *chémins qui marchent* de Pascal, e os viajantes
é só por elles que conhecem a provincia ; rios que tendo, em geral, mal
povoadas as margens, e portanto descurados seus leitos e bordas alagadiças
dos meios de saneamento que a população, a necessidade e a civilisação
requerem e impôem, são outros tantos fócos de quanta phlegmasia ha por
ahi de caracter palustre. Mas, ainda assim, tanto tém de reaes esses males
como de menos justa a apreciação.

———

Não são privativas nem peculiares aos pantanaes de Matto-Grosso
taes condições de salubridade. O que se dá com os seus rios de margens
alagadiças e com os terrenos sugeitos á inundação, deu-se e dá-se com
os do mundo todo—lá onde não se apresentou ainda o homem com o
quanto baste de actividade e industria, para modificar a acção deleteria
da natureza e transmudal-a de perniciosa e lethal em salubre e propicia
á vivenda do beneficiador.

Tambem pestilentes foram o Rhodano, o Sena, o Moza e o Rheno,
e os lamaçaes da França e Belgica para as hostes de Mario e de Julio
Cezar. O Nilo e o Euphrates, ainda ha bem pouco tempo, contavam os
annos pelo numero de epidemias desoladoras ; e, laboratorios da peste,
eram o berço do typho negro, como o Ganges o era do typho azul e o
Mississipi do typho amarello.

O que se dá com os valles alagados de Matto-Grosso, dá-se com os
do Amazonas e com os de quasi todos os grandes rios do Brasil ; dá-se em

avultado numero de correntes menores; dá-se, aqui bem perto, nos ribeirões
da nossa bahia; dava-se mesmo, não ha muitos annos, nesta côrte, quando
não pequena parte da sua área era occupada pelos mangues da cidade
nova e pelos almargeaes do Cateto e Botafogo. As febres miasmaticas, as
molestias dos orgãos glandulares e do tecido cellular, o lymphatismo
torpido eram-lhe enfermidades typicas.

II

E' o homem quem corrige a natureza nos seus effeitos e crêa o
modus vivendi para si. Dos paizes mais desfavorecidos do mundo nenhum
pede meças á Hollanda, vasto paul arrancado palmo á palmo ás lagunas
do mar do Norte; e, todavia, paiz nenhum se eleva mais alto nas condições de salubridade e bem-estar relativos, graças á industria, pertinacia
e esforço do povo bátavo.

Não tanto á natureza, como ao homem, seus habitos, meios em que
vive e de que vive, e, sobretudo, ás forças de que dispõe, cabe a culpa do
malaria das regiões eleicas. Ahi a exhuberante riqueza da hydroflora,
cobrindo largas zonas do rio, que ás vezes tem suas aguas completamente
occultas sob uma larga alfombra de verdura; as myriades de peixes e
de amphibios ahi vindos na enchente, presos e mortos na estagnação e
putrefazendo-se na sêcca; esse immenso prado aquatico, que tambem
morre e apodrece, são, com effeito, um fóco perenne de febres miasmaticas
e de intoxicações eleicas quando o nimio ardor do sol, no verão, as putrefaz, fermenta e evapora.

Nas emanações dos paúes não ha somente os miasmas gazeiformes da
materia organica em decomposição,—hydrogenos carbonado e sulfure-

tado, acido carbonico e acidos puramente vegetaes, como o tanico, o acetico, etc.; ha miasmas organisados em suspensão, quer detritos solidos, quer microzymas e microphytos, cheios de vida e que volteiam na atmosphera, corrompendo a pureza do ar respiravel. A avultada quantidade dos peixes e reptis que morrem, vae ainda sobrecarregal-o consideravelmente de um outro principio não menos fatal, o hydrogeno phosphorctado.

O solo desses pantanos é em grande parte argilloso e impermeiavel até certo ponto, como no valle do Guaporé e Mamoré. Mas o calcareo é a rocha predominante n'outras regiões não menos vastas da provincia, e todo o sertão alagadiço de oéste é constituido por esse terreno que, essencialmente poroso e permeiavel, favorece o escoamento das aguas. Dahi o alagamento constante da região chamada dos *Pantanaes*, e as inundações periodicas do solo das *corixas*.

E' na evaporação rapida e facil aos ardores de um sol violento; é na irradiação nocturna do terreno, quando se lhe começa o resfriamento; é, pois, na condensação dos vapores da atmosphera que se deve procurar a causa efficiente da insalubridade do clima. Nos nossos acampamentos demorados, e onde o solo das barracas ficava, ao cabo de dias, completamente sêcco, as hervas e pequenos arbustos que germinavam debaixo dos leitos, ou, ainda, os amarellados pela estiolamento, que brotavam em baixo de qualquer caixa ou objecto semelhante, voltado de boca para o chão e que assim os isolava completamente do ar externo,—amanheciam litteralmente cobertos de orvalho, isto quando a atmosphera parecia sêcca e a tolda do abarracamento apenas de leve humedecida.

———

Mas si é immenso esse estuario dos pantanos, immenso correctivo tem elle nessa mesma amplidão, onde a luz fulgura sem rival; onde, si o sol putrefaz facilmente, facilmente sécca e tórra; onde as grandes catadupas do céo lavam periodicamente e levam os productos morbificos de cada anno ; e onde os grandes rios que o atravessam são outros tantos canaes de ventilação á modificarem beneficamente com a corrente das brisas o ar viciado da atmosphera.

III

Com certeza o homem não pódo existir válido nessas regiões, emquanto não as adapta ás necessidades e conveniencias do seu *habitat*. Mas esse *desideratum* não póde *elle* obter *isolado*, ou apenas em grupos apartados por longas distancias. E' mister que venha rico de braços e de esforço para combater com proveito os ataques da natureza. A florescente Villa-Bella, capital dos capitães-generaes, si é hojé a moribunda cidade de Matto-Grosso, si definha e morre sob o stygma de pestifera, é porque jámais empregou no melhoramento do seu solo os esforços que gastava em revolvêl-o, na busca do ouro. Escarvando o terreno, abria leitos á novos charcos... entretanto, não soube nunca domar as enchentes do rio, aterrar os alagadiços, nem ao menos escumar-lhes as aguas das materias putresciveis.

E' a razão da triste fama de que goza, ainda acrescida, dia á dia, com o *modus vivendi*, a má alimentação e os abusos de muitá especie que seus habitantes commettem ; entre outros, a frequencia dos banhos ao rigor do sol, em aguas ás vezes encharcadas e quentes, e sob quaesquer condições physiologicas em que estejam os banhistas, após as refeições, ou suarentos e cansados. Taes abusos tém sido notados por todos os homens sensatos que hão percorrido a provincia, e já em 1797, pelo douto naturalista o Dr. Alexandre Rodrigues Ferreira, no seu ligeiro esboço das *Enfermidades endemicas da capitania de Matto-Grosso,* autoridade que me apraz de consignar, não só pela sua sabedoria e justeza de observação, como por ter sido o primeiro, sinão o unico que sobre tal materia escreveu.

Fôra absurdo atribuir ao clima enfermidades que o homem provoca, e que se manifestarão onde quer que leve a existencia em completo desequilibrio com os meios em que vive.

———

A observação aturada sobre estas regiões e seus habitantes, e as condições em que se relacionam, fez-me crente de que nellas o *malaria* nem por isso é tão infeccionante como fôra de receiar. Os poucos moradores que vivem nos albardões, de longe em longe, ás margens dos rios, apresentam na maior parte vestigios, sinão claros indicios, do vicio palustre. E, comtudo, as terçans quasi que só se manifestam em caracter sporadico, e isso mesmo sob a iufluencia de fortes determinantes e de uma natureza especial. Entretanto, de ordinario, estas são taes que facilmente poderiam ser evitadas : assim os abusos de que acima se tratou.

Si, mesmo nos povoados, os meios de subsistencia são precarios, muito mais os destes moradores que da caça e da pesca tiram a sua exclusiva alimentação, modificada, apenas, pelo arroz silvestre que os pantanaes expontanea e abundantemente produzem, algumas vezes pela farinha, o milho e o feijão, mas nem sempre o sal. E ainda a próvida natureza não lhes é madrasta na uberdade de seus fructos silvestres, principalmente no verão, em que as selvas são ricas em varias especies.

Quası que o dia inteiro passa essa gente sobre as aguas, pescando, mais por habito do que por necessidade, expostos aos raios do sol, cujos ardores buscam mitigar atirando-se frequentemente ao rio, e expostos ás emanações mais ou menos nocivas dos detritos aquaticos, comburidos ao nimio calor do sol.

sim a pouca intensidade dos seus effeitos.

———

Ex-vi da modificação soffrida no ar que respiram, são os recem-chegados os que pagam maior tributo ás intermittentes.

Nós, todavia, atravessámos essas comarcas duzias de vezes, demo-rando-nos nellas semanas e mezes. Mas nossa alimentação regular e sadia, o exercicio constante, de preferencia bebendo agua dos regatos e cacimbas ás dos grandes rios e charcos, o uso do café e licores espirituosos, e os banhos sómente ás horas mortas do dia, principalmente ao alvorecer, parece que, foram meios razoaveis para corrigir em nosso favor a in-fluencia eleica e isentar-nos do envenenamento miasmatico. Si, quando o serviço o exigia, saltava-se n'agua, e, sob os raios de um sol de fogo, demorava-se seis, oito e mais horas, como, por exemplo, desencalhando as lanchas á vapor nos baixos da *Mandioré,* e nos do Guaporé a canôa em que descemos para transpôr a região encachoeirada do Madeira, onde ainda grande parte do serviço da tripulação era feito dentro d'agua para salvar a embarcação dos maus passos; si sobrevinha algum insulto febril, algum accidente que revelasse o elemento palustre : uma pequenina dóse de quinina, uma chicara de café ou um gole de aguardente, foram sem-pre meios sufficientes para debellal-o.

. E não era pequena a comitiva : descendo o Guaporé vinhamos umas trinta pessoas ; e nas marchas nos sertões limitrophes com a Bolivia, não menos de duzentas nos acompanhavam, entre soldados, pessoal do forneci-mento, capatazes, peões e mulheres que os seguiam.

———

Nessas regiões os moradores, além de fraca e pessima nutrição, não a tém regularisada. Faltando-lhes frequentemente o sal, alguns preferem mesmo uma indigestão ao desgosto de deitarem fóra o excedente da caça ou pesca; e, assim, comem quanto tém e quando tém, ás vezes desmarcadamente.

Nas suas repetidas abluções não attendem si o sol está á pino, nem si tém o corpo super-excitado pelo trabalho da digestão. Scientes de que os licores espirituosos combatem até certo ponto essas influencias maleficas do clima, buscam-os ; mas não usam, abusam : depauperando, cada vez mais, com taes excessos, o já debilitado organismo, e colhendo em vez de proveitos prejuizos maiores.

IV

E' no percurso destas vastas regiões cobertas da mais pujante vegetação, e—onde o homem é um *rarus nans* nesse immenso oceano de verdura, que se póde apreciar o engano dos que pretendem o saneamento das cidades apenas com o plantio das arvores ;—não por algo que de falso haja no principio, mas pelo mesquinho do resultado, o qual, tanto ahi será de peso e conveniencias, quanto aqui o que o selvicola trará ao dilatadissimo espaço em que, quasi que, só o reino vegetal influe nos principios constituintes da atmosphera.

Nota-se sempre forte e vigoroso o homem das florestas ; tão possante como os troncos que o cercam. Entretanto elle e os poucos animaes que ahi vivem são um consumidor mui fraco de oxygeno nessas dezenas ou centenas de leguas quadradas,em que a vegetação, em escala enorme, está continuamente á decompor a atmosphera, absorvendo os outros componentes do ar respiravel e sobrecarregando-o daquelle gaz.

Para que o plantio das arvores seja de necessidade á purificação do ambiente de um povoado, para que dez, cem, mil, um milhão de arvores,

mesmo, obrem beneficamente no elemento respiratorio, forçoso fôra que o
homem não encontrasse nas florestas esse ar respiravel; fôra preciso que
se observasse a asphyxia como resultado desse affastamento da sociedade,
e que por sua vez soffressem de plethora carbonica essas cidades intertropicaes, onde a vegetação luxuriosa e esplendida cérca o homem desde
o tecto das casas até os subterraneos ; onde os microphytos pullulam de
um dia para o outro—nas roupas que veste, nos sapatos que calça, nos
alimentos que guarda, nos livros que lê;—onde as gramineas são taqua-
ras, os fétos palmeiras, as nymphéas *victorias regias*, e onde o parasitismo
vegetal, que nas altas latitudes é rasteiro ou microscopico, ahi attinge
as dimensões collossaes do *baobab* nas gamelleiras e nos *cipós matadores.*

———

Mas é que a alma natureza no seu immenso laboratorio prepara o
fluido vital e providencía de modo que é elle sempre o mesmo eterno com-
posto de vinte e uma partes de oxygeno, setenta e nove de azoto e um
quantum inapreciavel do gaz acido carbonico, tanto nas mais altas
regiões do globo, no Hercules da Nova Guiné, no Everest, em Antisana,
em Quito, como nos mais profundos valles, ou nos baixos planos, quaes os
daqui e os da Hollanda ; lá onde quer que seja livre a acção de seus
agentes, differençando-se apenas o fluido respiravel por uma pequena modificação na densidade. O ar viciado é uma excepção de regra, que o
homem sabe e póde obviar, não com o plantio de arvores, mas com a
remoção dos obstaculos á benefica acção da natureza, a *alma parens* do
universo. A hygiene lhe ensina os meios ; a physica, a chimica, a mecha-
nica e a geologia lhe dão o soccorro.

Si assim não fosse, a respiração animal nos grandes nucleos da
Europa e Asia não se compensaria á custo das florestas do Novo Mundo.
¿ Que seria dos povoados dos paizes gélidos, onde, apezar de mais oxygenada

a atmosphera, o gasto do combustor do sangue não está em relação com a producção do calorico necessario á sua existencia; onde o desprendimento do fluido carbonico é enorme, devido á essa combustão e á presença dos fogões em plena actividade para tornarem supportavel a temperatura ambiente; onde a ausencia das aguas, grande fixador desse gaz, e a das mattas, enorme consumidor do carbono necessario á seu desenvolvimento e producção, tornam tão grande o consumo de um como a formação do outro gaz; que seria dos habitantes dos paizes quentes, onde a atmosphera perde tanto do oxygeno quanto mais se eleva na temperatura (a); que seria, pois, de ambos, com esse ambiente assim transmudado, si somente da natureza esperassem—no movimento dos ares, nos ventos, nos mares, na propria rotação da terra, a prompta modificação do fluido respiravel, equilibrando os gastos aqui com os productos dali?

Seria a anoxemia e plethora carbonica a morte de uns,—como os outros succumbiriam á polyoxemia, o excesso de vida.

Entretanto, si o homem é cosmopolita, não o são os vegetaes. Succumbem ao excesso de frio como ao calor extremo relativamente ao seu *habitat*. Para elles a existencia depende das condicões thermicas do solo; a geographia botanica delimita-os por zonas, na certeza que adquiriu de que os vegetaes das latitudes baixas não podem viver nas altas, e vice-versa. Por isso é que as altas montanhas resumem gradativamente em si os climas de muitas latitudes; nos Andes, por exemplo, observa-se desde a vegetação de seiva esplendida da zona equatorial até as *alpinias,* congeneres da debil e anemica *flor da neve* das circumvisinhanças do polo.

As plantas que vicejam ao sopé das montanhas, já são raras á dous kilometros de altitude e desconhecidas á tres e vice-versa. A natureza pareceu incoherente na phytogénese dotando as arvores das regiões ardentes de robustos troncos amparados de espessas capas ou cascas, no

---

(a) Quatro á cinco milligrammas em cada cinco graus centigrados.

entanto que deixou a pobre e rachitica vegetação circumpolar debil, mesquinha e n'uma nudez extrema. Embalde o homem ahi vive á absorver oxygeno e expellir o carbono ; a vegetação não medra : — ¿ porque não providenciaria a natureza de modo que nas altas latitudes, como nas grandes alturas, o viço e a seiva, o hydrogeno, o carbono e o azoto fossem distribuidos na mesma proporção que no equador, isto é, n'uma razão maior ?

———

Fim mui justo e louvavel tem o plantio de arvores nas cidades e notavelmente nos povoados intertropicaes, onde a vegetação os cinge, abraça e corôa; é, tão somente, o de contribuirem, assaz, para a belleza e ornamentação, e servirem de resguardo ao raios fulminadores do sol.

E é por isso, e só por isso, que sou e serei sempre incansavel propugnador da idéa e fervoroso adepto da arborisação dos povoados.

V

Nas mattas dos terrenos humidos, mais do que nos campos e corixas, é insalubre o ar que se respira. Facilmente isso se explica pelo abafamento e pouca exposição das substancias putresciveis á acção immediata do sol.

Sob a floresta estão como n'um immenso caixão, onde, si o sol não devassa a espessura, nem por isso o calor é menor.

Ahi a decomposição tem processos mais lentos, mas tambem a putrefacção é mais duradoura. As aguas que cobrem o solo são uma verdadeira lexivia, tanto mais terrivel na infecção e seus effeitos toxicos quanto mais abafada. O menor movimento nellas faz desprender ondas de gazes morbificos, provindos de tal macerado.

Nas celebres *mattas da poaya*, ás margens do Jaurú, Cabaçal, Sipo-tuba e outras cabeceiras do Paraguay, raro se demoram os arrancadores da herva por adoecerem logo. E, comtudo, não são essas florestas comple-tamente alagadiças.

A poaya.

Os efluvios do solo, combinados com os que emanam da raiz emetica, produzem, naquelles que se entregam pela primeira vez á tal labor, incommodos de estomago semelhantes á esse pequeno envenenamento trazido pela embriaguez do tabaco; um nevrosismo especial, com desordens mais ou menos fortes, e cujos prodomos são tonturas, cephalalgias, anore-xias, vomiturações, dyspepsia e, tambem, accessos periodicos de febre e outros incommodos, cujos symptomas, partilhando dos do ergotismo e do envenenamento saturnino, assaz claramente revelam as devastações de uma entoxicação pela emetina, que denominei *emetismo* ou mal *cephelico* n'um pequeno estudo que fiz sobre a molestia, e do qual dei conta á Academia Imperial de Medicina.

Desnecessario é dizer-se que nem sempre taes symptomas se aggravam, antes de ordinario, acalmam-se e o individuo como que se habitua ás novas condições de vida; assemelhando-se nisso, ainda, ao fumista que, somente ao começar o vicio, soffre dos symptomas do envenenamento nicocianico. Não é que o organismo se affaça ao novo genero de trabalho, e pouco á pouco vá vencendo as influencias maleficas do meio em que vive; reage até certo ponto contra o inimigo que o combate, e, ordinariamente, o vigor da constituição basta para supportar aquelles incommodos.

Outras vezes, os affectados resistem, mas, guardando no organismo germens de lesões que mais tarde apparecerão; o que, de ordinario, succede aos que reincidem no trabalho. Expostos á continua influencia dessas emanações deleterias, lá vão estas bater em brecha outros orgãos que já não o estomago, e tambem essenciaes á vida, e o resultado é o empobrecimento do sangue e as perturbações do systema nervoso, tendo como consequencia desordens fataes para o organismo.

Das phlegmasias eleiopathicas ou de typo palustre, podem considerar-se como predominantes nas baixas e alagadiças regiões da provincia as molestias das visceras abdominaes e vasos lymphaticos, que soem apparecer em qualquer estação; as do apparelho respiratorio e as affecções rheumaticas, mais communs no verão.

Destas são causas mui frequentes as mudanças bruscas de temperatura, em que á um calor de 30°—34° succede repentinamente uma baixa ás vezes maior de 20°; e então as bronchites, broncho-pneumonias, pneumonias e pleurisias são tanto mais perigosas quanto mais brusca a friagem, que encontra quasi sempre desprevenidos e desabrigados os individuos. Naquellas é o miasma do pantano que, absorvido e levado na circulação, vae damnificar os apparelhos eliminadores do organismo.

Não são tão frequentes as tuberculoses que se deva autoal-as no processo das enfermidades que infestam o paiz ; e isso já é mui ponderosa consideração para a climatologia de Matto-Grosso.

As hepatites, as congestões hepaticas, as nephrites, splenites, cystites e enterites ; as diarrhéas, dysenterias e lienterias ; as angioleucites e a syphilis nas suas varias manifestações, são as molestias, que mais se apresentam ao estudo clinico em qualquer época do anno.

O lymphatismo, quer nas manifestações ganglionares e do tecido cellular, quer nas dermatoses e exsudações mucosas, mostra-se de ordinario n'um typo asthenico e deprimente. A causa facilmente se percebe.

Nas mulheres ha ainda a hysteria, a chloro-anemia, e os fluores brancos ; havendo mais nevrorismo nas diatheses lymphaticas do sexo, as quaes, por excepção, vão prender-se á fórma erethica. Até nas mais agrestes e de vida mais tormentada de trabalho, nas quaes os nervos nenhuma razão tinham de superexcitarem-se, vê-se frequentemente o hysterismo.

Felizmente, a providencia derramou, abundante, o ferro neste solo, o que de alguma maneira contribue para atenuar a discrasia do sangue e obstar-lhe um maior depauperamento na hemo-globina.

As febres biliosas, ora essenciaes, ora degeneração das intermittentes, tém de commum com estas as mesmas causas : os calores excessivos, o excesso da secreção biliar e a chronicidade de certas enfermidades, quaes as hepatites, etc.

E' notavel que, emquanto a transpiração cutanea e a exhalação pulmonar se exageram por effeito da temperatura, e que por isso as bebidas aquosas, e especialmente o *guaraná* nas classes abastadas, são ingeridas amiudadamente, os outros orgãos secretores não ficam em descanso. A bile manifesta seu excesso, derrame e absorpção em qualquer phlegmasia, mormente nas abdominaes.

E' tambem notavel o ptyalismo, mui geral nos habitantes destas regiões ; hyperdiacrise proveniente de bronchorrheas antigas, assaz frequentes, ou, apenas, o resultado de um mau habito adquirido e que obriga as glandulas salivares á um excesso de exercicio ; vicio nunca assaz estigmatisado, por ter tanto de desnecessario como de repugnante.

Muitas vezes as phlegmasias palustres revestem fórmas graves e passam para o typo maligno em typhoideas ou febres putridas.

Vém ápello citar aqui, ainda mais uma vez, o notavel naturalista bahiano. Sua memoria, *Enfermidades endemicas da capitania de Matto-Grosso*, escripta pelo correr da ultima decada do seculo passado, comquanto não esteja na altura de sua illustração e sciencia, o que muito se atenúa com o saber-se que seu autor não se dedicava ao exercicio clinico, todavia sempre traz alguma luz sobre a constituição medica do paiz. Nesse pequeno e imperfeito trabalho apparecem duas idéas que, todos, suppunhamos desconhecidas naquelles tempos : o *vomito preto* e a thermoscopia no estudo das febres (a). Qualquer que fosse a idéa que o Dr. Alexandre ligasse á primeira, seja como molestia essencial, seja como symptoma, elle cita-a por aquelle nome entre as enfermidades das capitanias de S. José do Rio Negro e de Matto-Grosso. Em honra do sabio brasileiro transcrevo aqui suas proprias palavras : « —*Causas de molestia*. O ar pela sua parte, com os effeitos do seu calor, causa diversas enfermidades. A porção mais espirituosa do sangue todos os dias se dissipa, sahe pela transpiração, pelo suor e pela ourina ; o que fica no corpo é um sangue

---

(a) Comquanto possa-se levar até Boerhaave a idéa da thermoscopia medica (*Aphorismi de cognoscendi et curandis morbis*, etc., 1720), todavia foi Currie que primeiro a applicou ao exame das febres (*Medical reports on the effects of water cold and warm as a remedy in febrile deseares*, etc., 1801) ; e, em 1837, Bouillaud quem a introduziu nas salas de clinica.

sêcco, terreo e espesso, donde procedem as melencolias, as lepras, os vomitos pretos, as cameras de sangue, as febres ardentes, etc. » E mais adiante parece associar o vomito preto á febre que designa com o nome de *ardente* e que descreve pelo modo seguinte: « —Distingue-se da *podre* pela maior gravidade de symptomas, pela grande parte que nella tem a biles, donde vem que dá-se-lhe o nome de *podre-biliosa ;* pela concentração do calor que é mais interno que externo ; pela menor duração, pois a *ardente* raras vezes se estende além do setimo ou decimo-quarto dia. Suas causas são : as paixões vehementes, os trabalhos excessivos, o abuso de alimentos picantes como a carne, peixes adubados com demasiada pimenta, vinho e licores espirituosos ; a estação, logar, idade e temperamento. » Por symptomas dá-lhe : « a exacerbação precedida de maiores ou menores frios ; violenta cephalalgia, insomnia, delirio, e algumas vezes ancias, cardialgias e convulsões ; o pulso de duro que é e frequente passa á fraco e irregular ; sêde implacavel e rebelde á todos os refrigerantes, com um extraordinario calor interno e amargores de boca. Labios e lingua sêccos e negros ; vomitos de uma bile ferruginosa, e em alguns tão acre e urente, que lhes estimula o esophago e desbota os dentes ; ourinas incendidas, e tanto ella como as dejecções, ás vezes, biliosas como a dos ictericos. » Tira bom prognostico das crises do vomito e curso do ventre, que apparece do quarto ao setimo dia ; sendo que o curso é quasi sempre mortal quando no começo da molestia, do mesmo modo que o suor da face, as hemorrhagias, o soluço, o escarro de sangue, as ancias do coração, as ourinas pretas e sanguinolentas. A morte tem lugar mais frequentemente nos velhos do que nos moços, o que succede de ordinario no terceiro, quarto e setimo dias (a) da molestia.

(a) Ao tratar dos meios therapeuticos, diz : « Os empyricos atribuem uma particular virtude á uma cabaça que se tira do ventriculo do lagarto Senemby, e o administram em pó, agua de cidra, ou cosimento de carapiá, na dóse de meia até uma oitava. »

E sobre a thermoscopia, tratando do diagnostico das febres: «—Pelo que muito importa aprender á distinguir uma das outras febres, examinando o que ellas são, os signaes que dão de si, os effeitos que produzem, e combinar estas com as outras observações e experiencias, adequadas ao *logar* onde se está; ao *tempo* e *genio endemico* ou *epidemico* reinante, etc. Pela velocidade do pulso conferido com a respiração, calor e as ourinas, se reconhece que o enfermo tem febre. Um meio infallivel de conhecêl-a *é o da applicação do thermometro ao corpo humano, deixando-o nelle por pouco mais de um quarto de hora.* O que é certo, e constantemente observado é que o pulso nas febres sempre excede de setenta e cinco pulsações por minuto, quando o thermometro de Fahrenheit e o calor passam de 80°, necessarios para a putrefacção.» Por uma *chamada* após a palavra *nelle*, cita em seu apoio um *tratado de las calenturas*, cujo autor cala.

————

Das molestias exanthematicas o sarampão e a roseola foram as unicas que por muito tempo conheceu a provincia, aquelle grassando ás vezes com gravidade. Segundo o Dr. Alexandre, apparecêra pela vez primeira em Villa-Bella em setembro de 1789 e com tal intensidade que matára 201 pessoas, das quaes 154 homens e 47 mulheres, n'uma população de 2733 almas, que tanta era a da villa. A de toda a capitania orçava-se, então, em 6465 (a).

No anno seguinte reapparceu, e a mortalidade foi de 169 pessoas, das quaes 56 mulheres.

A terceira epidemia foi em 1813; varias outras se seguiram, sendo mais intensas as de 1818, 1822, 1834, 1837 e 1842, de que os velhos

———

(a) O que consta dos assentamentos nos livros da matriz. Alex. Rod. Ferreira. *Ob. cit.*

guardam bem crueis lembranças, mas para cujo historico e estatistica nosologica faltaram a sciencia e o zelo do Humboldt brasileiro.

Outras epidemias tém se seguido, mas menores na intensidade. Foram introduzidas das missões hespanholas, e o que é notavel é que seu nome portuguez parece derivado do idioma quichua qualampa.

A variola foi desconhecida ou pelo menos nunca se propagou na provincia até o anno de 1867. Por vezes chegaram á Cuyabá variolosos que ahi se curaram sem contagiarem o mal; mas, naquelle anno, desenvolvendo-se essa enfermidade em Corumbá, de prompto estendeu-se á Cuyabá e aos outros povoados, excepção feita, dizem, de S. Luiz de Cáceres, onde se estabelecêra um rigoroso cordão sanitario (a). Áquelles pontos levaram-a os que aterrorisados fugiam aos grandes fócos de infecção, que por toda a parte se desenvolviam ceifando victimas, não só nas grandes povoações, mas ainda nos sitios isolados e entre os indios mansos á beira rios, índo a infecção ferir, mesmo nos mais longinquos sertões, aos selvagens que vivem longe de todo o contacto com os civilisados.

Um facto notavel, e que deve chamar a attenção dos hygienistas, é a propagação dessas enfermidades á varias especies de irracionaes, muitos delles, como os autochthones, bem affastados dos povoados. Já desde o sarampão de 1789, que viu-se matar, com a mesma intensidade que ao homem, aves e quadrupedes de criação domestica, domesmo modo que nos campos e florestas via-se o açoite da epidemia nos cadaveres de grande copia de veados, antas, onças, jacarés, tuyuyús e garças. O mesmo facto extraordinario deu-se com a variola de 1867.

(a) O Sr. Ferreira Murtinho.—*Noticia sobre a provincia de Matto-Grosso.*

Quasi todos os viajantes de Matto-Grosso fallam n'uma *entero-proctite* ahi costumeira, notavel por uma discrasia geral, falta de plasticidade do sangue e relaxamento extraordinario do sphincter anal e tecidos adjacentes. E' conhecida pelo nome de *maculo* ou *corrupção*, e segundo o Sr. Murtinho, que a cita na sua obra, tem o nome de *el bicho* nas republicas platinas, sendo tambem conhecida na Dinamarca.

A primeira denominação é contracção de uma phrase hespanhola e a outra, *el bicho*, parece não ser estranha ao nosso povo, visto que a *acataya*, vegetal muito empregado nessa affecção e nas hemorrhoidarias, é vulgarmente chamada *herva do bicho*.

Não tive occasião de vêr caso algum dessa enfermidade, que Castelnau descreveu e aquelle escriptor repetiu ao perfilhar as descripções do viajante francez.

Dellas são principaes symptomas, segundo informações que tive: congestões venosas e ás vezes transudações sanguineas na mucosa rectal, diarrhéa, dôr gravativa na região cervical, febre, anorexia, somnolencia, tendencia syncopal, constricções para o thorax e epigastro, dilatação pathognomonica do sphincter, insensibilidade, cyanose e prostração do pulso—si a terminação deve ser fatal. A dilatação é ás vezes de oito á dez centimetros de diametro; as evacuações alvinas excessivas. Raras vezes é molestia essencial; apparecendo quasi sempre como consequencia das febres intermittentes rebeldes ou de mau caracter, o que já notára o Dr. Alexandre.

A therapeutica é toda baseada nos excitantes, tonicos, adstringentes e anti-septicos; internamente, preparados de genciana, poaya, quina, angico, barbatimão, etc.; externamente, clysteres de poaya, jaborandy, angico, quina, agua com limão e pimentas, infusões de *acataya* ou herva

do bicho, **aguas** de Labarraque, camphorada, phenicada ou creoso-
tada, suppositorios de limão despido do entrecasco, e envolto em polvora
e pimenta, calomelanos, chloral, rapé, etc. *Cuias* são as vasilhas de que
se servem para os clysteres, ahi, verdadeiras embrocações. Os suppositorios são de algodão ou fios quaesquer, enrolados na mão ou n'um supporte, e embebidos naquella mistura (a).

O Dr. Alexandre preconisa os clysteres de *herva do bicho* com tres
á quatro limões gallegos, oito á dez pimentas comarís ou malaguetas,
uma colher de assucar mascavado ou de rapadura e uma pitada de sal.

———

Ataca o maculo de preferencia os negros e indios, especialmente os
negligentes nos cuidados do asseio. Nas outras terras do Brasil só foi
conhecida, nos tempos do trafico, nos negros recem-vindos de além oceano.

———

Uma outra enfermidade, esta peculiar ao planalto, e que o viajor
oriundo das provincias maritimas observa com sorpresa, é a frequencia do

———

(a) Eram conhecidos pelo nome de sacatrapos, e sobre isso conta-se na provincia
uma anecdota referida á um dos capitães-generaes, que estando enfermo de *maleitas*,
e temendo-se da *corrupção* e sabendo que o unico remedio era o famoso supposi-
torio, declarou terminantemente que se oppunha á sua applicação ; e que, si,
estando desacordado, alguem o puzesse em pratica e elle escapasse, mandal-o-hia
enforcar. E todos sabem como esses despotas se desempenhavam nesses pontos de
honra. Declarada a temida enfermidade, sendo já completa a insensibilidade e
prostração, passou-se á cuidar, já, nos termos de substituir o governo, bem como
nos preparos de funeraes para o governador ; o que sabendo um homem do povo, e
doendo-se de vêl-o morrer assim, quando tão facil era o remedio, decidiu-se a
cural-o sciente da resolução do general e disposto á sacrificar-se. Applicou o remedio tão temido ; e, obtida a cura, o capitão-general fêl-o chamar e perguntou-lhe si
ignorava a sua determinação, e o porque a transgredira ; respondendo-lhe com
uma fleugma spartana : — Por uma razão muito simples ; sou um pobre diabo que
á ninguem faz falta, e o que seria da capitania si V. Ex. faltasse ? Admirado o general de tal grandeza de animo, perdoou-lhe a desobediencia e gratificou-o genero-
samente.

bocio, commum á todo esse immenso araxá do Brasil, que abrange desde o Tocantins, toda Goyaz, Minas até a serra da Mantiqueira, S. Paulo e Paraná até a serra do Mar, e que vae ainda além das escarpas occidentaes das cordilheiras do Anhambahy e Maracajú, nos plainos argillo-calcareos da republica paraguaya.

O planalto.

Em seus começos é curavel com o tratamento iodado. Logrei debellar completamente alguns casos com a dóse quasi hahnemaniana de cinco gottas de tintura de iodo para quinhentas grammas de agua, em uso de duas colheradas diarias.

Foi o primeiro doente uma menina de treze annos, que pedia-me para livral-a de tão feia enfermidade, ja bem apparente. Em Assumpção, no Paraguay, tinha tratado de varios casos, sem obter resultados reaes; aqui, para não desanimar a joven enferma, prescrevi-lhe aquella poção, e naquella dóse, como um méro pallativo que, todavia, mal nenhum lhe poderia trazer. Contra toda a espectativa o mal foi diminuindo á ponto de considerar-se extincto, e isso em poucos mezes. Outros ensaios foram tentados; mas, si obteve-se bons resultados nos casos incipientes, nos inveterados não se perceberam melhoras.

Para os primeiros aproveita sempre a mudança de clima ou mesmo de região. Coincidindo a presença do mal com a natureza calcarea do solo, é opinião geral que sua causa esteja nas aguas, ahi mais saturadas dos saes de calcio. Para os grandes bocios e inveterados, nem mesmo a mudança para os climas marinhos aproveita; entretanto, ainda restam meios de curativo na applicação hypodermica de compostos iodados e no bisturi do cirurgião, dos dous, sem duvida, o de mais confiança.

VII

E' notavel que os miasmas palustres não exerçam influencia alguma no *habitat* dos planaltos, tão grande é a sua densidade e peso relativamente ao ar respiravel.

Corumbá, situada em uma altitude de 30 á 35 metros, no meio dos vastos alagadiços do rio Paraguay, o lago periodico dos Xarayés dos antigos, é altamente salubre e sóe passar incolume das febres epidemicas de mau caracter.

Em 1875 povoavam-a cinco mil habitantes; não tinha um mendigo, e seus registros de mortalidade não traziam mais de cinco á seis óbitos mensalmente. Mas, com a retirada das forças de occupação da republica paraguaya, centenas de naturaes desse paiz que dellas recebiam o pão, acompanharam-as á Corumbá; á esses seguiram-se outros, foragidos aos horrores do seu desgraçado paiz, e á fome e miseria que anteviam. Em quatro mezes do anno seguinte, Corumbá e o Ladario, seu arrabalde á *SO.*, onde existe o grande arsenal de marinha da provincia, recebiam para mais de tres ou quatro mil immigrantes nas mesmas desgraçadas condições.

Esse povo de arribação, semelhante á uma praga de gafanhotos, foi uma verdadeira calamidade, avalanche que desabou no meio da florescente Corumbá.

Os que tinham vindo com os batalhões continuaram á ter a vida apensa á magra pitança do soldado,—mais difficil agora, não só porque os vencimentos eram menores, como porque não eram pagos com a mesma pontualidade de então.

Alguns mais laboriosos, ou mais felizes por encontrarem trabalho, acharam occupação na domesticidade, nas lavanderias, no ferro do engommado, no serviço de peões ou como serventes de obras ; o resto, desempregado por não encontrar trabalho ou pela preguiça, pusilanime ou desacoroçoado, deixou-se abater ainda mais pelo desanimo e inercia, e tornou-se victima da fome e da miseria, da embriaguez e da prostituição com todo o negro cortejo de seus males.

Quem em 1877 chegasse á então villa de Corumbá, supporia entrar n'uma povoação insalubre, tanta nas ruas a mendicidade—de corpos magros, esqualidos, cadavericos,—tanta a miseria que devastava esses infelizes; poviléo immenso de homens, mulheres e crianças, mal vestidos, mal agazalhados e peior alimentados, a maior parte refugiada no meio dos mattos, que cercam a villa, em miseraveis choças : muitos já enfermos de molestias chronicas e vindos extenuados de forças desde seu paiz ; outros aniquilando-se aqui de inercia e desidia, fome e miseria, sem coragem nem disposição para o trabalho e morrendo de inanição, sem haver um hospital que os recolhesse, sem ao menos encontrarem a medicina que o medico receitava.

O cemiterio que, pouco antes, raras vezes abria-se n'um mez, agora quasi que diariamente dava sepultura á cadaveres, comprovando uma mortalidade cinco e seis vezes maior.

Achava-se então na villa o autor destas linhas; medico, foi seu o primeiro clamor em prol de tanta desgraça. — « Confrange-se-me o coração, —escrevia no *Iniciador* de 6 de maio (a), — ao pensar quanta miseria vive por ahi, ao idear quanta dôr cruciante, quanta agonia, quanta angustia atroz, quanto drama de episodios horriveis não terá por basti- dores os êrmos das mattas ou as taipas da arruinada palhoça, onde o sol e a chuva vão tão bem como ao ar livre. Entregues á sua sorte, adoecem e morrem sem mesmo procurarem um medico, sem tentarem a salvação da vida ou ao menos buscarem lenitivos na medicina. Talvez por fata- lismo, como os selvagens, crêam chegada a derradeira hora, sem meios de conjural-a, e por ignorantes não tentem affastal-a, suppondo, quiçá, os nossos medicos falsos apostolos da caridade e eivados do mercantilismo e paixão metallica da epoca. Mas, honra se lhes faça : não os domina essa paixão. Quando o desgraçado e o enfermo delles necessitam, encontram-os sempre acompanhados da caridade e do desinteresse. Mas o medico só não basta. E' preciso tambem o remedio, que custa dinheiro ; a dieta, que é difficil de achar-se.

« Morre-se aqui de miseria, morre-se de fome, morre-se ao desam- paro ! Entretanto com pouco esforço podemos fazer aos outros aquillo que quizeramos nos fizessem : dar-lhes a vida, a saude, o melhor bem da humanidade.

« Ha necessidade, ha urgencia de um local de refugio á essas des- graças e de lenitivo á essas dôres, onde os cuidados da medicina possam arcar com vantagem com os horrores do mal e com o desespero da cura. Não ha que esperar dos deveres paternaes do governo, em cujas forças não está o guarecer todas as dôres, nem crear um asylo lá onde quer que appareça uma afflicção á consolar.

« Não. Bastam os sentimentos de caridade do povo, basta a gene-

(a Interessante e criterioso periodico de Corumbá, começado á publicar-se em janeiro de 1877.

rosidade dos moradores de Corumbá e o auxilio efficaz de suas autoridades. Concorra cada um com o seu óbolo, alugue-se uma casa, prepare-se-a conforme as circumstancias o permittam, solicite-se do governo os medicamentos, hoje, que não ha aqui onde recorrer por elles, e ter-se-ha erguido um modesto, mas salutar albergue da misericordia. Dado o primeiro passo, que é o difficultoso, não faltará quem acceite a idéa e a patrocine. Sob a capa metallica do positivismo hodierno aninha-se ainda muita philantropia, muita caridade, muita beneficiencia.

« Faça-se a enfermaria : si não choverem bençams de gratidão sobre os seus bemfeitores, guardarão estes a satisfacção intima e immensa de terem contribuido para o allivio e salvação de algumas ou muitas vidas. E Deus os abençoará. »

———

E não foi baldado esse appello. Em 24 do mez seguinte inaugurava-se no Ladario uma enfermaria de vinte leitos, sob a invocação de *Hospital de caridade—S. João.*

A casa que ia ser offerecida á provincia para os misteres da instrucção publica, a medicina do entendimento, foi, á instancias minhas, para os da medicina do corpo. Infelizmente durou poucos mezes, e tão util instituição fechou-se por falta de recursos, poucos mezes após retirar-me para a côrte.

Consigne-se, ao menos, aqui os nomes dos seus instituidores e principaes bemfeitores, e será o unico galardão que tenham obtido os Srs. major João Pedro Alves de Barros e Antonio Pedro Alves de Barros, donos da casa, Dr. José Joaquim Ramos Ferreira, Manoel Marcellino Guerra, João Gonçalves de Oliveira Freitas, Thiago José Mangini, Pedro Gonçalves Coelho e Dr. Raymundo de Sampaio.

Ficaram sós; não puderam obter os auxilios do governo, nem vencer a natural apathia e indifferença dos conterraneos; ficaram sós; o esforço era superior á suas forças : succumbiram.

———

Hoje está quasi nullificada essa apparencia morbosa e desgostante da nova cidade. Seus fóros de salubridade continuam incolumes apezar do estuario pantanoso em que se ergue.

Como ella gozam dos mesmos creditos Cuyabá e o Ladario, e talvéz que mesmo a cidade de S. Luiz de Cáceres, já proxima ás cabeceiras do rio Paraguay.

E' que nas regiões palustres a atmosphera das camadas superiores é menos densa, mais leve e mais pura; e, portanto, muito differente em principios vitaes das inferiores, que existem como que estagnadas, não sendo varridas nem renovadas pelos ventos, cujas correntes só muitos metros acima do solo é que se estabelecem.

VIII

Para toda essa immensa região americana são duas as estações: a sêcca e a das chuvas. Estas coincidem com o verão, começando ordinariamente de setembro á oitubro, e indo até abril e maio.

O augmento da temperatura do solo, a refracção do calor solar, a grande quantidade de vapores de agua que vão saturar as camadas inferiores da atmosphera, produzem o desequilibrio na densidade dessas camadas e das superiores; correntes se estabelecem nos sentidos vertical e horizontal, estas modificando a temperatura, conforme a região donde vém, aquellas subindo ás camadas superiores, determinando ahi a con-

densação dos vapores que se liquefazem e dão origem ás chuvas prolon-
gadas. Estas e o degelo dos Andes são as causas das transbordações e
formação dos alagadiços. Começam por aguaceiros grandes, mas de pouca
duração, esses pequenos diluvios tão communs nas latitudes intertropicaes;
pouco á pouco vão-se amiudando de maneira que, em meio da estação,
ha occasiões de seguirem-se, não interrompidas, durante semanas inteiras.
E' então que as baixadas do solo calcareo se embebem, saturam e convertem-se em lagos; que os rios e regatos transbordam, e rios, regatos e
lagos reunem-se, formando esses incomparaveis oceanos de aguas doces,
onde se navega em todas as direcções, por cima dos campos inundados e
sobre as franças das florestas submergidas.

Parte dessas baixadas, formada de extensos campos, em fachas mais
ou menos estreitas e compridas, abeiradas de mattas ou bosques, cujo
solo é um pouco mais elevado,—é o que aqui toma o nome de *corixas*,
e que differem das *escoantes* ou vasantes por não servirem somente de
passagem ás aguas que por ellas descem, e sim conservarem-as ainda
além da estação propria. .

Nessa epoca ninguem se deve aventurar á longas viagens por esses
êrmos, pois si se descuida, fiado em que não chove ainda, ou pouco chove,
inesperadamente vê, da noite para o dia, ir-se o terreno embebendo e
alagando com rapidez, e com pasmo e terror do viandante que, entretanto,
vê sêccos e aridos os terrenos mais altos que o cercam. Outras vezes é o
contrario o que succede. As chuvas são copiosas e fortes, e o terreno
bebe-as e de prompto se enxuga. Isso se explica pela natureza de seu
solo arenoso; e tal terreno, recebendo as aguas em comarcas mais ou menos
remotas, pela sua força de absorpção, permeiabilidade, declividade e
saturação, vae fazêl-as emergir nos solos de menor altitude, affastados
ás vezes, de muitas leguas, conservando em outros logares vastas regiões,
não de pantanos, mas de lamaçaes, « desgraçados caminhos, como mui

bem o diz Southey (a), onde se atravessam pantanos sem por isso deixar-se
de soffrer sêdes. »

————

Nunca, talvez, um psychometro ou um udometro appareceu na
provincia, pelo que não se póde determinar com rigor a humidade da
atmosphera, nem o medio das chuvas que inundam o solo.

No tempo decorrido de maio de 1875 á março de 1878 a media annual
foi de 135 para os dias de chuva; e, á avaliar-se pelas medias da côrte,
que é de 1^m,80; do Pará, de 2^m,0; de Pernambuco, de 2^m,50; da Bahia,
de 2^m,0; S. Paulo, de 1^m,80: não será desarrasoado calcular em 3^m,0 a
media das aguas cahidas annualmente na provincia. si ainda não fôr maior.

————

Como é facil de prever-se, o grau da humidade atmospherica varía
conforme as disposições hydrometrica e hypsometrica do solo. Faltando
quasi absolutamente as observações á respeito, limito-me á consignar,
baseado em D'Alincourt (b), as obtidas pela commissão russiana á cargo
do cavalheiro de Langsdorff, que em 1827 andou em exploração no Brasil.
Em Cuyabá, que ainda póde ser considerada pertencente á baixa la? apezar
da sua altura de 288 (c) metros sobre o oceano, o hygrometro marcou
como maxima geral diaria 95° e minima 46", nos mezes de fevereiro á
agosto. e na chapada. no logar de Guimarães, de 2 de abril á 13 de
junho. tempo sêco. 60° pela manhã, 50" ao meio-dia e 58" á tarde, medias
diarias. Essa chapada eleva-se 804,5 metros sob o nivel oceanico.

Com as friagens que sobrevieram em 16 de junho do mesmo anno.
o hygrometro elevou-se a 97°, estando a atmosphera cerrada de densa
neblina.

(a *Hist do Brasil* (Trad. do Dr. L de Castro). T. I, pag. 215·
(b) Obra citada.
(c 720 pés inglezes.

Em 30 de julho, Langsdorff observou a maxima do barometro em 29,600, soprando as ardentes brisas do Norte; tendo já obtido a minima em 28 de fevereiro, na altura de 29,400.

———

Os ventos geraes sopram de *NO.* e *SE.*; estes frios e fazendo baixar rapidamente a temperatura, aquelles elevando-a e rarefazendo a atmosphera; ambos desejados, si vém mitigar as asperezas da estação, ambos temidos—estes, si chegam na força do frio augmentando e trazendo as geadas e friagens, ou si, inopinadamente, na força do verão, determinando grandes perturbações para os orgãos respiratorios e locomotores; e aquelles, os ventos do Norte, si com o seu balito de fogo, vém ainda mais abrazar a atmosphera, augmentando o calor e e mau estar ja produzido por este.

IX

E' no verão que são frequentes as tempestades, trazidas quasi sempre pelo sudoeste, o vento dos pampas, o qual em minutos modifica de tal modo o estado thermico do ambiente, que o thermometro salta rapidamente de muitos graus.

As descargas electricas são amiudadas e quasi tão geraes no planalto como na baixada. Si para aquelle influe a natureza metallica do solo e o calorico do clima, para esta são razões poderosas, além da saturação hygrometrica do ar, a grande copia de ferro oligisto e magnete que existe nas montanhas que a cortam, e as proprias arvores de suas florestas, verdadeiros intermediarios do fluido entre essas duas enormes pilhas de electricidades contrarias,—atmosphera e solo.

Este já por mais de uma vez tem extremecido em ligeiras commoções do sub-solo. Os annaes do senado da camara de Cuyabá citam um tremor de terra á 24 de setembro de 1749, precedido de um forte rumor como o de um trovão subterraneo. N'uma das paredes dos calabouços do forte do *Principe da Beira*, no Guaporé, eu li a seguinte inscripção que um preso ahi deixou consignada, á ponta de stilete: « *No dia 18 de setembro, pelas 2 horas da tarde, tremeu a terra, 1932.* » Registra-se outro succedido em 1 de oitubro de 1860; e eu mesmo, na noite de 26 de junho de 1876, pela volta das nove e meia, estando de passagem com os outros membros da commissão de limites na fazenda do *Cambará*, quasi á margem do Paraguay, sentimos um sacudimento brusco nas camas e rêdes, ao mesmo tempo que pequenos estalidos no telhado, como de granizo, durando apenas alguns segundos.

A approximação das tempestades é de ordinario presentida. A temperatura se eleva, o ar parece de fogo: não sopra a menor aragem. A natureza como que se abate, extatica e assustada. Os animaes perdem o animo, murcham as orelhas, abatem as caudas: si selvagens embrenham-se nas florestas, si amphibios precipitam-se nas aguas. Os domesticos approximam-se do homem, como que confiados na protecção delle. Nem as grimpas das arvores baloiçam: as mattas, n'uma quietude medonha. parecem solidos inteiriços. As aves achegam-se dos ninhos, suspendem os vôos e se escondem; algumas, como as gaivotas, enchem os ares de sua vozes assustadas e quasi que lamentosas, prenunciando a tormenta: mas, logo se calam. O ambiente cada vez se achumba mais, e a respiração se torna mais difficil. Ha uma especie de duresa em tudo o que nos cerca; um torpor gravativo; um silencio especial, só quebrado pelo rumor das correntezas, que augmentam de estrepito e fazem ainda maior a anciedade do homem.

Sem muita difficuldade se reconhece a quantidade de ozona com que a electricidade sobrecarrega a atmosphera. Ao preparar-se as soluções de iodureto de potassio, para meus doentes, o sal indicava, em pouco tempo de exposição, differença na côr, devida sem duvida á affinidade do oxygeno electrisado para com o iodo.

Entretanto, nem uma nuvem no céo : — somente o sol havia amortecido seus raios, occultos sob um véo espesso e achumbado. Dahi á pouco denso *nimbus* surgia do horizonte, elevando-se de *S.* ou *SO.* ; fazendo-se já ouvir o longinquo e surdo reboar do trovão. Em breve, scintillam os relampagos ; amiudam-se e amiuda-se o trovão, já com estridor medonho. O ambiente modifica-se extraordinariamente e a temperatura decresce com rapidez. Sopra uma brisa, de ordinario do quadrante austral, que em breve se converte em violento tufão.

Um grosso pingo de agua, outro e outros, isolados, grandes e gelidos, cahem á grandes espaços no chão. São as avançadas de um aguaceiro diluvial que traz, por atiradores, um chuveiro de granizos e açoita a natureza por alguns minutos.

———

Meia hora depois o sol resplende fulgurante. O céo está limpido e sereno ; a brisa murmura suave ; as arvores curvam-se levemente ao sopro fagueiro ; a natureza sorri ; os passaros sacodem das azas as gottas de agua que tiveram força de embeber-lhes as plumas, e cantam ; os animaes todos mostram-se contentes, e o homem sente-se reanimado e feliz. Tudo respira com mais vida: somente guardam por algum tempo o signal do cataclysma a relva abatida dos campos, as folhas despidas e os galhos lascados das arvores da floresta, e as correntes que, mais tumidas e tumultuosas, vão, comtudo, pouco á pouco perdendo a sua soberbia e entrando de novo nos limites que a natureza lhes demarcou.

Poucas horas depois só saberia do acontecido quem o houvesse presenciado.

X

Nas regiões sêecas e altas, as do chapadão, o clima é são e benefico; bastante quente no verão, no inverno bastante frio. As geadas sobrevém quasi que annualmente, ora em julho e agosto, ora mesmo em junho e setembro, mas já menos frequentemente, e sempre acarretando graves transtornos á já por si tão pobre lavoura dessas comarcas.

As friagens são mais communs e sobrevém mesmo na força do verão. O Dr. Alexandre cita-as em março, abril, maio e junho; sendo a primeira á 18 do mez, ainda em viagem no Baixo-Madeira; a segunda de 6 á 14 de abril, na cachoeira do *Ribeirão*, no Alto Madeira; a terceira, nos ultimos dias de maio, já no Mamoré, e tão forte, que os indios remeiros não puderam manejar os remos, sendo-se forçado á voltar para o pouso e buscar o conchego das fogueiras; a quarta, e mais forte, á 28 de junho, no forte do Principe da Beira; uma quinta já muito adiantado na viagem do Guaporé, e a ultima desse anno no arraial das Lavrinhas, entre este rio e o Paraguay. Algumas são tão fortes que tém determinado gangrenas e mortes por congelação. Entre outras, cita-se uma de março de 1822, que causou grande mortandade n'um comboy que vinha do Rio de Janeiro, e que na extensa campanha do Rio Manso, no alto da chapada, perdeu vinte e tantos negros novos (a).

Emquanto que o estado thermico da atmosphera tão grandes oscillações offerece, o barometro conserva mais fixidade na escala. No verão a variação diaria é devida sómente ao excesso do calor, nem vae além de cinco á seis millimetros. Nos annos de 1875 á 1878 a media geral

---

(a) Luiz D'Alincourt. - *Result. dos T. ab. e Indag. estatisticas da provincia de Matto-Grosso*, cap. 2º, art. 4.º

na região baixa foi de 761^{mm},69, sendo a maior pressão marcada em 772^{mm},13.

As differenças de temperatura á sombra e ao sol são grandes, mas não tão distanciadas como as que observei na republica do Paraguay. O calor da madrugada é ordinariameute de 4° á 6° centigr. menor do que o do meio do dia, continuando á crescer até as 4 ou 4 1/2 da tarde : todavia, observam-se manhãs, como a de 28 de maio de 1875, em que das 9 á 1 da tarde subiu o centigr. quasi 16°; a de 3 de julho, em que das 7 ás 4 da tarde, elevou-se mais de 13°; a de 16 de junho de 1877, que augmentou de 12°; e as de 20 e 24 de junho desse anno, e as de 18 de agosto do anno anterior, que subiram de 10°.

A minima thermica é normalmente pelo meio da noite.

————

As mais antigas observações thermometricas de que guardo noticia são as tomadas pelos astronomos Francisco José Lacerda de Almeida e Antonio Pires da Silva Pontes, da commissão demarcadora de limites, de 1782, de 5 de fevereiro á 4 de agosto desse anno. Em uma carta de Luiz de Albuquerque, capitão-general, ao ministro Martinho de Mello e Castro, datada de 11 desse ultimo mez (a), vem registrada a maior temperatura em 10 de abril, com 24°,72 Réaumur (=30°,9 centigr.), e a menor « (que fazia no corpo humano um frio muito sensivel) » á 6 de julho, com 11° (=13°,75 centigr). Nessa época a maxima do barometro foi á 6, 7 e 8 de julho, elevando-se o mercurio á vinte e oito pollegadas e quatro linhas no *pé do Rheno*, instrumento então em uso, e a minima, á 4 do mesmo mez, em vinte e seis pollegadas e dez linhas.

« Commummente, diz o sabio Dr. Alexandre (b), o thermometro

————

(a) Ms. da Bibliotheca Nacional.
(b) Obra citada.

Réaumur, dentro de uma casa de telha—que pouca differença faz do ar aberto,—anda por 23°,5 até 24°, do meio-dia á uma hora da tarde » (29°,3—30° centigr). « O menor calor que se tem observado é de 9° (11°, 25 centigr). Ordinariamente, nos dias de friagem, anda por 11°,5, 12°, e 13°. A variação do magnete em março de 1790 foi maior do que havia sido nos seis annos anteriores, porque então era de 9°,55 e naquelle mez chegou a 10°—*NE.* »

———

Uma observação fiz em Matto-Grosso, que mais tarde tenho repetido em outros logares: um calor incommodo e excessivo em certos dias, quando, entretanto, o thermometro não o indicava. Não sendo eu sómente quem o sentia, nem sendo um só thermometro que o explicava, registrei o facto que, agora mesmo, neste mez de fevereiro (a) frequentemente vou experimentando aqui na côrte, sentindo ás vezes um calor insupportavel aos 26° e 27° centigr., em dias que todos tem achado mais quentes do que outros em que o indicador se eleva á 30° e mesmo á 31°. E vice-versa: tem-se achado frescas madrugadas que o centigr. attesta em 26°,2, como a de 13, e 26°,5, á 14 do corrente. Para ser uma condição especial do organismo nessa occasião, fôra mister que obrasse epidemicamente, por assim dizer, em todos quantos experimentaram o facto.

———

A altitude ás vezes de um kilometro, em que está o planalto, dá-lhe uma differença de 4° á 5°, menos do que na baixada. A diathermaneidade da atmosphera compensa em grande parte do territorio a refracção do calar solar. Grande parte desse solo é de terrenos aridos e balofos, com uma vegetação infesada, que só na proximidade das correntes adquire

———

(a) 1879.

a luxuriante apresentação dos tropicos. Certas arvores são caracteristicas dessas regiões, como as mangabeiras anãs e *cajús,* ou cajueiros anões, dos quaes alguns que vi mal tinham um palmo de altura, no emtanto que o fructo,das dimensões dos cajús ordinarios, descançam a castanha no chão. Ouvi de um sertanejo que esses cajueiros não eram mais do que ramos terminaes do cajueiro commum, soterrado tambem,como as montanhas da região, pelas terras de alluvião que formam o planalto, e occultam em seu meio tão completamente aquellas, que ahi mal deixam vêr as cumiadas, indo, porém, ostentar toda a sua magestosa altura nos flancos mais ou menos ingremes e alpestres, mais ou menos abruptos que formam paredes aos valles de denudação. Assim, com aquellas arvores : — infelizmente, disso tive a noticia quando me era impossivel verificar o phenomeno.

XI

Corumbá, onde demorei-me seis mezes, de cada vez, durante tres annos, passa rapida e facilmente por aquellas vicissitudes thermicas. Nos mezes de frio aquece-se repentinamente ao sopro quente das auras do norte; no rigor do verão tirita com o frio trazido pelos tufões do sul.

Em 1875, á 21 de outubro, no *Descalvado,* porto á beira Paraguay, lat. 16° 44' 38",24, marcava o centigr. 28° ás 6 da manhã ; ás 2 1/2 da tarde tinha subido á 39°,2 quando inesperadamente sobreveiu um violento tufão de sudoeste, acompanhado de graniso projectado n'um angulo menor de 35°. Immediatamente desceu o mercurio 18°,7. A's oito da noite estava em 15°,5. Em 13 de junho, ás doze do dia, em Corumbá, marcava 23° ; onze horas depois tinha saltado para 11°, e ás duas da madrugada ainda descia pàra 7°,25,—em casa fechada. A latitude dessa cidade é de 18° 59' 38",30, isto é, quasi cinco graus mais ao norte do que a desta côrte. Sua altitude é de 121^m,6 sobre o mar.

Naquelle mez as manhãs tinham sido e continuaram á ser quentes : verificou-se 23°,125 ás seis da manhã do dia 12, e 21°,48 á mesma hora do dia 13. Mas, já á 14, descia de 10°,25, conservando-se frio todo o dia.

Mais notavel foi a transição notada em Assumpção, capital do Paraguay, na segunda quinzena do mez antecedente. Copio-a das observações tomadas por meu irmão o general Hermes, que de ha longos annos collige-as, nas suas horas de lazer. Era de 16°,167 a média diaria na década de 15 á 24 de maio : repentinamente, na manhã seguinte, saltou para 23°, para 30° ás duas da tarde e 32°,5 ás doze da noite ; continuando assim, com pouca differença, até 27, em que, de 31°,125 que indicava ás sete da manhã, ás dez já tinha baixado cerca de 4°.

———·

Nesse anno de 1875, a maior temperatura observada á beira Paraguay foi essa de 39°,2, á tarde de 21 de outubro. A menor foi a de 7°,5, ás duas da manhã de 14 de junho. Em viagem no rio Cuyabá para a capital, á 19 desse mez, e no coração do inverno, elevou-se á 35° ás duas da tarde. Desde ás seis da manhã tinha crescido de 13°,75 ; daquella hora ás 10 da noite baixou de 7°,5. Em 25 de setembro, á uma da tarde, chegou á 34°,38.

———

Em 1876, a maior temperatura observada nessa capital foi a de 34°,37, ás duas da tarde de 24 de dezembro, seguindo-se-lhe trovoada e chuva de *SO*. A menor foi a de 7°,5, ás oito da noite de 18 de agosto.

A latitude de Cuyabá é de 15° 16' austral, isto é, mais 7° 37' ao norte desta côrte.

Na corixa *das Mercês*, parallelo de 16° 12' 23", entre os márcos divisorios da Boa-Vista e Quatro Irmãos, desceu o thermometro á 0°, na madrugada de 20 de agosto. As bacias de agua e as poças no campo cobriram-se de uma crosta de gelo, que, ás oito da manhã, já o sol se elevando e o thermometro marcando 6°,75, conservava ainda mais de millimetro de espessura, vendo-se o campo todo branco de um lençol de neve.

———

Em 1877, as maiores temperaturas tomadas foram de 35°,6 á uma da tarde de 23 de setembro, e 35°,0 em 25 de junho e 6 de outubro, ás tres da tarde. A menor foi de 12°,5 ás sete da manhã de 15 de junho.

———

De 1878, apenas temos as temperaturas dos dous primeiros dias de março. O maior calor foi ás duas da tarde do ultimo dia observado, marcando o centigr. 34°,27. A menor foi ás cinco da tarde de 14 de janeiro, em que desceu á 25°.

Em 6 de janeiro, 6 e 8 de fevereiro, e 1 de março, elevou se, á tarde, á 33°,75.

———

Comparando-se essa thermoscopia com as dos differentes logares situados na mesma zona, vê-se que o isotherismo em Matto-Grosso discrepa nas linhas isothermicas e isochimenicas, as quaes de um lado e outro, nas margens dos dous oceanos, passam em pontos, estas, mais baixos, e, aquellas, mais altos em relação ás respectivas latitudes.

———

De grande soccorro foram para este trabalho os dados colhidos pelo general Hermes. Delles extratou-se os quadros que seguem :

QUADRO 1.°

Media thermometrica (centigrado) nos ultimos 7 mezes de 1875.

HORAS	JUNHO	JULHO	AGOSTO	SETEMBRO	OITUBRO	NOVEMBRO	DEZEMBRO	MEDIA ANNUAL
6m	26°,28	20°,44	27°,5	25°,51	23°,75	26°,59	25°,52	25°,08
12m	25°,34	27°,06	31°,87	32°,19	29°,17	30°,47	29°,12	29°,31
6t	26°,35	24°,57	29°,35	31°,62	26°,85	23°,80	....	27°,07

MEDIA ABSOLUTA

27°,15

No rio Paraguay, em viagem, a media de agosto e setembro desse anno foi :

6m=23°,21 ; — 12m=28°,12 ; — 6t=26°32

MEDIA GERAL

25°,88

QUADRO 2.°

CUYABÁ'

Media thermometrica no anno de 1876.

Horas	Janeiro	Fevreiro	Março	Abril	Maio	Junho	Julho	Agosto	Setembro	Oitubro	Novembro	Dezembro	MEDIA ANNUAL
6m	25°	25°,59	26°,14	25°,60	24°,30	19°,81	17°,76	17°,50	25°,0	23°,27	24°,73	25°,47	23°,31
12m	27°	28°,53	31°,0	28°,80	27°,90	24°,15	24°,36	21°,60	32°,25	29°,37	28°,34	30°,24	27°,91
6t	26°	26°,85	26°,90	30°,0	28°,70	20°,78	22°,72	20°,71	28°,70	27°,50	26°,76	25°,90	25°,91

MEDIA ABSOLUTA

25°,71

QUADRO 3.°
CUYABÁ
Media thermometrica no anno de 1877

Horas	Janeiro	Fevereiro	Março	Abril	Maio	Junho	Julho	Agosto	Setembro	Outubro	Novembro	Dezembro	MEDIA ANNUAL
6m	25°,0	25°,67	25°,22	26°,23	21°,01	19°,26	25°,67	17°,01	27°,13	26°,98	26°,03	28°,01	24°,46
12m	28°,43	28°,45	29°,0	31°,15	25°,40	26°,67	31°,33	25°,43	31°,90	32°,76	30°,54	31°,54	29°,36
6t	26°,50	26°,40	26°,47	28°,10	23°,20	22°,19	27°,23	23°,10	29°,09	27°,80	28°,59	27°,57	26°,36

MEDIA ABSOLUTA
26°,72

QUADRO 4.°
Media thermometrica nos mezes de janeiro e fevereiro de 1878

HORAS	JANEIRO	FEVEREIRO	MEDIA
6m	27°,91	28°,37	28°,14
12m	29°,91	30°,80	30°,80
6t	27°,68	26°,56	28°,12

MEDIA ABSOLUTA
29°,02

QUADRO 5.°
Março de 1878

DIAS	HORAS	TEMPERAT.	MEDIA
1	3t	33°,75	
2	9m	30°,0	
2	2t	34°,37	30°,88
2	9m	25°,40	

MEDIA ABSOLUTA DE JUNHO DE 1875 A MARÇO DE 1878.
26°,89

QUADRO 6.º
Mez de maio de 1875

DIA	HORA	TEMP.	OBSERVAÇÕES	DIA	HORA	TEMP.	OBSERVAÇÕES
15	6m	15°,0	Na cidade de Assumpção	21	9m	25,25	Em Assumpção
"	2t	17,5	»	»	3t	22,5	»
16	6m	13,75	»	22	9m	22,5	»
»	9	15,0	»	»	3t	23,75	»
»	1t	17,5	»	»	9n	22,5	»
»	8n	17,25		23	12m	20,75	Choveu todo o dia
17	7m	15,0		25	9m	20,0	Em viagem, subindo o rio Paraguay
»	12	17,5		»	2t	30,0	»
»	2t	16,25		»	12n	32,5	» Chuva
19	9m	16,0	»	26	9m	23,75	» »
»	12	21,25	Chuva á tarde	»	12	27,5	»
»	9n	20,06	»	»	7n	31,25	»
20	7m	16,0	»	28	9m	16,88	»
»	12	21,25	»	»	1t	32,5	Em 4 horas subiu o thermom. quasi 16°
»	9n	20,6	»	»	4	31,25	Em viagem
				»	7n	31,25	»
				»	10	27,5	»

Mez de junho

DIA	HORA	TEMP.	OBSERVAÇÕES	DIA	HORA	TEMP.	OBSERVAÇÕES
9	6m	23,75	Em Corumbá	17	4t	26,25	Em viagem no rio Paraguay
»	12	27,50	»	18	7m	26,25	»
»	9n	26,25	»	»	1t	30,0	»
11	6m	23,75	Chuvoso	»	4	30,0	
»	8n	»	» »	»	7n	23,75	
12	7m	23,125	» »	19	6m	21,25	
13	12m	20,0	»	»	9	23,75	
»	8n	19,37	»	»	11	31,25	
14	8m	12,50	Em viagem no rio Paraguay	»	12	32,50	»
»	6t	17,50	»	»	2t	35,0	Em viagem no rio Cuyabá. Chuvoso
15	7m	15,0		»	4	33,75	» »
»	8n	13,75		»	10n	27,50	» »
16	7m	17,50		23	6m	22,50	Em Cuyabá
»	8	15,60		»	4t	27,50	»
»	12	20,0		25	8m	22,50	»
»	1t	22,50		»	3t	26,25	»
»	8n	18,75		26	7m	21,25	» Chuvoso
»	10	17,50		27	8m	22,50	»
17	7m	15,60		»	12	23,75	
»	11	23,125		30	7m	21,25	
»	12	25,0		»	3t	23,75	
»	2t,5	25,50		»	8n	26,26	

Mez de julho. Em Cuyabá

DIA	HORA	TEMP.	OBSERVAÇÕES	DIA	HORA	TEMP.	OBSERVAÇÕES
1	8^m	22°,50		14	3^t	23°,75	
»	3^t	27,50		»	8^a	21,25	
2	1^t	23,75		15	1^m	18,75	
»	7^m	22,50		»	8	16,88	
»	12	18,125		»	3^t	23,75	
3	7^m	13,75		»	9^a	20,0	
»	4^t	26,88		17	9^m	16,25	
»	9^a	23,75		»	3^t	25,75	
5	4^m	22,50		»	5	25,0	
»	7	22,50	Chuvoso	20	4^m	22,50	
»	9^a	25,0	»	»	2^t	27,50	
9	7^m	20,0	»	»	8^a	26,27	
»	3^t	28,125		23	7^m	18,75	
»	8^a	25,0		»	5^t	27,50	
11	7^m	23,75		»	11^a	32,50	
»	9	26,25		28	9^m	22,50	
»	12	28,75		»	3^t	28,125	
»	3^t	29,37		»	8^a	23,75	
»	4	30,62		29	8^m	21,25	
»	9^a	25,0		»	5^t,5	28,75	
12	7^m	23,75		»	10^a	23,75	
»	3^t	31,88		30	7^m	20,0	
»	10^a	26,25		»	8^a	25,0	
14	6^m	16,25		»	10	23,75	
»	9	18,75					

Mez de agosto

DIA	HORA	TEMP.	OBSERVAÇÕES	DIA	HORA	TEMP.	OBSERVAÇÕES
1	6^m	20,0	Em Cuyabá	18	.7^m	18,75	Em viagem, descendo o Paraguay
»	12	23,175	»	»	9	21,25	»
»	2^t	25,0	»	»	12	27,50	-
»	11^a	22,50	»	»	3^t	28,125	
11	7^m	21,88	Em Corumbá	»	6	23,75	»
»	3^t	25,0	»	»	9^a	22,50	»
»	10^a	23,75	»	28	6^m	20,0	Em Corumbá
13	7^m	23,125		»	12	24,35	»
»	1^t	30,0		»	9^a	24,35	»
»	4	30,0		29	7^m	22,50	
»	9^a	26,88		»	1^t	28,75	
14	7^m	25,0		»	9^a	26,88	
»	11	28,75		30	12^m	29,38	
»	1^t	31,25		»	9^a	28,75	
»	9^a	28,125		31	8^m	26,25	
»	11	27,5		»	3^t	30,0	
				»	9^a	28,75	

Mez de setembro. Em Cuyabá

DIA	HORA	TEMP.	OBSERVAÇÕES	DIA	HORA	TEMP.	OBSERVAÇÕES
1	7^m	26°,25		25	4^t	32°,25	
»	12	30,60		»	10^n	31,25	
»	3^t	31,25		26	7^m	28,75	
4	6^m	20,0		»	1^t	31,25	
»	12	20,60		»	4	31,88	
»	4^t	21,25		»	11^n	29,37	
»	12^n	19,37		28	7^m	26,25	
8	8^m	20,0		»	5^t	31,25	
»	2^t	25,0		»	11^n	28,125	
»	6	25,0		29	7^m	26,25	
10	8^m	26,88		»	5^t	31,25	
»	2^t	31,25		»	11^n	28,125	
»	9^n	28,75		30	7^m	26,25	
25	7^m	30,0		»	5^t	31,25	
»	1^t	34,88		»	11^n	28,125	

Mez de oitubro. Em Cuyabá

DIA	HORA	TEMP.	OBSERVAÇÕES	DIA	HORA	TEMP.	OBSERVAÇÕES
1	7^m	26,88		6	9^n	27,50	
»	12	22,50		29	4^m	21,25	
»	8^n	28,75		»	9	23,75	
3	7^m	25,62		»	4^t	27,75	
»	12	28,75		»	8^n	25,0	Chuva
»	7^n	26,88		30	5^m	21,25	»
»	11	26,88		»	9	24,37	»
6	7^m	23,75		»	1^t	28,125	
»	4^t	28,75					

Mez de novembro. Em Cuyabá

DIA	HORA	TEMP.	OBSERVAÇÕES	DIA	HORA	TEMP.	OBSERVAÇÕES
1	3^t	32,50		20	7^m	28,75	
2	6^m	27,50		21	7^m	26,25	
»	12	31,25	Aragem NO.	»	3^t	26,25	Aragem SO.
3	12^m	32,50	»	22	7^m	23,75	»
»	3^t	32,50	»	»	5^t	27,50	Vento Sul
4	8^m	28,125	»	»	9^n	26,37	»
»	2^t	31,25	»	23	7^m	21,25	»
18	7^m	28,75	»	»	4^t	27,50	Nordeste
»	4^t	33,125	Norte duro	»	9^n	33,25	»
19	8^m	30,0	»	26	6^m	25,0	»
»	5^t	31,25	Nordeste	»	6^t	31,125	»

Mez de dezembro. Em Cuyabá

DIA	HORA	TEMP.	OBSERVAÇÕES	DIA	HORA	TEMP.	OBSERVAÇÕES
1	2^t	32°,50		18	3^t	30°,0	
5	6^m	25,0		25	9^m	21,88	
»	12	27,50		»	3^t	23,75	
15	7^m	23,75		26	6^m	25,0	
»	4^t	26,88		27	8^n	26,25	
18	8^m	26,25					

Mez de janeiro de 1876. Em Cuyabá

DIA	HORA	TEMP.	OBSERVAÇÕES	DIA	HORA	TEMP.	OBSERVAÇÕES
1	6^m	25,0		20	7^m	25,0	Chuva
2	8^m	25,0		»	11^n	25,0	Vento Sul
4	5^m	25,0		21	7^m	25,0	»
8	8^m	28,0	Chuva	»	5^t	26,88	»
»	5^t	30,0	»	24	7^m	25,60	»
9	1^t	28,0	»	»	$4^t,5$	30,0	Chuva
»	5	29,37		25	8^m	25,0	»
»	11^n	26,88		»	5^t	28,80	»
19	6^m	23,75		»	10^n	26,25	
»	5^t	27,50		28	9^m	26,25	
				»	5^t	27,5	-

Mez de fevereiro. Em Cuyabá

DIA	HORA	TEMP.	OBSERVAÇÕES	DIA	HORA	TEMP.	OBSERVAÇÕES
2	8^m	26,80		9	7^m	26,25	Chuvoso
»	5^t	28,80		»	5^t	28,75	»
»	9^n	27,50		10	7^m	26,25	»
3	6^m	26,25	Chuva	»	12	27,5	»
»	5^t	28,80		12	7^m	27,5	»
4	7^m	26,25		»	4^t	31,28	Vento N.
»	3^t	26,90		»	11^n	29,37	»
»	9^n	25,0		14	7^m	27,5	
6	7^m	25,0		»	5	30,0	
»	6^t	26,80		15	7^m	27,50	
»	10^n	26,25		»	4^t	28,12	
7	7^m	25,60		»	10^n	26,88	
»	5^t	27,50		21	7^m	26,25	
»	9^m	26,25		»	5^t	30,0	
8	7^n	25,0					
»	5^t	28,0	Chuvoso				

Mez de março. Em Cuyabá

DIA	HORA	TEMP.	OBSERVAÇÕES	DIA	HORA	TEMP.	OBSERVAÇÕES
8	6^m	26°,25		19	1^t	30°,60	
»	6^t	30,62		»	7^a	29,37	
9	7^m	26,25		21	7^m	26,25	
»	6^t	30,0	Aguaceiros	»	6^t	28,12	
18	7^m	26,25	»	»	9^a	26,88	
»	5^t	30,0	»	23	7^m	25,60	
»	7^a	29,38		»	5^t	23,75	Chuva fórte
»	9	27,50		»	10^n	24,37	
19	7^m	26,25		»	12	24,30	

Mez de abril. Em Cuyabá

DIA	HORA	TEMP.	OBSERVAÇÕES	DIA	HORA	TEMP.	OBSERVAÇÕES
2	7^m	25,60		19	5^t	30,0	
»	2^t	28,80		25	7^m	26,25	
19	7^m	25,0		»	5^t	30,0	

Mez de maio. Em Cuyabá

DIA	HORA	TEMP.	OBSERVAÇÕES	DIA	HORA	TEMP.	OBSERVAÇÕES
3	7^m	24,38		24	8^m	25,0	
»	2^t	28,125		»	4^t	29,38	
12	7^m	22,50		26	7^m	26,25	
»	5^t	27,50		»	8	27,50	
14	8^m	23,75		»	5^t	30,0	
»	3^t	26,88					

Mez de junho. Em Cuyabá

DIA	HORA	TEMP.	OBSERVAÇÕES	DIA	HORA	TEMP.	OBSERVAÇÕES
4	7^m	22,50		17	1^m	18,0	
»	4^t	26,25		»	6	18,0	
10	7^m	20,0		»	9	18,0	
»	5^t	26,25		»	5^t	20,0	
»	9^a	23,0		»	9^a	19,37	
13	7^m	21,25		18	7^m	18,75	
»	11	25,0		»	12	20,0	
»	3^t	26,88		»	10^a	20,0	
»	12^m	21,25		21	7^m	21,25	
14	7^m	20,0		»	5^t	25,0	
»	5^t	26,88		23	7^m	20,50	
15	6^m	19,37					
»	3^t	26,88					
16	5^m	20,50					
»	9^a	19,37					

Mez de julho. Em Cuyabá

DIA	HORA	TEMP.	OBSERVAÇÕES	DIA	HORA	TEMP.	OBSERVAÇÕES
2	7m	21°,25		5	6t	23°,75	
»	1t	21,88		»	9m	20,50	
3	8m	16,25		6	7m	16,25	
»	5t	22,50		16	6m	18,75	
»	7n	20,0		»	3t	29,37	
4	5m	13,75		»	12n	23,12	
»	8	15,0		28	7m	21,88	
"	7n	20,0		»	6t	28,75	
5	8m	16,25					

Mez de agosto. Em Cuyabá

DIA	HORA	TEMP.	OBSERVAÇÕES	DIA	HORA	TEMP.	OBSERVAÇÕES
1	6m	18,75		18	8m	10,0	Em quarto fechado.
2	6m	20,0		»	8h,5'	7,50	Em sala aberta
3	4m	20,0		»	5t	20,60	
6	1t	25,60		»	8n	15,60	
10	6t	30,0		19	7m	11,25	
11	8m	18,75		»	7n	22,50	
»	7n	18,75		»	11	16,25	
»	11	17,50		20	7m	13,75	
12	7m	14,37		»	11	21,88	
»	5t	22,50		21	7m	18,75	
14	7m	27,50		»	7n	21,0	

Mez de setembro. Em Cuyabá

DIA	HORA	TEMP.	OBSERVAÇÕES	DIA	HORA	TEMP.	OBSERVAÇÕES
2	7m	22,50		27	8n	27,5	
24	2t	32,50	Vento ENE	»	12	31,25	
»	10n	27,50		27	3t	30,0	
26	5t	30,0					

Mez de oitubro. Em Cuyabá

DIA	HORA	TEMP.	OBSERVAÇÕES	DIA	HORA	TEMP.	OBSERVAÇÕES
1	2t	32,50		15	10n	21,25	
»	3	33,0		16	6m	20,0	
9	6m	25,60		»	2t	28,75	
»	8n	26,25		17	6m	25,0	
15	7m	22,50		»	2t	28,75	
»	12	27,50		30	6t	30,0	
»	5t	27,50					

Mez de novembro. Em Cuyabá

DIA	HORA	TEMP.	OBSERVAÇÕES	DIA	HORA	TEMP.	OBSERVAÇÕES
1	2ᵗ	32°,50		19	3ᵗ	27°,50	
3	6ᵐ	26,25		»	10ᵃ	23,0	
»	8ᵐ	26,88	Chuva	20	6ᵐ	20,50	Chuva
4	6ᵐ	25,50	»	21	8ᵃ	25,0	»
»	5ᵗ	28,75	»	22	8ᵐ	26,25	»
5	8ᵐ	25,50	»	»	6ᵗ	28,75	
»	12ᵃ	25,0	»	»	9ᵃ	27,50	
6	8ᵐ	25,0	»	27	7ᵐ	27,50	
»	8ᵃ	26,25	»	»	5ᵗ	30,60	
7	3ᵗ	21,88	» Vento Sul	»	10ᵃ	27,50	
8	7ᵐ	21,88	» » »	28	7ᵐ	26,88	
9	7ᵐ	24,37	» » SO.	»	12	30,60	
10	7ᵐ	26,25		»	2ᵗ	31,25	
»	5ᵗ,5	30,0		»	6	30,0	
»	11ᵃ	27,50		»	10ᵃ	27,50	
12	11ᵐ	30,0		30	5ᵐ	25,0	
17	6ᵐ	24,37		»	8	26,25	
»	5ᵗ	25,0		»	12	28,75	
»	9ᵃ	24,37		»	2ᵗ	30,0	
19	6ᵐ	20,50		»	7	28,125	

Mez de dezembro. Em Cuyabá

DIA	HORA	TEMP.	OBSERVAÇÕES	DIA	HORA	TEMP.	OBSERVAÇÕES
2	2ᵗ	30°,0		15	7ᵐ	22°,50	
»	6	30,0		»	7,5	24,0	
»	12ᵐ	26,25		»	5ᵗ	28,75	
3	6ᵐ	26,25		»	10ᵃ	25,0	
»	12	29,37		»	10,5	24,37	
»	4ᵗ	29,37	Aguaceiro	17	7ᵐ	25,0	
»	5	26,25		»	11,5	29,37	
»	11ᵃ	26,25		»	12	31,25	
6	9ᵐ	24,37		»	2ᵗ	31,25	
»	11	25,62		»	4	32,0	
»	12	27,50	Aguaceiro	»	11ᵃ	31,0	
»	3ᵗ	26,88		18	0ᵐ,5	27,50	
»	9ᵃ	26,25		»	7	26,35	Aguaceiro
8	7ᵐ	25,60		»	12	30,0	
»	4ᵗ	31,25	Aguaceiro	»	5ᵗ	30,0	
»	10ᵃ	27,50		»	9ᵃ	28,0	
10	7ᵐ	26,25		22	7ᵐ	26,25	
»	11	29,37		»	5ᵗ	31,25	
»	1ᵗ,5	28,75	Aguaceiro	»	7ᵃ	30,0	Aguaceiro
»	5	28,75		»	11	28,75	
»	11ᵃ	28,75		24	5ᵐ	26,88	

Continuação do mez de dezembro em Cuyabá

DIA	HORA	TEMP.	OBSERVAÇÕES	DIA	HORA	TEMP.	OBSERVAÇÕES
24	2ᵗ	34°,37	Aguaceiro	27	7	25°,0	
»	5	31,27		»	12	29,0	
»	6	26,88		»	5ᵗ	26,88	
25	7ᵐ	26,25		»	10ᵗ	26,25	
»	12	30,0		28	7ᵐ	25,0	
»	5ᵗ,5	30,0		»	5ᵗ	31,88	Aguaceiro
»	7ᵗ	29,37	· Aguaceiro	»	9ᵃ	28,0	
»	11	26,88		31	6ᵐ	25,60	
26	6ᵐ	25,60		»	4ᵗ	26,25	
»	7	26,25		»	6ᵃ	26,25	
»	5ᵗ	28,75	Aguaceiro	»	10	25,0	
»	9	26,75		»	12	24,37	
27	1ᵐ	25,0					

Mez de janeiru de 1877. Em viagem no rio Paraguay

DIA	HORA	TEMP.	OBSERVAÇÕES	DIA	HORA	TEMP.	OBSERVAÇÕES
1	6ᵐ	25,0	Chuva	4	6ᵐ	22,50	
»	2ᵗ	27,50	»	»	9	25,60	
»	5	28,125	»	»	4ᵗ	29,37	Chuva
»	9ᵃ	26,25	-	»	9ᵃ	26,25	»

Mez de fevereiro. Em Corumbá

DIA	HORA	TEMP.	OBSERVAÇÕES	DIA	HORA	TEMP.	OBSERVAÇÕES
2	3ᵗ	30,0	Chuva	15	8ᵐ	26,25	
»	10ᵃ	26,88	»	16	8ᵐ	26,25	
3	7ᵐ	26,88	»	»	11ᵃ	25,0	
»	5ᵗ	26,88	»	21	8ᵐ	25,0	
»	9ᵃ	26,25	»	»	5ᵗ	30,0	
4	6ᵐ	25,0	» Em viagem para Cuyabá	»	10ᵃ	27,50	
»	1ᵗ	28,75		22	6ᵐ	25,60	
»	11ᵃ	25,60	Chuva	»	5ᵗ	30,0	
6	6ᵐ	25,0	»	»	9ᵃ	26,88	
»	5ᵗ	30,0	»	23	6ᵐ	25,60	
13	8ᵐ	26,25		»	5ᵗ	30,0	Chuvoso
»	8ᵃ	26,25		»	10ᵃ	27,50	
»	11	26,25	»	25	6ᵐ	25,0	
14	6ᵐ	26,25	»	»	11	28,75	
»	3ᵗ	26,25	Em Cuyabá	»	3ᵗ	30,0	
»	6	26,25	»	»	11ᵃ	27,50	

Mez de março. Em Cuyabá

DIA	HORA	TEMP.	OBSERVAÇÕES	DIA	HORA	TEMP.	OBSERVAÇÕES
1	7ᵐ	25°,26	Chuva	14	6ᵐ	25°,60	
»	5ᵗ	27,50	»	»	2ᵗ	29,37	
»	9ᵐ	26,25	»	»	10ᵐ	25,0	
4	8ᵐ	25,0		19	7ᵐ	24,37	
»	11,5	27,5		»	1ᵗ	28,75	
»	4ᵗ	29,37		»	2	30,0	
»	12ᵐ	26,88		»	11ᵐ	26,35	
5	6ᵐ	26,25		20	7ᵐ	25,0	
»	5ᵗ	27,50		»	6ᵗ	30,0	
»	10ᵐ	26,88		»	7ᵐ	28,125	
11	6ᵐ	25,0		25	7ᵐ	25,0	
»	2ᵗ	30,0		»	1ᵗ	27,50	
»	5	29,37		»	10ᵐ	25,60	
»	10ᵐ	27,50					

Mez de abril. Em Cuyabá

DIA	HORA	TEMP.	OBSERVAÇÕES	DIA	HORA	TEMP.	OBSERVAÇÕES
8	7ᵐ	25,0		15	2ᵗ	31,25	
»	1ᵗ	30,60		»	3	30,0	
»	3ᵗ	31,25		»	5	30,0	
»	5	30,0		»	11ᵐ	28,12	
9	7ᵐ	28,25		19	7ᵐ	25,60	
»	4ᵗ	30,60		»	11	30,0	
11	7ᵐ	28,88		»	2ᵗ	31,25	
»	4ᵗ	31,88		»	4	31,25	
»	6	30,60		»	5,5	30,0	
»	9	28,75		»	8ᵐ	28,75	
»	11	27,80		22	1ᵗ	30,60	Aragem de NE
12	7ᵐ	26,25		»	3	31,25	
»	9	28,0		»	10ᵐ	26,88	
»	5ᵗ	31,25		28	8ᵐ	25,60	
15	7ᵐ	25,60		»	5ᵗ	30,0	Aragem de NE
»	11	30,0	Vento NE	29	1ᵐ	29,37	
»	12	30,60	» NNE	»	1ᵗ	31,88	
»	12,5	31,25	» NE	»	10ᵐ	29,20	

Mez de maio. Em Cuyabá

DIA	HORA	TEMP.	OBSERVAÇÕES	DIA	HORA	TEMP.	OBSERVAÇÕES
3	6^m	25°,0		20	2^t	26,26	
»	3^t	31,25		»	10^n	25,0	
5	4^m	31,25		21	8^m	23,75	
»	8	19,37		»	5^t	26,6	
6	12^m	30,0		»	8^n	20,0	
»	5^t	30,0		»	9	19,37	
»	12^n	25,0		22	7^m	17,50	
7	6^m	23,75		»	9	18,0	
»	8	28,0	Aragem NE	»	2^t	19,50	
8	5^t	30,0		»	5,5	19,37	
16	6^m	22,50	» SE	»	$9^n,5$	18,75	
»	8	22,50		23	7^m	15,60	
»	5^t	23,75		»	8	14,50	
»	9^n	23,0		»	4^t	19,37	
18	7^m	22,50		»	8^n	18,0	
»	5^t	27,50		25	8^m	15,0	
»	8^n	26,88		»	$4^t,5$	21,80	
19	7^m	24,37		»	7^n	20,0	
»	9	25,60		»	9	19,37	
»	5^t	28,75	Chuva	30	7^m	22,50	
»	8^n	26,88	» vento sul	»	5	26,25	
20	8^m	25,0		»	9^n	25,60	
»	12	25,0					

Mez de junho. Em Cuyabá

DIA	HORA	TEMP.	OBSERVAÇÕES	DIA	HORA	TEMP.	OBSERVAÇÕES
1	7^m	21,25		10	4	30,0	
»	11	24,37		»	11^n	25,0	
2	7^m	23,75		12	8^m	20,60	
»	10	25,0		»	5^t	20,0	
3	7^m	22,50		»	7^n	18,75	
»	12	27,50		13	7^m	16,25	
»	3^t	28,75		»	12	18,75	
5	7^m	22,50		»	$2^t,5$	26,50	
»	$5^t,5$	28,75		14	7^m	26,25	
»	9^n	24,37		»	5^t	20,60	
6	7^m	21,28		»	8^n	18,0	
»	5^t	30,0		15	7^m	12,50	
»	9^n	25,60		»	12	22,50	
9	6^m	23,0		»	3^t	21,88	
»	6^t	29,37		»	9^n	17,50	
»	9^n	26,25		16	7^m	13,75	
10	1^t	30,0		»	12	25,0	

28

Continuação do mez de junho. Em Cuyabá

DIA	HORA	TEMP.	OBSERVAÇÕES	DIA	HORA	TEMP.	OBSERVAÇÕES
16	5^t	23,75		23	8^a	23,75	
»	9^a	20,0		»	12	22,25	
17	7^m	15,60		24	7^m	20,60	
»	1^t	21,88		»	9	21,88	
»	5	18,0		»	10	26,88	
20	6^m	16,80		»	1^t	28,75	
»	4^t	26,80		»	3	30,0	
»	9^a	21,25		»	4	29,37	
22	6^m	19,0		»	6	26,25	
»	5^t	27,5		»	10^a	21,88	
»	8^a	25,0		25	7^m	19,37	
23	8^m	22,50		»	8	21,25	
»	9	23,75		»	5^t	28,0	
»	5^t	28,0		»	8^a	22,50	

Mez de julho. Em Cuyabá

DIA	HORA	TEMP.	OBSERVAÇÕES	DIA	HORA	TEMP.	OBSERVAÇÕES
13	7^m	21,25		26	8^a	28,75	
»	5^t	29,37		»	10	28,75	
»	9^a	25,0		27	7^m	26,88	Aragem de NE
»	11	24,37		»	12	30,0	
15	7^m	23,0		»	3^t	31,125	
»	12	28,75		»	6	30,0	
»	2^t	30,0		»	8^m	27,50	
»	4	29,37		»	10	27,50	
»	10^a	25,60		28	8^m	26,25	
22	10^m	27,50	Aragem de NE	»	12	30,0	
»	4^t	30,0		»	3^t	31,25	
»	12^a	26,88		»	5	31,25	
25	4^m	26,88		»	12^a	26,88	
»	8	26,88	Item	29	9^m	27,50	
»	10	31,25	»	»	12	30,60	
»	3^t	35,0	Vento N	»	4^t	30,0	
»	5	32,0	»	»	11^a	28,75	
»	8^a	29,0		30	7^m	26,25	
26	7^m	26,88		»	12	31,25	
»	12	32,5		»	5^t	31,25	
»	3^t	33,125		»	5,5	30,0	
»	5	31,88		»	8^a	28,0	

Mez de agosto. Em Cuyabá

DIA	HORA	TEMP.	OBSERVAÇÕES	DIA	HORA	TEMP.	OBSERVAÇÕES
1	5^m	17°,50		8	3^t	23°,75	
»	9	17,50		»	8^n	22,50	
»	12	18,50		9	8^m	18,75	
»	6^t	18,75		»	9	20,0	
»	8^n	18,0		»	9^n	22,50	
2	8^m	18,0		10	7^m	21,25	
»	5^t	19,38		»	12	26,25	
»	6	18,75		»	3^t	27,50	
»	8^n	17,50		»	8^n	26,25	
»	9	16,88		12	3^t	29,37	
3	8^m	15,60		»	5	29,50	
»	12	19,37		»	9^n	26,88	
»	2^t	20,0		13	6^m	21,88	
»	8^n	19,37		»	9	25,0	
4	6^m	15,60		»	12	27,50	
»	12	19,37		»	2^t	30,0	
»	3^t	20,0		»	6	28,0	
»	5	20,0		»	9^n	27,50	
»	8^n	18,75		15	2^t	30,0	
5	7^m	16,25		16	4^t	30,0	
»	11^m	20,0		19	6^m	20,0	
»	12	21,25		»	8	20,0	
»	2^t	22,50		»	12	25,60	
»	5	23,75		»	2^t	27,50	
»	8^n	21,88		»	5	28,80	
6	8^m	19,37		»	10^n	25,60	
»	12	25,0		21	9^m	23,75	
»	6^t	25,60		»	6^t	26,25	
»	8^n	24,37		24	6	30,0	Vento Norte
7	8^m	22,50		26	11^{m}5	29,37	
»	12	26,25		»	5^t	31,25	
»	2^t	28,75		27	5^t	27.50	
»	5^t	28,0		31	7^m	24,37	
»	8^n	26,88		»	12	18,0	
8	7^m	21,25		»	2^t	23,75	
»	8	22,50		»	9^n	24,25	
»	12	25,0		»	12	21,25	

Mez de setembro. Em Cuyabá

DIA	HORA	TEMP.	OBSERVAÇÕES	DIA	HORA	TEMP.	OBSERVAÇÕES
1	8^m	17°,50		8	1^t	30°,0	
3	4^t	25,0		»	4	30,60	
»	6	22,50		»	8^n	27,50	
»	8^n	22,50		9	6^m	23,75	

Continuação do mez de setembro. Em Cuyabá

DIA	HORA	TEMP.	OBSERVAÇÕES	DIA	HORA	TEMP.	OBSERVAÇÕES
9	7m5	25°,0		23	4t	35°,60	Vento N. duro
»	11,5	30,60		»	10	30,0	»
»	3t	32,0		24	8m	28,75	»
»	5	31,25		»	12	33,0	
»	10m	29,37		»	4t	34,37	
10	4t	27,50	Chuvoso	»	8m	31,50	
16	12m	30,0		»	9	30,60	
17	7m	26,88		25	7m	28,75	
»	12	32,0		»	8,5	30,0	
»	2t	32,25		»	12	32,50	»
»	3	32,50		»	6t	33,75	
»	5,5	31,88		»	8m	32,50	Vento N.NE.
»	10m	29,37		»	10	31,25	
18	7m	26,88		26	7m	28,75	
»	5t	31,25		»	12	32,5	Vento N.
»	8m	30,0		»	2t	33,0	»
19	8m	28,75		»	3	33,75	»
»	12	31,29		»	4	32,50	
»	2t	32,5		»	7m	31,75	
»	6	33,0		»	10	30,0	
»	8m	29,37		27	8m	30,0	
»	9	30,60		»	12	32,50	
»	10	30,0		»	2t	33,74	
20	8m	27,50		»	3	34,37	»
»	12	31,25		»	9m	31,50	»
»	2t	33,0		28	»	31,50	O mesmo de 27, até
»	5	33,0		»	9m	31,80	6 da tarde
»	8m	30,60		»	11	31,25	Aguaceiro
»	10	30,0		29	7m	28,0	Chuvoso
21	7m	27,50		»	12	26,28	
»	12	33,0		»	2t	27,50	
»	2t	32,75		»	3	26,88	
»	8m	30,0		»	9m	25,60	
»	11	29,37		30	4m	25,0	
22	»	29,37	O mesmo que a 21	»	10	28,75	
23	7m	28,75	Vento NNE.	»	1t	30,0	
»	12	22,50		»	2,5	31,88	
»	1t	35,60	Vento N.duro. Foi o dia mais quente do anno.	»	10m	27,50	

Mez de oitubro. Em Cuyabá

DIA	HORA	TEMP.	OBSERVAÇÕES	DIA	HORA	TEMP.	OBSERVAÇÕES
1	7m	26,88		1	8m	26,88	
»	7,5	27,50		2	7m	26,88	
»	12	32,50		»	12	31,25	
,	5t	27 50		»	2t	31,88	

Continuação do mez de oitubro. Em Cuyabá

DIA	HORA	TEMP.	OBSERVAÇÕES	DIA	HORA	TEMP.	OBSERVAÇÕES
2	9ª	28°,75		14	5ᵗ	33°,0	Vento NNE.
3	7ᵐ	26,28		»	10ª	30,0	»
»	12	31,25	Vento N.	15	9ᵐ	30,0	»
»	2ᵗ	32,50	»	»	12	33,0	Vento N.
»	5	32,50	»	»	2ᵗ	33,75	»
»	8ª	30,0	Trovoada	»	5	33,0	»
4	12ᵐ	33,0	»	18	7ᵐ	25,0	Aragem de SE.
»	3ᵗ	32,5	»	»	12	27,50	»
»	4	33,75	Chuva	»	4ᵗ	28,75	
5	7ᵐ	26,88	Vento SO.	»	8ª	27,50	
»	9	25,6		20	8ᵐ	28,0	
»	12	26,88		»	12	31,25	Vento N.
»	3ᵗ	28,0		»	4ᵗ	33,0	» duro
»	5	28,50		»	8ª	30,0	Chuva
»	8ª	26,80		21	8ᵐ	28,75	
»	12	26,38	Vento N. Trovoada	»	1ᵗ	33,75	
6	6ᵐ	26,0	»	»	5	31,88	
»	12	34,37		23	12ᵐ	31,25	
»	2ᵗ	34,37		»	2ᵗ	31,80	
»	3	35,0		»	3	33,0	
»	4	34,37		»	5	32,50	
»	7ª	29,37		»	9ª	29,0	
7	6ᵐ	26,88		26	12ᵐ	32,50	
»	12	31,75		»	2ᵗ	33,0	
»	5ᵗ	31,75		»	6	31,25	
»	11ª	28,75		27	12ᵐ	30,0	
9	12ᵐ	31,88		»	2ᵗ	30,60	
»	2ᵗ	32,50		»	3	31,25	
»	6	32,50		»	6	30,60	
»	10ª	29,37		»	9ª	26,23	
10	12ᵐ	32,50		28	7ᵐ	25,60	
»	1ᵗ	33,75		»	12	30,0	
»	2	34,37		»	1ᵗ	31,25	
»	4	33,75		»	4	31,25	
»	9ª	31,25	Forte aguaceiro	29	12ᵐ	31,88	
11	6ᵐ	26,25		»	2ᵗ	33,0	Aragem NO.
»	12	30,0		»	9ª	29,37	
»	2ᵗ	30,60		30	12ᵐ	32,50	
»	9ª	28,75		»	2ᵗ	33,75	
12	8ᵐ	26,88		»	4	32,50	
»	12	29,37		»	5	29,37	
»	2ᵗ	30,0		»	10ª	26,88	
»	6	30,0		31	8ᵐ	26,88	
»	9ª	27,50	Aragem S. Trovoada	»	12	30,0	
14	12ᵐ	32,50	Vento NNE.	»	9ª	28,0	
»	1ᵗ	32,50					

Mez de novembro. Em Cuyabá

DIA	HORA	TEMP.	OBSERVAÇÕES	DIA	HORA	TEMP.	OBSERVAÇÕES
1	12ᵐ	31°,88		9	6ᵗ	31°,75	
3	12ᵐ	32,50		15	12ᵐ	31,25	
»	2ᵗ	33,75		16	9ᵐ	28,75	
»	5	33,0		»	10	30,0	
4	3ᵗ	33,75		»	12	31,25	
5	12ᵐ	32,50		»	5ᵗ	30,0	
»	4ᵗ	33,75		19	1ᵗ	30,0	
»	8ⁿ	32,50		21	6ᵐ	25,0	Aguaceiro
»	11	30,0		»	12	27,50	
6	8ᵐ	25,60	Vento NE	»	3ᵗ	30,0	
»	12	30,0		»	9ⁿ	27,50	
»	2ᵗ	28,75		22	8ᵐ	27,50	
»	4	25,0		»	10	30,0	
7	12ᵐ	25,60		»	5ᵗ	31,25	
»	2ᵗ	26,25		»	10ⁿ	29,27	
»	6	27,20		23	11ᵐ	28,73	
8	12ᵐ	27,50		»	2ᵗ	30,0	
»	2ᵗ	28,0		»	10ⁿ	26,88	
»	3	26,25		28	6ᵐ	25,60	
»	4	31,25	Aguaceiro	»	12	26,88	
»	8ⁿ	27,50		»	2ᵗ	28,0	
9	12ᵐ	30,0		»	6	31,25	

Mez de dezembro. Em Cuyabá

DIA	HORA	TEMP.	OBSERVAÇÕES	DIA	HORA	TEMP.	OBSERVAÇÕES
2	11ᵐ	31,25		10	8ⁿ	32,0	Chuva
3	8ᵐ	30,0		»	12	30,0	»
»	11	33,75		12	11ᵐ	31,25	»
»	2ᵗ	34,37	Chuva	»	12	33,0	
»	5	33,0	»	20	11ᵐ	26,25	
4	1ᵐ	28,75		»	3ᵗ	28,75	
»	7	27,50		»	9ⁿ	28,0	
»	4ᵗ	31,0		22	12ᵐ	30,0	
8	3ᵗ	31,88		27	4ᵗ	31,88	
»	9ⁿ	27,50		30	7ᵐ	27,50	
9	11ᵐ	30,0		»	10	30,50	Nento N
10	9ᵐ	26,75		»	11	33,0	
»	11	28,75		»	1ᵗ	33,75	
»	12	30,0	Chuva	»	3,5	34,33	
»	5ᵗ	32,75	»	31	11ᵐ	30,0	
				»	3ᵗ	33,75	

Mez de janeiro de 1878. Em Cuyabá

DIA	HORA	TEMP.	OBSERVAÇÕES	DIA	HORA	TEMP.	OBSERVAÇÕES
1	5^t	31°,25		23	5^t	27°,50	Vento SE
5	9^m	30,60		»	6	26,88	»
6	12^m	33,75		24	2^t	27,50	»
»	$3^t,5$	32,50		25	9^m	25,60	
7	2^t	31,88		»	2^t	28,0	
»	9^m	28,0		26	3^t	30,0	
14	4^t	26,88		27	1^t	30,0	
»	5	25,0		»	5	29,37	
16	2^t	28,75	Vento SE	»	9^m	27,50	
»	4	27,50	»	30	5^m	25,20	
22	8^m	26,81		»	12	20,50	
»	3^t	26,25		»	6^t	28,20	
23	3^t	28,88		»	12^a	25,50	

Mez de fevereiro. Em Cuyabá

DIA	HORA	TEMP.	OBSERVAÇÕES	DIA	HORA	TEMP.	OBSERVAÇÕES
2	11^m	28,50		7	9^a	30,0	
»	12	30,0		8	8^m	28,75	
»	5^t	31,88		»	2^t	32,50	Vento NE
4	3^t	31,25		»	6	28,37	
»	5	31,25		»	9^a	28,0	
5	2^t	32,50		9	1^t	26,88	
»	7^a	31,25		10	9^m	28,75	
6	4^t	33,0	Vento N	12	4^t	21,25	
»	4,5	33,75		13	2^t	32,50	Vento NE
»	7^a	30,0		17	12^m	31,88	
7	6^m	27,50		»	11^a	28,0	
»	1^t	32,50	Vento N	24	$1^t,5$	30,60	

Mez de março. Em Cuyabá

DIA	HORA	TEMP.	OBSERVAÇÕES	DIA	HORA	TEMP.	OBSERVAÇÕES
1	3^t	33,75	Aragem de NE	2	2^t	34,37	Aragem de NE
2	9^m	30,0	»	»	9^a	25,40	»

FIM DA INTRODUCÇÃO

VIAGEM AO REDOR DO BRASIL

—

PRIMEIRA PARTE

29

VIAGEM AO REDOR DO BRASIL

1875—1878

—

1.ª PARTE

ITINERARIO

DA CÓRTE Á CIDADE DE MATTO-GROSSO

Planta da Cidade de Corumbá

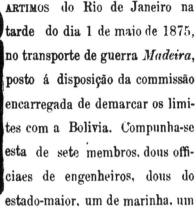

ᴀʀᴛɪᴍᴏѕ do Rio de Janeiro na tarde do dia 1 de maio de 1875, no transporte de guerra *Madeira*, posto á disposição da commissão encarregada de demarcar os limites com a Bolivia. Compunha-se esta de sete membros, dous officiaes de engenheiros, dous do estado-maior, um de marinha, um pharmaceutico e um medico, sob a direcção do distincto coronel de engenheiros, hoje general, barão de Maracajú, o mesmo que tão satisfactoriamente dirigira os trabalhos de demarcação com a republica do Paraguay.

———

No dia 3, ás 5 1/2 passavamos a ilha do Anhatomerim e ás 6 da tarde dava-se fundo por 24 horas no porto do *Desterro*. Tres dias mais tarde passavamos, á mesma hora, a cidade oriental de *Maldonado*, de origem brasileira. Foi o brigadeiro José da Silva Paes quem ahi estabeleceu, em 1737, o primeiro povoado, quando de volta de levar soccorros á Colonia do Sacramento ; mas pouco demorou-se pelo desabrigado da região e os fortes pampeiros que ahi reinam; e, subindo á costa, foi lançar os fundamentos da cidade do Rio Grande (a).

A' 6 avistámos o *Cerro* de Montevidéo, pequeno morro conico, de uns 150 metros de altura, notavel apenas por ser a unica montanha destas regiões.

Á elle, ao ser descoberto pelos primeiros navegadores, deve a cidade o nome que tem.

A's 7 1/2 fundeámos em Montevidéo, além das balisas.

Foi principios de Montevidéo o acampamento que ahi fez em 1723 o mestre de campo Manoel de Freitas da Fonseca, de ordem de Ayres de Saldanha, governador do Rio de Janeiro. Desde 1702 que o governo portuguez mandára tomar posse e povoar esse ponto, até que em 27 de novembro daquelle anno, Manoel de Freitas, com duzentos e poucos homens do Rio de Janeiro, S. Paulo, Bahia e Pernambuco, levantou um reducto com dez esplanadas e uma rancharia de dezoito cabanas. Chamava-se então esse territorio o *Continente de S. Gabriel*. Somente tres annos mais tarde é que vieram os hespanhoes com vinte familias canarias povoar Montevidéo (b).

A's 7 horas da noite de 13 suspendeu o *Madeira*, e ás 9 3/4 sumiam-se no horizonte, immergindo-se nas aguas, as ultimas luzes da graciosa sultana do Prata.

Pela madrugada passavamos em frente ao povoado, fundado no dia de anno bom de 1680 (c) por D. Manoel Lobo, governador do Rio de Janeiro e *Repartição do Sul*, que o denominou *Colonia do Santissimo Sacramento*, destinando-o a ser a extrema meridional do dominio lusi-

--- -- ..

(a) A' 19 de fevereiro de 1737. *Annaes* *daprov. de S. Pedro*. Visconde de S. Leopoldo.

(b) D. Greg. Funes. *Ensayo de lo Hist. civil del Paraguay, Buenos-Ayres y Tucuman*.

(c) 1678, segundo Oharlevoix, e Southey com elle.

tano (a), e logo após o local em que, em 1555, Juan Romero pretendeu fundar o povo de *S. Juan*, á beira do riacho de *S. Salvador*, de Gaboto, hoje de S. Juan.

Na manhã seguinte, ás 10 1/4, passámos a ilha de Martim Garcia (b), que os trefegos argentinos occupavam-se em fortificar, sem lembrarem-se de que o canal do *Inferno*, apezar de seu nome, póde offerecer passagem livre do alcance dos seus Krupps *de á trecantos* e *á quinientos*, que por desgraça delles não poderam ainda remover dos seus *arsenales* de Zarate.

A's 11 passámos a boca do Iguassú e entrámos no gigante *Paraná*.

Ilha do Anhatomerim.

<hr />

(a) **Assaltada** traiçoeiramente por José de Gario, em 6 de agosto do mesmo anno, e tomada quando apenas sobreviviam dez dos seus defensores. Lobo a havia fundado com duzentos combatentes e poucas familias. Morreu prisioneiro em Lima.

(b) Situada aos 34º 10' 53" 42'" lat.

II

Começámos o dia 15 passando o Tonelero, theatro do primeiro feito da nossa esquadra no actual reinado ; Greenfell, com uma divisão de oito navios em 17 de dezembro de 1851 (a), forçou a barranca ahi guarnecida por 2.000 homens e 16 canhões, ao mando de Mansilla, logar-tenente de Rosas e seu digno emulo na barbaria e crueldade.

A's 3 da madrugada passámos o povo de *S. Nicolas*, perto do qual foi-se obrigado á fundear por motivos da forte cerração que encobria o rio. Apraz-me consignar que o navio era piloteado por Bernardino Gustavini, o pratico da fragata *Amazonas*, na batalha de *Riachuelo*, *o rei dos praticos*, na phrase do almirante Barroso, o heróe dessa jornada, a mais notavel destes tempos e a mais gloriosa da marinha brasileira.

———

A' 6 da manhã seguimos ; ás 9 1/2 avistavamos a estancia de *S. Pedro*, encantadora habitação apalaçada, n'um promontorio á margem direita do rio, do qual é visivel n'um trajecto de mais de oito leguas.

Duas horas depois chegavamos ao Rosario, onde o transporte pairou sobre rodas, apenas meia hora, para receber provisões. Está situada, segundo Dugraty, aos 24° 23' 25'' lat. e 57° 12' 57'' O. de Greenwich. E' uma alegre cidadesinha; ha poucos annos logarejo insignificante, tornou-se florescentissima durante a guerra, como todos os outros povoados do Paraná e Prata, ao ponto de decuplicar quasi a sua população. Talvez destinada á ser um dia a capital da Confederação Argentina, hoje, como as outras, tambem vae decadente por faltarem-lhe os estimulos que a ensoberbeceram então.

(a) Os vapores fragata *Affonso*, corveta *Recife*, canhoneiras *Pedro II* e *D. Pedro*, e as corvetas á vela *D. Francisca* e *União*, e o brigue *Calliope*.

Em meia hora de marcha passámos a aldêa de *S. Lourenço* e ás 4 da tarde a boca do *Carcaranha*, que vem de Cordova e onde suppõe-se ter sido trucidado João de Garay, o fundador da provincia hespanhola do Prata.

————

A's 7 da manhã de 16, domingo de Pentecoste, avistámos as alturas da pequena cidade de *Santa Fé*, fundada por aquelle aventureiro, sob a denominação de *Santa Fé de la Vera Cruz*, ahi pelos annos de 1572 ou 1573 : em frente á ella sahe o arroio *Salado*. Cêrca de duas leguas acima, na margem esquerda, fica a *Paraná*, alegre cidadesinha trepada n'uma collina á borda d'agua. Sua posição é aos 30° 43' 30" lat. 17° 26' 58" *O*. do Pão de Assucar.

Com outras duas horas de marcha encontra-se na barranca o signal indicador de ahi passar o fio telegraphico para o Chili ; o rio se espraia em um lençol d'agua de mais de quatro kilometros de largura ; mas o canal de navegação é tão estreito e sinuoso, que raro é o navio de grandes dimensões que por ahi passe sem tocar no banco. Segundo nos contaram, desde muitos annos, Gustavini é o unico pratico que tem tido a gloria de não vêr encalhar ahi os navios que conduz.

Um quarto de hora depois do meio dia as vigias assignalaram um grande vapor brasileiro que vinha aguas abaixo.

E' o *Inhauma,* transporte de guerra, que desce de Assumpção conduzindo parte das forças de occupação da republica e seu chefe, o marechal de campo barão de Jaguarão.

A's 5 1/2 da tarde falla-se com o *Jaurú,* pequeno vapor da companhia de navegação de Cuyabá. A's 6 deixámos á nossa direita a estancia de *Santa Helena,* e ás 7 parámos por tres horas em outra, junto ao *Arroyo Sêco,* á mesma margem, com o fito de comprar-se vitualhas, que não foram encontradas, indo-se em seguida buscal-as no pequenino povo de *La Paz*, onde ancorou-se ás 10 3/4 da noite (a).

————

A's 7 e 10 minutos da manhã seguinte levantou-se ferro ; ás 11 passa-se a ilha *Garibaldi*, ás 2 1/2 deixa-se á direita a povoação da *Esquina*, já na provincia de Corrientes e á margem esquerda da foz do rio desse nome. A's 8 da noite ancora-se junto á *S. Lourenço*.

————

A' 18, apezar da forte cerração, segue o transporte á mesma hora do dia antecedente. A cerração torna-se, porém, tão densa que o navio é forçado á suspender a marcha, felizmente só por meia hora.

A's 11 passa-se *Goya*, pequeno povoado correntino, conhecido pelos seus queijos grandes e de má qualidade ; com uma hora mais de marcha está-se fronteiro ao *Rincon del Soto*, aprasivel sitio n'uma extensa collina, immenso prado todo marchetado de bosquetes de laranjeiras e brancas casinhas isoladas.

Embaixo, junto á margem, agglomera-se um pequeno povoado ; ao longe, na alta e extensa *lombada*, vê-se um *umbú*, gigantesca urticacea, cuja sombra cobre a antiga morada de Soto, o primeiro proprietario.

Na mesma fralda da collina, mas ao longe, avista-se a habitação do actual dono.

————

A' 3 da tarde passámos as barrancas de *Cuevas*, logar marcado nos nossos fastos maritimos pela acção que a esquadra ahi empenhou em 12 de agosto de 1865, para forçar a passagem, mau grado os obstaculos que lhe oppunham os 42 canhões do 2º regimento de artilharia á cavallo para-

————

(a) La Paz está aos 30º 44' 8" de lat. e 16º 29' 39" O. do Pão de Assucar.

guayo, que guarneciam a barranca dirigida por Bruguez, e da fuzilaria commandada pelo major Aquino do 36° de linha.

Era repetição do que já tinham feito em *Mercedes*, outras barrancas [logo abaixo de ¡Riachuelo, e que a esquadra teve de forçar uma semana depois desta batalha.

Passagem sub-fluvial do cabo telegraphico para o Chili.

Tanto em Mercedes como em Cuevas são altas as barrancas, o rio estreito e o canal encostado á ellas.

Foi tratando desse combate, aliás sem grande importancia, que a imprensa argentina, cheia de pasmo e admiração pelos feitos de sua *esquadra*, composta da goleta á vapor *El Guardia Nacional*, armou á fama e á gloria, com a pompa do estylo peculiar ao seu povo. « *La escuadra argentina y algunos buques brasileros*, disseram, *pasaran esas formidables barrancas á viva fuerza, conquistando un grande, esplendido e inolvidable triunfo.* »

Na verdade o arrogante *Guardia Nacional* vergava ao peso de *su formidable armamiento : tres cañones por banda y mas dous rodisios, no mas.*

————

A's 5 1/2 avistam-se ao longe algumas casinhas. E' o povo da *Bella Vista* (a).

————

A' 1 hora da madrugada de 19, sendo intensa a cerração, ancora-se junto ás barrancas de Mercedes. A's 6 suspende-se. ás 10 passa-se uma pequena ilha, e estamos no local onde, em 11 de junho, feriu-se a primeira batalha naval da America. sendo destroçada e quasi completamente destruida a esquadra paraguaya, commandada pelo capitão Meza. que ficou prisioneiro, victoria devida, principalmente, á famosa e ousada manobra da *Amazonas*, navio-almirante brasileiro que, operando como ariete, á bicadas metteu á pique tres vapores inimigos, manobra até entao só julgada propria dos encouraçados e depois seguida por Tegethoff. na batalha de Lissa, no Adriatico.

————

Quarenta minutos depois enfrentavamos *Corrientes*, primitivamente *cidade de Juan Veras*, do nome do seu fundador João Torres de Veras, em 1588. E' sua posição em 7° 27' 31'' lat. e 14° 45' 48'' *O.* do Pão de Assucar. •

Ao meio dia avistavamos o Alto Paraná e a ilha da *Redempção* ou *Cabrita*, os portos de *Santa Rosa* e *Arandas*, na margem correntina, e os de *Itapirú* e *Passo da Patria*, na paraguaya, e as *Tres Bocas*, onde estava de vigia o encouraçado *Mariz e Barros*.

Em poucos minutos singravamos aguas do Paraguay (b).

————

(a) Situada aos 28° 29' 0'' lat. e 15° 59' 58'' long. *O.* do Pão de Assucar.

(b) No parallelo 27° 17' 0'' e á 61° 9' 0'' *O.* de Paris: Bartolomeu Bossi, *Viage Pintoresca por los rios Paraná, Paraguay, S. Lourenzo y Cuyabá.*

Quantas recordações, umas doces e agradaveis, outras extremamente amargas, nos desperta a vista desses logares, scenario outr'ora de tantas emoções, perigos e glorias, nessa immensa e cruenta epopeia que se chamou *guerra do Paraguay!*

Aqui começa-se á lêr as suas paginas mais brilhantes. *Itapirú* e a passagem do Paraná, os primeiros dessa serie gloriosa de combates que fizeram de Osorio o idolo dos soldados e lhe grangearam ainda em vida o titulo de *legendario* (a). *Redempção*, onde o exercito recebeu seu baptismo de sangue, e que por sua vez foi baptisada com o heroico e mallogrado nome do seu defensor, mas que entretanto achamos mais justo e mais grato conservar-lhe o que este lhe impôz e que referia-se á missão do Brasil em prol das hordas escravisadas do tyranete paraguayo.

———

Dez minutos, pouco mais ou menos, pairou-se sobre rodas no porto do *Cerrito*, onde ainda tremulava o pavilhão do Brasil, e quatro canhões em bateria e algumas pyramides de balas eram o que restava do abastecido arsenal que alli tivemos. Fica esta ilha aos 27° 17' 32" lat. e 15° 22' 23" O. do Pão de Assucar.

———

(a) Nesse dia, 16 de abril de 1866, Osorio correu serio perigo. Abicando á terra, saltou incontinente com o seu piquete de lanceiros e soffrego adiantou-se á galope á reconhecer o terreno. Em breve estava cercado pelo inimigo que descobrira a operação do desembarque e marchava rapidamente sobre o ponto. Uma ala do 2º corpo de voluntarios, *mui bem commandada*, como exprimiu-se o general na sua participação ao governo, desembarcou logo após elle, seguiu-o á marche-marche e chegou á tempo de protegel-o contra as forças paraguayas que já o cercavam e atacavam com furia. Calando o nome desse commandante, o heroico general pareceu fazel-o propositalmente, como que armando á curiosidade, que buscaria saber quem fôra esse chefe á quem elle, nas suas conversações, se aprazia de chamar o seu salvador.

Seguimos : e passo á passo vão desfilando logares tão memoraveis para nós.

E' 1 hora e 10 minutos da tarde. Lá está o ponto do desembarque de Osorio em 16 de Abril e onde se realizou essa brilhante operação da passagem do exercito, n'uma massa d'agua que, reunindo todas as difficuldades de um desembarque de mar á todas as de uma passagem de rio, é sem duvida a mais notavel na historia das guerras. Lá está a lagôa *Serena* e pouco adiante a lagôa *Pires*, theatro de tantos episodios no sitio de Humaitá.

A's 2 horas e 10 minutos passámos as barrancas de *Curusú*, avistando ainda, entre ellas e a *ilha das Palmas,* os restos do *Eponina*, vapor-hospital, incendiado durante a guerra, cheio de enfermos do cholera, muitos dos quaes tiveram o vapor por sepultura.

Tomámos pela esquerda da ilha : lá está o logar onde submergiu-se o encouraçado *Rio de Janeiro,* arrebentado por torpedos, no mesmo dia da gloriosa tomada de Curusú (a). Em uma arvore á margem direita do rio, assignalando o local do desastre, lê-se o nome do encouraçado, ahi gravado pelo heroico Gustavini.

Vêm-se ainda os restos da fortificação de *Curusú*, theatro glorioso do heroismo de Porto Alegre e do inquebrantavel zelo do tenaz Argolo, e para mim de bem dolorosas recordações. Ahi receberam seu baptismo de fogo meus irmãos Hippolyto e Affonso, que, dezenove dias mais tarde, iam morrer gloriosamente nas trincheiras de *Curupaity*.

Vêm-se ainda em pé essas trincheiras que o tempo tem sabido respeitar. A's 2 1/2 passámol-as e os lindos campos abarrancados de Curupaity, immensas planuras, hoje tão desertas e socegadas, vasta necropole, outr'ora centro de um labutar continuo, onde de um e outro lado se con-

----

(a) 3 de setembro de 1866.

fundiam ao troar constante do canhão, os gemidos dos feridos, o estertor dos agonisantes, os hymnos da victoria e as marchas funebres dos mortos.

———

A' margem esquerda já se vai encobrindo o *acampamento de Gurjão*, general cujo merito se bitolava por uma modestia, bondade e affabilidade extremas. Seu valor marcial deixou-o elle estereotypado na famosa apostrophe ás suas tropas, entibiadas nos desfiladeiros de *Itororó* : — *Vejam como morre um general* !

———

Lá estão ainda nesse acampamento os vestigios da nossa estrada de ferro estrategica, construida n'uma extensão de 7.612 metros.

— —

A's duas horas e 40 minutos passámos a celebrada Humaitá, excellentemente situada n'uma estreita volta do rio, donde se descortinam bons tractos de seu curso acima e abaixo. Foi antigo presidio, fundado como o de Curupaity, por D. Pedro de Melo Portugal, governador do Paraguay, no intuito de impedir as depredações dos indios do Chaco ; convertida por Carlos Lopes na tremenda barreira do Paraguay, além da qual nenhum navio podia passar sem permissão sua ; e que Solano, seu filho, suppôz invencivel com o numero de canhões que a guarneciam, as sete correntes que trancavam-lhe o rio e os torpedos que lhe juncavam o leito (b).

————

(b) Não é geralmente conhecido o armamento dessa fortaleza, e fio que não se me levará á mal o transcrever aqui a relação do apercebimento bellico ahi encontrado, tomada pela commissão incumbida de arrecadal-o. Eil-a :

Artilharia de bronze :

1	canhão	de calibre		80,	*El Christiano*, alma lisa.	
2	canhões	»	»	24	»	»
3	»	»	»	12	»	»
2	»	»	»	12	raiados.	

Aqui se refugiaram os restos destroçados do seu exercito depois da memoravel derrota de 24 de maio ; aqui foi a segunda e mais duradoura base de operação do despota paraguayo ; para aqui convergiram, durante dous annos, todos os planos de guerra dos alliados ; por causa de Hu-

1	canhão	de calibre	9		alma lisa.
3	canhões	» »	6		» »
5	»	» »	4		» »
2	»	» »	4		raiados.
2	»	» »	3		»
2	» obuzes »	»	12		alma lisa (brasileiros *).
1	canhão obuz »	»	4,5	pollegadas.	
10	obuzes	» »	5.5	»	
3	»	» »	4,5	»	

37

Artilharia de ferro :

1	canhão	de calibre	120,	raiado, *El Acaverá*, arrebentado pela culatra.
8	canhões	» »	68	lisos.
16	»	» »	32	»
40	»	» »	24	»
9	»	» »	18	»
25	»	» »	12	»
2	»	» »	12	raiados.
7	»	» »	9	lisos.
7	»	» »	6	»
1	»	» »	6	raiado.
10	»	» »	4	lisos.
8	» obuzes »	»	5,5	pollegadas (caronadas).
9	» » »	»	4,5	»
1	morteiro		10	

144

Material de serviço :

38 armões, 5 carros manchegos sem armões, 5 especiaes para transporte de munição, 7 reparos de falcas, 1 sem rodados, 11 de flecha, 2 de campanha, 2 sem rodados, 15 de marinha, 163 peças de palamenta, usadas, 176 espingardas, 408 bayonettas, 5 lanças, 4 estativas de foguetes de guerra, systema inglez, 90 carretas, a maior parte em mau estado, 1 zorra com oito grandes rodas, destinada ao transporte da artilharia pesada, e enorme quantidade de munição de artilharia e infantaria.

(*) Ainda não foi explicado como é que esses canhões, depositados em Corrientes, foram parar em poder de Lopes.

maitá feriram-se mais de quarenta combates (a). Humaitá fica, segundo Bossi, aos 27° 30' lat. e 61° 2' *O.* de Paris.

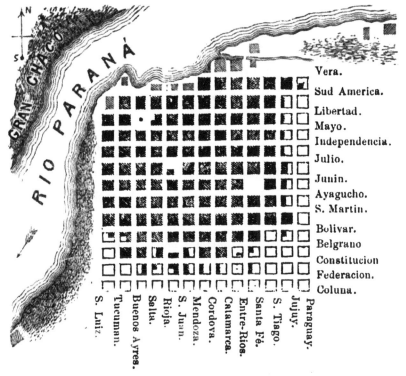

Planta da cidade de Corrientes.

Mais dez minutos de viagem, e passámos, de um lado, as ruinas do reducto paraguayo do *Estabelecimiento*, e do outro, na margem direita, as do nosso acampamento do Chaco. Ahi, em 5 de agosto, entregou sua espada, que não foi acceita, o bravo tenente-coronel Hipolito Martinez, commandante de Humaitá, que, após tentar em vão romper o cêrco para reunir-se á Lopes, viu-se coagido á capitular, quando já seus defensores

_____

(a) Os de 2, 20, 24 e 28 de maio, 9 e 11 de junho, 16 e 18 de julho, 3 e 22 de setembro e 30 de oitubro, tudo de 1866; 31 de julho, 3, 6, 15 e 24 de agosto, 8 e 29 de oitubro, 2 e 3 de novembro de 1867; 19 de fevereiro, 21 de março, 2 e 8 de maio, 3, 16 e 18 de julho, e os combates diarios e seguidos desde 24 desse mez até 5 de agosto de 1868.

morriam mais pela fome do que pelas balas, e quando já não havia um osso, uma correia de bonet, uma pelle de tambor, nem mesmo um sabugo das pontas e cascos dos animaes para enganar-lhes a fome.

Este episodio da guerra é uma pedra de toque do caracter de Francisco Solano. Por tão heroica resistencia, só comparavel, mas ainda assim superior, por mais tenaz, desgraçada e admiravel, á do barão Henrique de Chassé, em Antuerpia,

Le Leonidas batave aux Thermopyles, de l'Escault,

nós, os brasileiros, seus inimigos, recebemol-o com todo o respeito devido á coragem malaventurada; Lopes, ao ter noticia da capitulação, mandou entregar suas joven esposa e cunhadas á lubricidade infrene da soldadesca, que, depois de saciada, as matou á golpes de lanças !

IV

A's 3 horas e 10 minutos passámos o *Guaycurú*, dez minutos depois o *Timbó* e mais logo o *Laureles*, este na margem esquerda : terrenos todos ensopados do sangue de tantos bravos. A's 4 1/2 o *Tayi*, onde ainda distinguimos os restos do *forte de S. Gabriel* e as trincheiras levantadas por Argolo. Meia hora depois deixavamos á nossa esquerda a boca do *Tarija* ou *rio Vermelho* e enfrentavamos com a villa do *Pilar*, graciosa povoação que mais parece um grande pomar entremeiado de casas.

A villa do Pilar está, segundo Dugraty, á 26° 51' 9" *S*. e 58° 22' 35" *O*. de Greenwich, e cêrca de cem metros acima das aguas do oceano.

A's 8 horas e 45 minutos passámos a *Taquara*, ás 9 horas e 10 minutos a boca d o *Tebicuary* e quarenta minutos depois a barranca de *S. Fernando*, celebre pela horrorosa carnificina que nesses logares fez o tigre paraguayo no dia 24 de agosto de 1868 e seguintes, nos seus mais adictos e servis sequazes, em castigo de uma pretensa conspiração. Proximo ao *passo real do Tebicuary* vimos então duas grandes vallas, em uma das quaes haveria talvez 120 cadaveres acamados em tres ordens ; na outra, cêrca de um terço da escavação estava descoberta, deixando patentes no seu fundo dezeseis cadaveres de chefes e pessoas notaveis, entre os quaes foram reconhecidos Bruguez, Barrios, Allen, Caminos, Berges e os orientaes Carrera e Rodriguez. Bruguez tinha uma atadura ao pescoço e um apparelho cirurgico á cabeça, sabendo-se depois que, condemnado á morte, tentara suicidar-se (a).

(a) De uns apontamentos meus, *Diario da campanha do Paraguay*, extraio o seguinte :

« Terça-feira 1 de setembro de 1868. A's 5 1/2 da manhã seguem as forças que devem unir-se ás do barão do Triumpho. Este, reconhecida a retirada do inimigo da margem do Tebicuary, ordena a passagem das forças, que a effectuam ás 10 do dia. As cavallarias vão acampar em S. Fernando, meia legua á *NNO*. Ambas as margens do rio, no *passo*, estão fortificadas, sendo mais possante a fortificação á margem esquerda, que hontem tomamos de assalto. No reducto fronteiro encontramos alguns mortos, dos quaes um official ; e fóra da linha de abatizes, entre o rio e uma lagôa, em rumo *N.*, duas grandes vallas atulhadas de cadaveres, mal cobertos de terra : uma de 62 palmos de comprido e outra de 76, esta completamente cheia e aquella aberta na extensão de 36 palmos, para deixar vêr no fundo, alto de 6 palmos, dezeseis cadaveres collocados uns ao lado dos outros. Aparentam pelos traços physionomicos e restos da fina roupa que trazem, que deviam de ser homens da boa sociedade. Quatro estão degolados e todos os dezeseis crivados de ferimentos de bala ou lança. Uns mostram terem estado muito tempo á ferros, com gargalheiras e grilhões, estando maceradas as carnes do pescoço, tornozelos e pés. Delles, um, que dizem ser Bruguez, está com uma atadura á cabeça, á semelhança de capacete de Hippocrates, e outro apparelho ao pescoço, onde se divisam signaes de feridas mais antigas, mas não cicatrizadas; tem o olho direito vasado e ainda sanguinolento, mas não ha indicios de que as aves de rapina tenham tocado nesses cadaveres. Os paraguayos que nos acompanham, e que reconheceram esse general, dizem que os outros corpos são os de Barrios, cunhado de Lopes, do coronel Allen, antecessor de Martinez no commando de Humaitá, Rodriguez e Carreras, inimigos do Brasil, e que fugiram de Montevidéo para açularem contra nós as iras da féra paraguaya, e finalmente, Caminos, Berges, ministros de Estado, além de outros, cujos nomes olvido. Parece terem sido victimados ha tres para quatro dias. Estão deitados na largura da valla, cujo leito enchem em quasi metade. Na parte restante vêm-se empilhados os cadaveres em tres ordens, bem distinctas na

Mais além, dentro das mattas, encontrámos montões de outros insepultos, alguns enforcados e ainda lanceados. Desde então, por toda a estrada até á capital, fomos encontrando os cadaveres dos que, segundo soubemos depois, extenuados já pelo soffrimento ou pela fome, não podiam caminhar, e por ordem de Solano e de seus ministros fazia-se-lhes a mercê de lanceal-os.

———

Ao nascer do dia 20 passámos por *Villa Franca*, antiga *Remolinos*, onde, em 1778, o mesmo governador Pedro de Melo Portugal, que fundára os presidios de Humaitá e Curupaity, mandou Pedro Zeballos estabelecer-se com uma *reducção* de indios *mbocavis*.

Villa Franca fica aos 26° 18' 41'' *S.* e 58° 3' 39'' ao *O.* de Greenwich (a).

A' 1 da madrugada passámos por *Villa Oliva;* ás 6 por Mercedes; ás 8 começámos á aperceber ao longe, para *ENE.*, as *Lomas Valentinas*, theatro dos ultimos combates de 1868 e termo da campanha Caxias; ás 9 1/2 *Santa Rosa;* 10 minutos depois das 10 o arroio *Surubihy*, em cuja ponte, á 23 de setembro desse anno, tivemos um sangrento combate. Quarenta e dous minutos mais tarde enfrentavamos as barrancas de Palmas, onde pudemos ainda vêr os restos das trincheiras e das *ramadas*, e outros signaes dos acampamentos dahi.

———————

fileira junto áquelles. Aos da camada superior cobre tão tenue quantidade de terra, que seus cotovellos, joelhos e pés já a irrompem, destendidos pela tumefacção. Nesta valla pódem existir uns setenta cadaveres e na outra mais de cem. O facto de estarem insepultos aquelles dezeseis comprova ainda mais a infame crueza do tigre paraguayo. Assassinando os mais adictos e os mais servis dos seus amigos e servidores, e expondo-os dessa maneira, parece ter querido mostrar, na ostentação da maldade, á todos inimigos ou sequazes, de quanta crueldade, quanta infamia e quantos crimes não é capaz um tyranno. »

(a) Dugraty. *La Republica del Paraguay.*

A's 11 horas e 5 minutos entravamos na volta do *Juica*, onde atraz de uma ilha fica, á margem direita, o porto de *Santa Theresa*. Ahi desembarcou e acampou em 15 de oitubro desse anno o 2º corpo do exercito, ao mando de Argolo, e deu começo á famosa estrada estrategica do Chaco, por cima de pantanos e lagôas, pela qual passou todo o exercito, para bater pela retaguarda o inimigo fortificado, em Lomas Valentinas, e separal-o da capital. Nesse trabalho memoravel perto de 11 kilometros (a) eram de pontes e estivados, em que foram empregados mais de 30,000 espiques de *carandás*; e, quem quer que fosse o ideador dessa estrada, si não foi ella devida á iniciativa de Argolo, basta á este general para sua gloria a prompta confecção. Tambem ninguem melhor do que elle seria capaz da realizal-a, pelo seu espirito perseverante, tenaz e infatigavel, e ainda secundado pelo chefe da commissão de engenheiros, o tenente-coronel Rufino Galvão, dotado das mesmas extraordinarias qualidades.

V

A's 11 horas e 35 minutos passámos o arroio *Pikysyry* com a dupla ordem de trincheiras, que o marginava pela direita; e em seguida *Angostura*, onde ainda se vêm os restos de suas formidaveis fortificações.

Ao meio-dia vimos de um lado o *Rio Negro*, braço do Pilcomayo, e do outro a *Villeta* (b), por traz da qual se avistam as Lomas Valentinas, ou *Guarambaré*, encobrindo os campos do Avahy tão celebres ambos, pelas sangrentas batalhas que ahi se feriram e pelo descalabro de Lopez e de sua fuga em 27 de dezembro de 1868.

(a) 10,714 metros.

(b) Fundada em 1714 por Juan Basan de Pedraza. Está situada aos 25º 26' 20" lat. 57º 37' 42" ao Occ. de Greenwich (Dugraty).

Quasi á 1 hora da tarde passámos o Itororó, ribeirão para sempre notavel pelo combate de 6 de dezembro desse anno, onde nossa victoria foi comprada com o sangue da flôr do nosso exercito. Ahi entre os mortos ficaram Fernando Machado, Ferreira de Azevedo, Guedes, Feitosa, Rodrigues Barbosa, Felix e meu irmão Eduardo, sepultados juntos ; (a) e

_____

(a) Só a 2 de fevereiro de 1869 pude visitar essa sepultura, tendo eu ficado com as forças alliadas que occuparam as fortificações de Angostura, desde sua rendição em 30 de dezembro até 29 de janeiro. Ahi escrevi os seguintes versos :

. . . .

Na sepultura
de meu irmão o major Eduardo da Fonseca, commandante do 40º corpo
de voluntarios da patria, morto gloriosamente no combate de Itororó,
em 6 de dezembro de 1868

— —

Dorme, oh! lutador que assaz lutaste.
GONÇALVES DIAS.

Sim, dorme, dorme em paz.
A pouca terra
em que descansas, que te guarda o corpo,
compraste-a á preço de teu sangue heroico...
— Teus sonhos de mancebo, teus anhelos,
anceios, esperanças de futuro,
tudo por ella déste - e a vida e a gloria !

— —

Oh ! dorme, dorme em paz na sepultura !
E' terra tua, dorme.
Quando intrepido
ao som electrisante da corneta,
que a carga ordena,
arremetteste á frente de teus bravos,
e, *primus inter pares*, carregaste
sobre o inimigo, seus canhões tomando (*).
não pensavas, talvez, fosse teu leito,
— ultimo leito! — o campo da victoria.
E, quando reformando teus quadrados,
reducto d'aço, inquebrantavel, forte,
— vencedor do inimigo, tantas vezes

_____

(*) Ao vencer a porfiada victoria da ponte de Itororó, Eduardo com o seu batalhão tomou uma bateria.

Vide participações officiaes des commandantes de brigada e divisões respectivas.

entre os feridos Argolo, Gurjão, Domingos Leite, Raphael, Enéas Galvão,
e meus dous irmãos Hermes e Deodoro.

quantas elle atacou,—alfim sentiste
fugir-te a voz, no sangue que as golfadas
encheu-te a fauce...—e co' gladio, apenas,
                    acenavas á carga,
a voz supprindo que a manobra ordena,
— ahi sentiste—e perto—o leito heroico
                    do lidador que cahe :
entrevistel-o talvez — na furia horrenda,
                    na horrida pujança...
Mas foi um instante só... e já voavas
no ardego corsel em pós da gloria !
Foi um instante só... e novo raio
de Mavorte cruel tocou-te o cerebro.

————

Cahiste, heroe, á frente de teus bravos ..
Com a espada assignalaste a sepultura...
Compraste-a com teu sangue...—E' tua, dorme !

————

Sim, dorme, dorme em paz ! Tens por cruzeiro,
à tua cabeceira, a cruz de um sabre ;
por magestoso templo a natureza,
e por zimborio o céo. São candelarios
as estrellas e o sol ; —são-te epitaphios
uma alampada, o sabre, e a marcia tuba (*)
que mão amiga ahi depóz piedosa,
                    por unico signal.
                    Cantam-te as glorias
as meigas avezinhas das florestas
e o itororó das aguas (**) que se esbatem.
á saltar pedra a pedra a cachoeira,
gemendo marulhosas, sob a ponte,
                    theatro de teus feitos
nesse teu grande e derradeiro dia.

————

Ai ! dorme, dorme em paz ! Não agoureiras
aqui ululam merencorias aves
te perturbando o somno ; nem sacrilegas
as vozes de importunos curiosos

(*) Indices deixados adrede para reconhecer-se a sepultura.
(**) Nome onomatopaico guarany para designar pequenas cachoeiras e saltos
d'agua.

A' 1 hora e 20 minutos passámos o morro do Lambaré que, com pe-

quebram ruidosas a mudez dos ermos.
— Só da floresta o farfalhar queixoso,
de meigas aves o mimoso canto
acalentam-te o somno derradeiro...
— E o som das aguas desse *arroio* celebre.
rumorejando á se e°bater nas rochas,
— si a placidez de teu descanso turbam,
contam-te os feitos nessa heroica luta,
cantam-te as glorias que lucraste nella!

———

Dia por dia—apoz quatro annos feitos (*)
de teu primeiro prelio e gloria prima,
cahiste, lidador !... baqueou-te o braço
desfallecido, inerte...—e a espada invicta,
que desde Paysandú e Riachuelo
sempre ao triumpho conduziu teus bravos,
cessou de lhes mostrar a senda heroica...
rolou no chão, viuva do teu braço...
— Dia por dia,—apoz quatro annos feitos !...

———

Sorte fatal !... ao mesmo tempo quasi,
em que tua alma nobre e generosa
a deusa da victoria aos céos levava
á reunil-a aos manes gloriosos
de Hippolyto e Affonso—o ferro imigo
rompia as carnes á Deodoro e Hermes,
            irmãos todos, na liça
irmãos no sangue, irmãos todos na gloria.

———

Itororó !... na tua ponte angusta
legaste ao mundo nome immorredouro!
Combate de gigantes !... nessa ponte,
seis vezes investida e seis tomada,
á gloria ergueste bem crueis altares !
Tivestes neste dia novas fontes
á soberbar-te o curso. As tuas ondas
rubras correram,—sangue de mil bravos !
... E. caso incrivel nos annaes da historia,

— — — — — ——————————————

(*) A 6 de dezembro de 1864, achou-se Eduardo, pela primeira vez, em combate no assedio de Paysandú, onde commandou a infantaria que nesse dia tentou assal-tal-a, tendo substituido o capitão Peixoto, ferido ao iniciar-se a acção.

quena modificação, conserva o nome de um dos chefes guaranys que Juan

de envolta ás ondas turvas e sanguineas,
corpos aos cem, em turbilhões se chocam,
precipitam-se e vão de pedra em pedra,
      da torrente no vortice.
Oh ! que luta e que horrores !... Nessa hora
era, ó funebre arroio—essa cascata,
      cascata de cadaveres !

Quanto sangue, meu Deus !... Ai, pobre patria,
compras bem caro os louros desse dia !
A flôr dos teus soldados—quasi toda,
ahi verteu por ti seu nobre sangue,
sinão cahiu exanime, prostrada.
Aqui, somente, em tão restricto espaço,
eu vejo—par á par—no somno eterno,
Azevedo, Machado, Eduardo e Guedes (*)...
— E os outros ?... e mil outros ?... onde jazem ?
— Ai ! victoria fatal !... gloria funesta !

— Aqui, alli, bem perto, além, ao longe
quantos destroços desse dia—quantos !...
— Aqui as furias se fartaram em sangue !,..
Podres correias, gôrros já sem fórma,
restos de fardas, de fuzis quebrados,
de rotos sabres, de partidas lanças,
      em toda parte e sempre !...
— Quanta metralha pelo chão esparsa !...
— Quanto pelouro arremessou a morte !...
Presos inda ao pedregal do abysmo,
esparsos na campina entre os balsedos,
ao longo das estradas,—na floresta,
— ai ! quanto craneo á alvejar ao tempo !

Que sorte a do soldado! Tanto brio,
tanto arrojo e valor—ah !... tanta vida
presa á voz do canhão,—de um sabre ao fio !

Pobres valentes !... Si lençol ligeiro
de terras soltas inhumou seus corpos,
veiu o pampeiro e os exhumou de novo !

(*) Em quatro sepulturas juntas, duas á duas, estavam Eduardo, o coronel Fernando Machado de Souza e os tenentes-coroneis Gabriel de Souza Guedes e José Ferreira de Azevedo.

de Ayolas, encontrou quando veiu a conquistar o Paraguay ; (a) e que,

———

A ti, meu pobre irmão, bondosa e amiga
mão protectora preparou-te o leito
do teu ultimo somno, e previdente,
— para amparar-te do furor dos tempos,
te ergueu de leivas mausoléo relvoso;
— á falta de epitaphio, assignalou-te
   a mansão derradeira
— com esse sabre—que uma cruz suppriu-te,
— com essa alampada á teus pés pousada,
e a mavorcia turba que nos prelios
transmitte a voz do mando e excita os bravos.

———

Sim, dorme, dorme em paz—na nobre campa.
Mais feliz do que Hippolyto, não foste
por selvagem inimigo trucidado
no proprio campo onde arrojou-te o brio
   e o heroismo extremo ;
— mais feliz do que Affonso—o pobre martyr,
que envolto no pendão sempre adorado,
os membros teve rotos á metralha,
e por sepulchro a valla—em chão ignoto (*),
— tu tens, Eduardo, tumba assignalada ;
sabem os teus a campa onde descansam
e onde, um dia, buscarão rev'rentes,
   teus restos venerados.
Dorme em paz á sombra do cruzeiro,
da dupla cruz que á cabeceira ergui-te.
Si o céo propicio for á mão que os planta,
hão de brotar jasmins no teu sepulchro,
   e rosas nos dos outros (**).
Dorme, dorme em paz !
      A pouca terra
em que descansas—que te cobre o corpo,
compraste-a com teu sangue...
      E' tua, dorme.

———————

(*) Hippolyto e Affonso morreram, como já disse, no combate de Curupaity, em 22 de setembro de 1866: aquelle commandava o 86º de voluntarios e cahiu ferido dentro da trincheira inimiga ; este, porta bandeira do 34º de voluntarios, foi attingido por uma granada que arrebentou-lhe aos pés, despedaçando-lhe o braço direito e as duas coxas, cobrindo-o ainda de feridas. Conduzido ao hospital de sangue, e sendo-lhe feitas as tres amputações, morreu na operação, erguendo vivas ao Imperador, ao Brasil e ao exercito, sem ter dado a menor manifestação de dor em tão crueis soffrimentos.

(**) Plantadas por mão fraterna, por um sentimento religioso e tambem para melhor assignalar a sepultura.

(a) *Lamperé*, Southey, *Hist. do Brasil.*

vencedor, deu-lhes como castigo o erguerem as trincheiras que deviam recolher e resguardar os hespanhoes, ás quaes, terminadas em 15 de agosto de 1536, impuzeram o nome de Nossa Senhora da Assumpção, que mais tarde passou para o povoado que Juan Salazar de Espinosa e Gonçalo de Mendoza, filho do governador de Buenos-Ayres, ahi vieram estabelecer no mesmo anno, já tendo Ayolas abandonado o fortim para ir em busca de ouro nas regiões do Alto Paraná. Taes foram ós começos da capital paraguaya, onde deu fundo o *Madeira* ás 2 horas da tarde de 20 de maio.

Está Assumpção aos 25° 16' 29" de long. occ. do Pão de Assucar e na latitude de 14° 35' 39". Segundo Dugraty, sua altitude relativamente ao nivel do oceano é de 102 metros.

Em frente á cidade desagua a boca principal do Pilcomayo, explorado em 1721 pelo padre Patiño, que percorreu cerca de 300 leguas do seu curso. Já abaixo tinham ficado outras duas bocas conhecidas pelos nomes de rio *Araguay* e *Negro*.

Pouco adiantou a cidade nesses quatro ultimos annos em que deixei de vêl-a: seu aspecto não mudou, salvo uma menor animação no povo,— devida sem duvida ao enfraquecimento do commercio, já não alimentado com o ouro do Brasil na mesma immensa escala daquelles tempos.

Quatro dias passámos nesta capital, emquanto se preparavam o *Corumbá* e o *Antonio João*, dous pequeninos vapores de guerra que nos deviam conduzir á villa de Corumbá, visto que o *Madeira*, por seu calado, não se animava á proseguir, temeroso dos baixios do rio, no morro do *Conselho*. Para uma grande chata passaram-se as bagagens e o pesado material da commissão.

Ao meio dia de 24 embarcámos.

Acceitando o gracioso offerecimento que lhe fizera o chefe da commissão, tomou passagem no *Corumbá* meu irmão o brigadeiro Hermes, nomeado presidente e commandante das armas de Matto-Grosso. Os generaes e officiaes brasileiros de terra e mar, as legações brasileira e estrangeiras e o governo, membros do congresso e mais funccionarios da republica, vieram trazel-o á bordo, fazendo-lhe a delicadeza de o acompanharem em um pequeno vapor, por mais de uma legua, onde, após as despedidas e comprimentos de pavilhão, os dous navios se approximaram e o ministro de estrangeiros Facundo Machain, em nome do governo, entregou-lhe um immenso ramo de flôres, que acompanhou desse laconicissimo, mas por isso mesmo, muito expressivo *discurso : Recuerdos !*

VI

Somente ás 4 da tarde puzeram-se em marcha os dous vapores que não vencem nem uma legua por hora. Com 26 horas de viagem enfrentámos á villa do *Rosario*, distante apenas uns 140 kilometros de Assumpção. Segundo Ricardo Franco, demora essa villa aos 25° e 18' de latitude e 320" 20' de longitude do meridiano occidental da ilha do Ferro. Dugraty marca-lhe 24° 23' 25" *S.* e 57° 12' 15" a *O.* de Greenwich.

E' uma pequena villa fundada em 1783 com o nome de Quarepoty, do rio sobre que está assentada; foi seu fundador Pedro de Melo Portugal.

———

A's 8 3/4 de 27 avistámos a villa da Conceição, pobre povoado começado em 1773 por Agustin de Pinedo, aos 23° 23' 56" lat. e 57° 30' 49" *O.* de Greenwich, segundo Dugraty, que dá-lhe tambem a altura de 110 metros sobre o mar (a).

(a) Foi fundada em 1773 com o titulo de *Villa Real ;* os hespanhoes queriam·a mais acima, e disso falla Azára, quando commissario de limites, em carta de 13 de dezembro de 1790 ao vice-rei de Buenos-Ayres Nicolas de Arredondo. Luiz d'Albuquerque, 5° capitão-general de Matto Grosso, dando noticia dessa fundação, em seu

Fundeámos ás 9 horas e 5 minutos para tomar provisões.

No porto.achámos as canhoneiras *Taquary* e *Fernandes Vieira*, e o antigo paquete *Princeza de Joinville*, grande e bello navio, então completamente alagado á espera de reboque para o Ladario, onde irá ser desmanchado.

Hoje é o dia de *Corpus-Christi*. Baixei á terra para ouvir missa e visitar a villa, edificada como a mór parte dos povoados da America Hespanhola pelo systema das reducções dos jesuitas, uma praça na qual uma das faces, a fronteira do rio, é preenchida pela egreja, e as outras tres por antigas senzalas ou alojamento dos neophytos, e hoje quarteis.

Dos quatro angulos partem ruas, ou melhor, caminhos com algumas palhoças aqui e alli, mas que deixam vêr que em tempo mais longe teve a villa outras ruas que cortavam aquellas, notando-se ainda os esteios ou sitios das casas.

Em seguida á missa conventual effectuou-se a procissão do dia, feita com a pompa compativel com a riqueza do logar. A' noite, o chefe politico do departamento, Juan Carisimo, obsequiou-nos com uma *tertulia*, onde compareceu, de ordem superior, todo o mulherio da terra, moças e velhas, daquellas algumas bem passaveis.

A's 9 da manhã de 28 continuámos a viagem, demorando-se o vapor á cada hora, por desarranjo na machina, ou por falseamento de manobra e erro do canal, batendo nos bancos. A' 1 da tarde passámos o *Aquidaban*, *Cambanapú* (a) dos indios payaguás, e duas e meia hora depois a villa do Salvador, antiga *Tevego*, fundada por Carlos Lopes, e hoje deserta.

---

officio de 26 de maio de 1775 ao governo portuguez, propõe o estabelecimento de um povoado no *Fecho de Morros*, idéa que já occorrêra á seu antecessor Luiz Pinto e mesmo á Rolim de Moura, o que se vê dos officios de 5 de janeiro de 1761, deste, e de 11 de fevereiro de 1770, daquelle.

(a) Segundo o Dr. Alexandre Rodrigues Ferreira, este nome era dado ao rio Pirahy que é o Apa.

Demarca-a Dugraty em 22° 48' 45" lat. e 57° 52' 12" *O*. de Greenwich. Thomas Page dá-lhe a altitude de 111 metros sobre o mar (b).

A' 30, ás 4 horas da tarde, passámos os montes Galvão e o ribeiro do mesmo nome, no Chaco, e os *cerros Morados* ou *Montes Róxos*, á margem esquerda.

Ao longe, á *NE.*, avistavamos já as grimpas da *Napileque, montanhas de ferro*, no idioma dos guayacurús.

——

Uma hora depois enfrentavamos com o Apa e sulcavamos aguas brasileiras.

(b) *La Plata, the Argentine Confederation and Paraguay.* 1859.

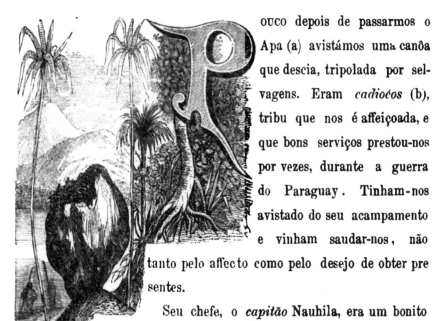

ouco depois de passarmos o Apa (a) avistámos uma canôa que descia, tripolada por selvagens. Eram *cadioćos* (b), tribu que nos é affeiçoada, e que bons serviços prestou-nos por vezes, durante a guerra do Paraguay. Tinham-nos avistado do seu acampamento e vinham saudar-nos, não tanto pelo affecto como pelo desejo de obter pre sentes.

Seu chefe, o *capitão* Nauhila, era um bonito e robusto rapagão, de 25 annos de idade, irmão e successor temporario do cacique Lixagates, que morrêra no forte de Coimbra, combatendo com um punhado dos seus ao nosso lado (c) contra

---

(a) Ou melhor *Apd*, *Cainighy* dos guaycurys, Perahy ou Pirahy, entre os hespanhoes. A voz *apd* em guaycury quer dizer *ema*.

(b) Antigos *cadigués*, ramo dos *mbayás*. Segundo Jolis os Mbayás ou *guay curús* dividiam-se em : 1º — guetiadúgodis, e 2º —codiguégodis (habitantes do rio Codigué).

Ricardo Franco cita sete tribus da mesma origem guaycurú : 1º, uatadéos ; 2º, ejuéos ; 3º, cadiéos, que são as principaes ; 4', *pacahiodéos ; 5º, cotohiodéo ;* 6º, *xaquitéos ; oléos.* Os *apacdtxudéos, edjéos, beaquihéos e exucodéos,* de Castelnau, serão talvez algumas daquellas tribus, tomados os nomes conforme o ouvido do viajante francez.

(c) Eram dez apenas.

os paraguayos. Trazia em sua companhia sen sobrinho e tutelado o futuro cacique *Nauhin*, de 14 á 15 annos de idade, á quem, conforme o estylo da nação, faltavam annos ainda para tomar em mãos as redeas da governança; Joé, que falla sufficientemente o portuguez e servia de interprete;— *Mimi*, bonito rapaz, chocarreiro e engraçado, e mais dous : os quaes, todos, Nauhila apresentou como seusajudantes.

E' gente esbelta, forte e bem feita : feições regulares, côr moreno-clara, cabellos mui finos, nariz aquilino e bem feito.

Sabendo que o presidente da provincia ia comnosco, quizeram comprimental-o. Mostraram muito interesse, senão medo, pelos *enhymas* (a) ou *linguas*, indagando se nós os tinhamos visto ou se sabiamos delles. São estes uma tribu do Grão-Chaco, o *Galamba* dos guaycurús, com quem vivem os cadioéos em guerra : seu nome deriva-se de um vocabulo guaycurú, nação de que tambem descendem, o qual quer dizer linguagem ou lingua; restando-me hoje a duvida si tal nome não seria a traducção do que os hespanhoes lhes deram, ao vêr-lhes o *barbote* que trazem pendurado ao labio inferior, comprido e parecendo uma lingua pendente.

———

O *Corumbá* pairou uns vinte minutos sobre rodas, para recebel-os, e depois seguiu, levando suas compridas e esguias canôas á reboque. Deixou o canal do rio e tomou por um braço á esquerda, onde ficava o acampamento delles, em frente do qual, dez minutos depois, pairou de novo para desembarcal-os.

Contámos na barranca uma boa centena de homens e crianças. Ao vêrem-nos formaram em linha, empunhando os remos, que levaram ao hombro, verticalmente, á guiza de continencia militar.

————

(a) Southey diz que os *linguas* eram *jaddjés*, vocabulo que, conhecida a pronuncia do j hespanhol, não é mais do que uma variante da nossa palavra *cadioéos*.

Uma meia hora depois jantavamos, quando abordaram o vapor outras canôas e despejaram seu povo no tombadilho.

Vinham á pretexto de comprimentar o presidente; e entre elles os que já tinham estado comnosco. Estes tinham ido uniformisar-se: Nauhila vestia farda de 1º tenente da marinha e bonet de cavallaria; Joé farda de capitão de cavallaria, sem cobertura para a cabeça: dos outros ajudantes, um farda de capitão de artilharia, bonet branco; outro farda de marinha sem divisas, e na cabeça um velho chapéo de palha que mais parecia uma gamella. Nenhum trazia calças: eliminaram do seu traje de ceremonia esta peça por julgarem-a, sem duvida, muito incommoda. Traziam para mimosear-nos algumas pelles, das quaes a mais importante era uma de tamanduá-bandeira.

Pediram novamente e novamente se lhes deu, facas, tesouras, canivetes, botões, espelhos, contas e algumas garrafas de aguardente, mimo que mais cubiçavam e appreciavam; e recebido que foi tudo, saltaram rapidamente para as canôas, levando os presentes que tinham trazido para nós.

Mais tarde soubemos que, descansados com as nossas noticias sobre os *enhymas*, que de facto não tinhamos visto nem delles sabiamos, descuidaram-se mais do que deviam e foram por elles sorprendidos, morrendo na refrega o valente *Nauhila*.

II

Navegou-se toda a noite.

A's 7 horas passámos os *Sete Morros*, e á 31, ao romper do dia, tinhamos á vista as montanhas do *Fecho de Morros* formadas, pelo *Pão de Assucar*, que é o *Cerro ocidental* dos hespanhoes, e outras seis mais, á margem direita, o Cerro oriental á esquerda, e uma alta ilha e morro, á meio rio, onde está a guarda brasileira, nosso primeiro ponto militar no Paraguay, na distancia de uns 120 kilometros acima da fóz do Apa.

Fecho de Morros parece ser denominação dada desde os primeiros navegadores e fundadores de Cuyabá. Nos *Annaes* da camara dessa cidade, já em 1731, lê-se essa phrase, não como denominação mas como explicação do local (a).

O nome de *Pão de Assucar*, por que é hoje conhecido, foi-lhe dado pela commissão demarcadora em 1782 : é o mesmo de fórma conica, e o mais elevado de todos os que formam essa extrema da serra de *Gualalican*, espigão da cordilheira do Maracajú.

Segundo Luiz D'Alincourt (b), sua posição astronomica é aos 21° 22'

_____

(a) « Passada a barra do *Mbotetem*... e descendo o Paraguay abaixo, descendo a bocaina, onde com um fecho de morros se estreita o rio, cahio-lhes uma manhã o gentio payaguá .. »

(b) *Memoria sobre a viagem do porto de Santos á cidade de Cuyabá*, por Luiz D'Alincourt, major de engenheiros, 1825.

lat.; e, conforme Dugraty, 21°, 25' 10" lat. e 57° 58' 54" long. occid. de Greenwich (a), 113 metros acima do nivel do mar (b).

E' notavel esse ponto pelo ataque que traiçoeiramente lhe levaram os paraguayos, de ordem de Carlos Lopes, em 14 de oitubro de 1850, em numero de 400 homens, que inesperadamente atacaram a guarnição composta de 25 praças, commandada pelo tenente Francisco Bueno da Silva, que retirou-se para a margem direita após tentar a defesa que lhe foi possivel. Deixou tres mortos no campo, e os paraguayos, na sua participação official, dando o combate como um grande feito, declararam ter soffrido a perda de um alferes e oito soldados.

No Chaco reuniu-se Bueno ás tribus dos caciques Lapate e Lixagate, cadioéos, e foram tomar em represalia o forte *Bourbon*. Já dissemos que esses indios eram-nos affeiçoados e inimigos irreconciliaveis dos paraguayos.

O Brasil tinha mandado tomar posse definitivamente dessa ilha em 29 de junho desse anno pelo capitão de estado-maior, hoje brigadeiro, o Sr. José Joaquim de Carvalho.

A' ilha davam os guaycurús o nome de *Ocráta Huetirah* que no seu idioma quer dizer, como adiante veremos, *pedra comprida*.

———

A's 10 1/2 da manhã ançorámos no posto da guarda. Terá a ilha 3 á 4 kilometros de perimetro.

Entro em duvida si será essa a ilha dos *Orejones* de que falla o padre Lozana, collocando-a 60 leguas castelhanas abaixo do lago dos

———

(a) 21° 21' lat. dá Francisco Rodrigues do Prado, antigo commandante de Coimbrà, na sua *Historia dos indios cavalleiros de nação guaycurú*.

(b) Dugraty dá de altitude ao Pão de Assucar 1850 pés ou 1690 acima do nivel do mar. *La Republica del Paraguay*, pag. 144.

———

Apezar de ficar no caminho por onde transitam os vapores da companhia, outros particulares e frequentemente alguns de guerra, vive o destacamento aqui como n'um degredo. O commandante, enfermo de beri-beri, morrêra á mingua de soccorros, segundo a informação que nos deram pessoas de sua familia.

Havia na ilha oito cabanas de palha, com paredes de troncos de *carandá* (b), tão affastados uns dos outros, que cães e porcos passavam entre elles muito á commodo. A unica entaipada era a do commandante, e tambem um pouco maior do que as outras. Os soldados fazem pequenas plantações de milho, mandioca, feijão, batatas e aboboras. Não me recordo de ahi ter visto uma só arvore fructifera. O milho que mais abunda é o rôxo, de grandes espigas, algumas notaveis por serem entremeiadas de grãos brancos, vermelhos e amarellos, e outros tão rôxos que parecem negros. Encontrámos na matta o maracujá negro, passiflora que nos era desconhecida, pequeno vegetal reptante ou voluvel, de caule armado, folhas trilobadas, villosas e dentadas, acompanhadas de gavinhas, stipulas esbranquiçadas subuladas, flôres roseas, perigineas, perispermadas e gymnophoras, com tres bracteas tambem esbranquiçadas, cinco carpellas, calyce de tubo curto e bastante villoso, pentasepalo, quatro estames, stigma bi-capitato, *baga* negro-avermelhado, muito semelhante, quando madura, na côr e tamanho, á uma azeitona e de sabor docè-amargo.

———

(a) *Conquista del Rio de la Plata.*
(b) *Copernica cerifera.*

Desde 1761 que um padre anteviu o valor da posição desta ilha e propôz ao capitão-general Rolim de Moura a transferencia para ella da aldêa de indios que doutrinava na freguezia de Sant'Anna da Chapada. Esse padre era o vigario Simão de Toledo Rodovalho. O governador não concordou por lhe parecer que ficava muito longe, podendo causar ciumes aos hespanhoes. Luiz Pinto, porém, não teve os mesmos escrupulos e tratou de ahi fundar um estabelecimento, o que por falta de meios ficou espaçado. Luiz de Albuquerque quiz estabelecel-o em 1775, e mandou para isso o capitão de auxiliares Mathias Ribeiro da Costa, que, entretanto, preferiu ficar umas quarenta leguas acima, no *estreito de S. Francisco Xavier*, onde, á margem direita, fundou o presidio de *Nova Coimbra* (a).

III

O nosso vaporzinho, cuja machina quasi que diariamente necessita de remedios, ficou detido todo resto do dia.

Terça-feira, 1º de junho, ás 3 horas da manhã, suspendeu ancora; ás 2 1/4 da tarde passámos uma outra aldêa de cadioéos, que em numero superior de 200, entre os quaes muitas mulheres e meninos, e daquellas algumas bem interessantes de rosto, e na maior parte, como os homens, de talhes esbeltos e airosos, vieram á ribanceira para vêr-nos passar. Dos homens alguns estavam vestidos : um delles, sobre todos, chamou-nos as attenções pela naturalidade com que trazia a camisa, calças pretas, gravata e chapéo, tudo bem posto, bem arranjado e bem abotoado : a elegancia de um *habitué*.

(a) Annaes da camara de Cuyabá. Relatorio do presidente Herculano Ferreira Penna, em 1862.

São encantadoras as paysagens que o rio nos vai desdobrando. O *Pão de Assucar* e seus seis irmãos estão ainda no horizonte ; á nossa esquerda já appareceu outro grupo, o dos *Tres Irmãos*, com o forte *Olympo* no alto de um delles. Ao longe avista-se a serra do Napileque no rumo de *NNE*.

———

A's 4 da tarde passámos o forte. São seis e não tres os morros, mas somente os mais elevados mereceram aquella designação. Estão collocados como que em linha e separado o primeiro dos outros por um braço estreito do rio. Dão á esse o nome de *Cerro do Norte*.

O *Olympo* ou Bourbon é uma antiga fortificação quadrangular, construida em 1792 pelo tenente-coronel hespanhol José Zavala y Delgadilla de ordem de Joaquim Ales y Brú, governador do Paraguay, com o intuito de fechar o rio á navegação dos portuguezes para Matto-Grosso (a). Está construido no morro antigamente chamado de *Miguel José* (b), na latitude de 21° 1' 39" e longitude de Greenwich de 57° 55' 40", segundo Dugraty, uns 65 kilometros acima do Fecho de Morros (c). Dugraty dá-lhe a altitude de 130 metros acima do nivel do mar. Seus quatro angulos arredondam-se em mamellões, em cada um dos quaes, ou pelo menos nos que olham o rio se abrem duas canhoneiras.

Está abandonado ha já alguns annos, e apenas na guerra paraguaya serviu de posto e atalaia ás forças de Solano Lopes. Em 1812 os indios guaycurús o assaltaram, fazendo fugir a guarnição, sendo retomado por uma força nossa vinda de Corumbá, e reentregue aos hespanhoes. Em

———

(a) Dugraty. Ob. cit.

(b) Do nome do capitão de ordenanças Miguel José Rodrigues, commandante de Coimbra, que o foi explorar.

(c) Luiz D'Alincourt dá nove leguas. Outros dão onze.

oitubro de 1850 a guarnição do Fecho dos Morros, desalojada pelos paraguayos, tomou-o por sua vez, deixando-o abandonado dias depois.

———

A's 5 da tarde deixámos á direita o *Rio Branco* (a), uns 8 á 9 kilometros acima do forte. Já se começam á avistar as montanhas de Coimbra, sem que o Pão de Assucar tenha-se sumido de nossas vistas; o que demonstra as voltas que o rio dá.

A' esta hora o céo se turba e um immenso nimbus vem surgindo de *SO.* A's 6 desencadeia-se um rijo pampeiro que ás 8 toca o auge da furia. O *Corumbá* deixa sua marcha de kagado para voar, deitando sete milhas aguas acima ; infelizmente só logrou essa felicidade por tempo de uma hora, que a prudencia mandou-o arribar á sotavento, e amarrar-se á arvores da margem. Tinhamos chegado á *volta do Periquito.*

IV

Somente ás 6 da manhã de 2 de junho pudemos seguir ; ás 8 e 5 passámos á direita das mattas onde vive o resto dos *ramococos ;* ás 9 3/4 passámos em frente á *Bahia Negra* (b), antiga *Ibiticaray*, o rio Negro do capitão Miguel José Rodrigues, que por ahi andou quando explorava o rio, é o primeiro dos nossos pontos de demarcação com a Bolivia ; as 4 da tarde de 3 lográmos chegar ao forte de Coimbra, que saúda o presidente da provincia com a salva do estylo, mas não arvora o pavilhão por ter apodrecido a driça, como mais logo soubemos.

———

(a) Aos 20º 58', segundo Dugraty.

(b) Aos 20º 10' 14" *S*. e 58º 17' 21", conforme Dugraty. Os marcos limitrophes estão : o brasileiro aos 20º 8' 33" *S*. e 14º 56' 20" 43 *O*. do Rio de Janeiro, o boliviano aos 2º 8' 38" *S*. e 14º 56' 22" 38 *O*., e o marco commum no fundo da bahia aos 19º 47' 32" *S*. e 14º 56' 45" 60. (commissão de limites de 1871, presidida pelo hoje chefe de divisão, o Sr. Antonio Claudio Soido.

Foi mandado fundar em 9 de maio de 1775 por Luiz de Albuquerque, não só porque estava isso nas vistas do governo, como tambem
á instancias do povo de Cuyabá, para obviar as continuadas depredações
do gentio payaguá e ao mesmo tempo impedir que os castelhanos se ani-
massem á invadir o territorio portuguez (a).

O capitão Mathias Ribeiro da Costa, mandado á escolher logar conveniente perto do Fecho de Morros, partiu de Villa Bella á 9 de maio e
Cuyabá á 22 de julho, com 15 canôas e cêrca de 200 homens, entre officiaes, soldados e operarios, com as armas e instrumentos necessarios.
Visitando os logares preferiu fundar o presidio 40 leguas acima daquelle
ponto, local onde o rio mais se estreita e é conhecido por *Estreito de
S. Francisco Xavier*, e logo á 13 de setembro, estando concluido um reducto quadrangular, com quatro baluartes dedicados o de *N.* á S. Gonçalo, o de *E.* á S. Iago, o do *S.* á Sant'Anna e o de *O.* á N. S. da Conceição, saudou-se pela primeira vez o pavilhão real no *Real Presidio de
Nova Coimbra* (b).

Entre os officiaes que acompanhavam Mathias iam o capitão de
ordenanças Miguel José Rodrigues e o ajudante Francisco Rodrigues do
Prado, como seus coadjuvantes. Terminada a construcção Mathias retirou-se, sendo substituido no commando pelo major, tambem de auxiliares, Marcellino Rodrigues de Campos, que tomou posse em dezembro
do mesmo anno. A' este substituiu interinamente um cadete de dragões,
sendo o commandante nomeado o major Joaquim José Ferreira. Em 1795
commandava-o o ajudante Prado, á quem devemos minuciosos pormenores
na sua *Historia dos indios cavalleiros de nação guaycurú*, publicada na
Revista do Instituto Historico de 1839. Dous annos depois de fundado,

---

(a) Barbosa de Sá—*Relação dos povoados*, etc. Ainda em maio de 1775 muitas
canôas desses indios tinham subido até Villa Maria, matando e capturando muita
gente. Pizarro—*Mem.*, tomo 9.

(b) Participação official do capitão Mathias, da mesma data.

um violento incendio destruiu todos os seus quarteis e rancharias, sal-vando-se felizmente o paiol da polvora; e, em 6 de Janeiro de 1791, os guaycurús, contra quem principalmente se tinha estabelecido o forte, mas que já ha tempos se davam como amigos, tendo ahi vindo como á negocio, mataram traiçoeiramente 54 pessoas da guarnição, que, descuidosas, se confiaram por demais nelles.

O reducto foi depois reformado pelo tenente-coronel de engenheiros Ricardo Franco de Almeida Serra, e mais tarde pelo brigadeiro Antonio José Rodrigues. Era de figura irregular, com duas baterias e dez canho-neiras que cruzavam fogos sobre o rio, e dous baluartes de muros assetei-rados, bem como as cortinas que os reunem ás baterias. Só estas eram construidas no plano horizontal : as cortinas fechavam a fortificação su-bindo a encosta da montanha, pelo que ficava á descoberto todo o interior

34

do forte, que ainda tem á cavalleiro o cume da montanha e o *Morro Grande* na margem fronteira. Temendo assalto por terra, fecharam os antigos uma garganta entre os dous cabeços da montanha, na sua face de *SO.*, com uma extensa cortina. Ahi, quando o chefe de esquadra Pedro Ferreira de Oliveira foi em missão ao Paraguay, estabeleceu o presidente Leverger o seu quartel-general, em vistas de melhor fortificar o rio, e mandou aquartelar os imperiaes marinheiros no Morro Grande. Ultimamente, depois da guerra do Paraguay, foi reconstruido pelo Sr. tenente-coronel Dr. Joaquim da Gama Lobo d'Eça. Eleva-se á quasi 14 metros sobre o nivel regular das aguas.

V

E' a chave da navegação brasileira do rio Paraguay; e é notavel nos nossos fastos militares pelos dous assedios que sustentou em setembro de 1801 e dezembro de 1864; aquelle contra os hespanhoes, commandados pelo general D. Lazaro de Ribera, governador do Paraguay, que o atacou com cinco goletas e 20 canôas de guerra com 600 combatentes; e este, contra os paraguayos, commandados por Vicente Barrios, cunhado de Francisco Solano Lopez.

São tão memoraveis estes feitos, que é dever de quemquer que delles trate recordar a nobre e digna resposta dos seus defensores ás arrogancias dos aggressores.

Em 1801 commandava Coimbra o já tão benemerito Ricardo Franco, que ás suas glorias de sabio e infatigavel engenheiro soube ainda ajuntar as do heroismo na guerra. Seus commandados, apenas em numero de *42*, estavam na razão de 1 para 15 assaltantes. Inesperadamente, á 16 de setembro, apresenta-se á vista de *Coimbra* a frota hespanhola, e, apezar do fogo de artilharia do forte, operou o desembarque, mandando no dia seguinte o general um parlamentario á Ricardo Franco, com a arrogante intimação de capitular, dentro do prazo de uma hora. O commandante que, entretanto, não estava bem precavido para o assalto, respondeu-lhe, como era de esperar de um varão do seu esforço.

Eis a intimação e a resposta :

« A' bordo de la goleta *Nuestra Señora del Carmen*, 17 setiembre 1801.

« Ayer á la tarde tube el honor de contestar el fuego que V. S. hiso de ese fuerte ; y habiendo reconocido que las fuerzas con que voy imediatamente á atacarlo son mui superiores á las de V. S., no puedo menos de vaticinarle el ultimo infortunio ; pero, como los vassalos de S. M. Catolica saben respeitar las leyes de la humanidad, aún en medio de la guerra, portanto pido á V. S. se rinda á las armas del rey mi amo, pues de lo contrario, á cañon y á espada, decidiré de la suerte de Coimbra, sufriendo su desgraciada guarnicion toda las extremidades de la guerra, de cuyos estragos se verá libre V. S. se conveniere con mi propuesta, contestandome categoricamente esta en el termino de una hora.— *D. Lazaro de Ribera.* »

————

« Forte de Coimbra, 17 de setembro do 1801.

« Tenho a honra de responder a V. Ex., cathegoricamente, que a desigualdade de forças foi sempre um elemento que muito animou os portuguezes á não desamparar o seu posto e defendel-o até á ultima extremidade, á repellir o inimigo e sepultar-se debaixo das ruinas do forte que lhes foi confiado. Nesta resolução está toda a gente deste presidio, que tem a distincta honra de vêr em frente a excelsa pessoa de V. Ex., á quem Deus guarde.—*Ricardo Franco de Almeida Serra.* »

————

D. Lazaro tentou ainda a tomada da fortaleza por tempo de oito dias; mas no nono desistiu do intento, abandonou a empreza e voltou á Assumpção.

A segunda foi o ataque de 27 de dezembro de 1864. Ao romper do dia as sentinellas do forte descobriram, tambem inesperadamente, uma esquadra, fundeada. uma legua abaixo. Eram cinco vapores, tres navios de vela e duas chatas. Compunha-se a força de ataque dos batalhões 6, 7, 10, 27 e 30 de infantaria; duas baterias- de artilharia com 12 canhões raiados, uma bateria de foguetes de guerra e dous regimentos de cavallaria desmontados (a). A esquadrilha era composta dos vapores *Tacuary*, *Paraguary*, *Igurey*, *Rio-Blanco* e *Ipocú*, escunas *Independencia* e *Aquidaban*, palhabote *Rosario* e chatas-lanchões *Cerro Leon* e *Humaitá*, artilhados todos com 36 canhões. Commandava em chefe o coronel Vicente Barrios.

A guarnição do forte compunha-se de 155 praças do corpo de artilharia da provincia, as quaes foram distribuidas do seguinte modo: guarnição das cinco unicas bocas de fogo de que se podia utilisar, 35; guarnição das cortinas, 40; e das setteiras da 2ª bateria, 80; e mais 10 indios cadioéos com seu cacique Lixagates. Commandava o forte o Sr. tenente-coronel Hermenegildo de Albuquerque Porto Carrero, chefe daquelle corpo de artilharia.

A's 8 1/2 da manhã, Barrios mandou um parlamentario, com a intimação para render-se o forte, tambem no prazo de uma hora. A resposta do Sr. Porto Carrero foi em tudo digna de si e do heroico renome e reminicencias gloriosas do forte que commandava.

Eil-as:

« Viva la Republica del Paraguay. A' bordo del vapor de guerra paraguayo *Igurey*, el 27 deciembre 1864.

« El coronel comandante de la division de operaciones en el Alto-Paraguay, en virtud de ordenes expresas de su gobierno, ven á tomar posesion del fuerte bajo su comando; y queriendo dar una prueba de

---

(a) Depoimento do general paraguayo Resquin, em 20 de Março de 1870.

moderacion y humanidad, intima a Vd. para que dentro de una hora se lo entregue, pues en contrario, espirado ese plaso, pasará á tomarlo á viva fuerza, quedando-se la guarnicion sujeta á las leyes del caso. Mientras espero su contestacion, es de Vd. attento servidor.— *Vicente Barrios.*

« Al señor comandante del fuerte de Coimbra. »

———

« Districto militar do Baixo-Paraguay, no forte de Coimbra, 27 de dezembro de 1864.

« O tenente-coronel commandante deste districto militar, abaixo-assignado, respondendo á nota enviada pelo Sr. coronel Vicente Barrios, commandante da divisão de operações do Alto-Paraguay, recebida ás 8 1/2 da manhã, na qual lhe declara que, em virtude de ordens expressas de seu governo, vem occupar esta fortaleza ; e que, querendo dar uma prova de moderação e humanidade, o intima para que se entregue dentro do prazo de uma hora, e que, caso o não faça, passará á tomal-a á viva força, ficando a sua guarnição sujeita ás leis do caso ;— tem a honra de declarar que, segundo os regulamentos e ordens que regem o exercito brasileiro, á não ser por ordem da autoridade superior, á quem transmitte neste momento cópia da nota á que responde, só pela sorte e honra das armas a entregará ; assegurando á S. S. que os mesmos sentimentos de moderação, que S. S. nutre, tambem nutre o abaixo-assignado.

« Pelo que o mesmo commandante, abaixo-assignado, fica aguardando as deliberações de S. S., á quem Deus guarde.— *Hermenegildo de Albuquerque Porto Carrero*, tenente-coronel.—Ao Sr. coronel Vicente Barrios, commandante da divisão em operações no alto do Paraguay. »

A's 9 1/2 começou o inimigo o desembarque de suas tropas, e pelas 2 da tarde começou o ataque, com uma força de 3.000 homens de infantaria, secundada pelo fogo das baterias raiadas e de quatro canhões de 32 nas chatas, que vieram collocar-se em posição favoravel á bater o forte.

Mais ainda que o de 1801 foi traiçoeiro e inopinado este ataque, levados ambos sem declaração prévia de guerra, no meio de plena e longa paz.

O forte, carecendo de todo o meio de defesa, sustentou o fogo por 48 horas, até que exhausto completamente de munições foi abandonado pela guarnição, que partiu sem ser presentida pelo inimigo; facto incrivel pela posição toda descoberta da fortificação, e só explicada pela impericia dos assaltantes, os quaes, suppondo ser uma sortida e receiando um ataque, só tarde comprehenderam o seu engano; e ainda assim não souberam ou não se animaram á perseguil-a.

Quando passámos, commandava o forte o Sr. major Francisco Nunes da Cunha, então encarregado de continuar as obras da fortificação de modo á oppôr mais efficaz defesa em novas eventualidades.

Fortaleza de Anhotemerim, vista do lado de terra.

CAPITULO III

EMBORA o forte de Coimbra aos 19° 55' de latitude á margem direita do Paraguay.

O rio, cujas margens, principalmente a esquerda, não encontram desde muitas leguas obstaculos á suas transbordações, passa aqui apertado entre duas montanhas, que todavia não o impedem de, nas grandes enchentes, ladeal-as e envolvel-as, convertendo-as em ilhas.

Esse canal, que mede quatrocentos e cincoenta metros, no leito natural do rio, é o *Estreito de S. Francisco Xavier* dos antigos, e *Estreito de Coimbra* dos actuaes navegadores.

A montanha da margem direita mostra-se, á quem sóbe o rio, com a configuração de uma enorme balêa. Será talvez de tres kilometros a sua extensão, n'uma potencia de duzentos á trezentos metros. E' na sua ponta de NO. que apparece o forte tão celebrado nos nossos fastos militares pelas heroicas defesas—de Ricardo Franco, em 1801, e do Sr. Porto Carrero, em 1864.

Projecta-se elle sobre a encosta da montanha, dando por sua vez semelhanças com esses castellinhos de metal que os nossos engenheiros usam como distinctivos nos seus uniformes militares. Essa montanha, como a mór parte das de beira Paraguay, parece formada de gneiss e calcareo compacto, abundante em leptinitos, e coberta e orlada de blocos angulares, provenientes da desaggregação dos *nagelfhchs* ou conglomeratos.

Nas obras, que ultimamente se fizeram no forte, ao arrebentar-se a pedra, encontraram-se abundantes veios de dendrites, das mais lindas paisagens, pintadas ora por effeito de infiltrações, cia co sul lin.an.ento do peroxydo de manganez.

———

Cerca de dous kilometros acima do forte ficam as celebradas cavernas de que muitos viajantes têm fallado, mais ou menos satisfactoriamente;—o que não obsta que cada novo visitante goste de narrar por sua vez as sorpresas e emoções por que passou e anime-se á buscar descrevêl-a.

Desembarcámos no ponto pouco mais ou menos mais proximo á gruta, em sitio que revelava o—*porto*—n'um claro aberto entre os arbustos ribeirinhos, *sarans*, como chamam-lhes os naturaes, e um trilho que dahi partia serpeiando no macegal.

Até o flanco da montanha é o terreno uma baixada sujeita ás inundações. Dahi ao rio mediarão uns quatrocentos metros na largura do terreno. Gramineas e cyperaceas, e uma malvacea dos terrenos palustres, o *algodão do campo*, formam-lhe o tapete botanico; sombreiam-lhe a margem ingaseiros e sarans de differentes typos e familias: na montanha, desde o sopé, já vão apparecendo as bauhinias, tão encontradiças no nosso solo, ora arborescentes e vivendo em plena independencia, ora crescendo e enroscando-se em moutas, no chão, ora enredando os madeiros dessa ex- plendida vegetação dos tropicos, já tão minha conhecida, e entretanto sempre nova pelo grande numero de vegetaes differentes dos das floras de outros lugares. Ahi ensinaram-me pela primeira vez a *crendiuba*, o *cas- cusdinho*, o *capotão*, o *guatambú*, preciosa madeira de lei do mais for- moso amarello; a *umburana*, notavel arvore de grosso tronco, tão verde e tão brando como a haste das pitas, e cujo epiderma se desprende em folhe- tas tenues e coriaceas; e o preciosissimo *gudyaco* ou *páu santo*, de deli- cioso aroma e gratissimas virtudes. Ahi chamou-me a attenção, pelo deslumbrante da coloração escarlate e por um tamanho triplo do commum, uma formosa *clytoria* e essa outra curiosa borboletacea que serviu de typo ao *Affonséas* de A. de S. Hilaire.

As arvores da baixada e as do começo da escarpa do monte serviam de metro ás enchentes do rio, marcando a altura á que tinham chegado as aguas com as limosas cintas nos troncos, ou os hydrophytos que fica- ram suspensos nos galhos e que agora se viam já seccos.

———

Vae a subida do morro por uma boa centena de metros.

A entrada da gruta fica-lhe á mais de meia altura. E' uma fenda que bem póde passar por portão, com os seus dous metros de alto e quasi outro tanto de largura. Declare-se, desde já, que as medidas aqui indica- das são todas de mera estimativa.

Assombra essa entrada uma enorme gamelleira secular, cujas im- mensas raizes, grossas como troncos de palmeiras, penetram no interior da caverna até os seus ultimos recessos.

Nessa entrada descem-se duas lages irregulares dispostas em degraus, e encontra-se escavado na rocha um pequeno espaço de quatro á cinco metros sobre dous á tres de largo, trancado de penedos, tendo um outro, enorme, por tecto, e deixando, entre aquelles, duas aberturas que dão descida á gruta. Dizem que a da esquerda é a maior e de mais facil descenso; todavia é elle alguma cousa difficil, sendo necessario fazel-o de gatinhas, ajundando-se ora das asperezas dos blocos soltos e amontoados uns sobre os outros, formando ás vezes altos degraus, ora das raizes que os irrompem.

E' uma escadaria de mais de trinta metros de altura, isolada das outras paredes lateraes da gruta, e deixando entrever, principalmente á esquerda, precipicios, cujo fundo a vista não devassa.

Descida essa escada gigante, chega-se á uma escura esplanada, cuja conformação e limites não me foi possivel averiguar; e donde, olhando-se para cima, vê-se, no meio dessa escuridão que nos cerca, a porta, clara com a luz do dia, deixando coar uma facha de luz brilhante, que empresta á essa parte da caverna um encanto indizivel.

A escuridão aqui á meio, ali já é tão completa que os olhos custam á acostumar-se á ella; nos outros pontos tão cerrada e profunda, que nada se distingue.

———

Accendidos os lampeões e archotes de que dispunhamos, mais estupenda nos foi a visão.

A' luz avermelhada das tochas admirámos a extranha magnificencia do labor da natureza: aqui eram columnadas de stalactites, torcidas como enormes alfenins, que desciam de altura que os olhos não divisavam, parecendo sustentar um tecto invisivel; eram stalagmites que, no chão, semelhavam maravilhosamente rendas, brocados, coxins, sob mil formas sorprendentes. Aos lados, a tenue penumbra deixava entrever caprichosas formações, ora engastando os penedos soltos, ora soerguendo-se d'entre elles em phantasticas volutas, ora entretecendo-se umas com as outras; além, tão compacta a escuridão, que nada era possivel distinguir-se. No alto, via-se a porta, como um pedaço de céo, dando um suave contentamento aos olhos e coração, e permittindo perceber pendentes do tecto, como filigranas enormes, as tão caprichosas concreções : no chão, ora pedregoso. ora de finissima areia branca, póças de agua salobra eminentemente carre-

gada de carbonato calcareo, essa mesma agua que, merejando das abobadas, tinha sido a productora de tão notaveis maravilhas, dissolvendo as terras, decompondo-se ao contacto do ar e perdendo parte do acido carbo-

nico que a satura ; espessando-se pouco á pouco, ficando suspensa ás abobadas ou cahindo em grossas gottas cheias daquelle sal, as quaes, gradual-
mente se solidificando e se juxtapondo, vão *pari-passu* crescendo e en-
grossando de volume, graças á nova lympha que incessantemente sobre
ellas desce e ás novas gottas que ahi crystallisam.

———

Descemos uns quarenta companheiros ; e os primeiros que baixámos
gozámos, ainda, de um agradavel espectaculo que não foi dado á todos
fruir. Era curioso e importante vêr, á tenue luz dessa penumbra, os retar-
datarios agarrados ás asperezas das rochas com uma mão, emquanto na
outra sustinham a lanterna ou o archote ainda apagados, descendo a
escadaria, pondo em pratica todas as leis do equilibrio para não se des-
penharem nos abysmos, cujas enormes goellas viam negras e medonhas,
escancaradas á direita e á esquerda.

Como já o disse, pequenas poças d'agua salitrada, rasas e de fina
e branca areia, apparecem aqui e ali, entre o pedregral que assoalha o ter-
rapleno. N'uma dessas poças encontrámos um craneo de jacaré, já muito
antigo e gasto pela acção das aguas ; talvez o de algum descendente do
que o ajudante de Coimbra, F. Rodrigues do Prado, aqui encontrou ha oitenta annos, já com um braço de menos, que alguma onça lhe roubára.

Contornando para a esquerda as pedras da descida, e olhando-se
para cima, vê-se a avantajada altura do precipicio que ladeia a escadaria,
e que começa com ella, desde a porta.

———

Nesse primeiro piso, que é a ante-sala de tão maravilhosa estancia,
ha varias sahidas para outras tantas cavernas, que supponho pequeninas
e sem interesse, visto que não tém sido praticadas. Os guias e praticos
do local que conduzem os visitantes, encaminham-os logo para a grande

caverna, que denominam *salão* e nenhuma noticia dão sobre ellas; entretanto não é por medo, visto que tém-se animado á maiores commettimentos, como o da passagem de uma estreita e comprida galeria, mais soterrada que as outras cavernas, com as quaes estabelece a communicação, escurissima e completamente alagada e quasi sem ar, o que impede-lhe o uso da luz artificial. Si fosse o perigo a causa de não serem visitadas, si acabassem em precipicios e abysmos, disso restaria memoria, a tradição. Um dos nossos companheiros, o Sr. pharmaceutico Mello e Oliveira, penetrou alguns passos n'um desses escurissimos antros, que ficava quasi fronteiro á descida; mas não se aventurou além.

— —

Formam as paredes das differentes grutas vastas concreções stalactiformes manifestadas sob fórmas as mais curiosas. Aqui e ali cahem em pannos como formosas cascatas, que a natureza tivesse petrificado, ou como acinzentadas cortinas, com as suas dobras, os seus fôfos e apanhados, cobrindo em parte as falhas do rochedo—que são as portas que communicam as differentes grutas, ou melhor salas.

Não phantasio, nem se julgue que minhas comparações sejam filhas da imaginação ajoviada pelas maravilhas que vê: são verdadeiros simulacros de cascatas, são cortinas, columnas, coxins e rendilhados esses processos calcareos. Causam admiração e prazer vêl-os; e vendo-os, o espirito é obrigado ao recolhimento e á reflexão. Está-se n'uma dessas occasiões em que, na phrase de Hugo, qualquer que seja a posição do homem, a alma está de joelhos.

——

Transposta uma dessas cortinas, á direita, e si me não engano, a que recobre a porta maior, entra-se n'uma escavação atulhada de penedos irregulares, postos á nu pela desaggregação e dissolução das terras, e em seguida no *salão*, o salão nobre desse estupendo palacio, que, sem duvida alguma, é um especimen de tudo o que ha de mais bizarro e caprichoso nas maravilhas da natureza.

Apezar dos innumeros fogachos que levavamos, não se podia descortinar tudo á satisfação; accendeu-se. uma tigelinha de signaes, unica que traziamos, cuja luz brilhantissima patenteou-nos, sob novos prismas, esse quadro assombroso.

O clarão das luzes dava um tom irisado indescriptivel á atmosphera da gruta, variando desde o deslumbrante escarlate do fogo até o violete e o azul-marinho. Parecia que nas paredes tremeluziam constellações de rutilantes gemmas. Myriadas de estrellas de cambiante fulgor cahiam em chuva de fogo, reproduzindo de uma maneira fascinante e em maravilhosa escala esse phenomeno celeste, tão commum nas nossas noites de verão, das estrellas cadentes;—ou antes, parecia que invisiveis fadas abriam inesgotaveis escrinios e despejavam á nossos pés diamantes, rubis, saphiras, esmeraldas. Tudo brilhava ... e ainda as poças e veios d'agua que tinhamos aos pés, e humectavam as pedras do chão, reproduziam e estrellavam os mil fulgores que enchiam os ares.

A' principio, deslumbrado com o brilho da luz da tigelinha, não pude fazer uma idéa perfeita do que se apresentava á meus olhos, e sómente, quando colloquei-a longe de mim, ao ouvir as estrepitosas·exclamações dos companheiros, é que pude melhor apreciar o espectaculo sobrenatural e indizivel que apresentava esse palacio de fadas. Mas sua duração foi pouca para satisfazer meus desejos: quando apagou-se ainda era brilhante e explendida a caverna, aluminada á luz de tantos archotes; mas, o deslumbramento e o fulgor de sua fascinadora magnificencia tinham-se amortecido de muito.

A mór parte dos companheiros deu-se por satisfeita e voltou ; eu e outro, o Sr. João Candido de Faria, negociante do Rio Grande do Sul, seguindo dous soldados do forte que quizeram servir-nos de guias, aventurámo-nos á percorrer outras dependencias da magestosa caverna.

Passámos á terceira sala, ora subindo, ora descendo as asperezas de uma especie de muralha de rochedos, de uns tres metros de alto. Era a sala por demais irregular e atravancada de penedos que occultavam socavões lobregos, escuros e talvez profundos, e que não pudemos vantajosamente apreciar por dispormos de poucas luzes.

Ahi, entre aquella muralha e um grande bloco isolado, á direita, tem começo a galeria de que acima fallei, verdadeiro *tunnel* que liga essa sala com outras da direita, isto é, o primeiro grupo de cavernas e o menos conhecido, com o segundo e quasi geralmente ignorado.

Tinhamos vindo bem accondicionados para o frio, que diziam ser excessivo na gruta : achámos o contrario e estavamos em junho. Tirámos as roupas pesadas, e eu conservei o collete, não só para conduzir o relogio, como para não me desagazalhar muito o thorax.

Entrámos no tunnel, que ahi seria de uns dous metros de alto e mais de cem de largo, e logo reconhecemos que seu leito baixava em relação ao solo das outras cavernas. A agua, que ahi não chegava ao terço inferior da perna, em pouco subiu ao joelhos, e á cada passo que davamos ia-se elevando até chegar á cintura, pelo que vi-me na necessidade de ir suspendendo e dobrando o collete para evitar que o relogio se molhasse. Não tinha previsto essa emergencia... e veiu-me então um tal ou qual arrependimento de, pelo menos, não ter-me tambem livrado daquella peça do traje. Comtudo essa inadvertencia foi-me de proveito.

———

Após alguns passos, já caminhavamos curvados para não batermos com as cabeças nas asperezas da parede superior do tunnel, tanto ia este baixando na altura ao tempo que a agua continuava a subir. Comprehendi que o tunnel ia soterrando-se cada vez mais: occorreu-me retroceder, mas pôde mais em mim a curiosidade de continuar essa maravilhosa viagem e de conhecer esses segredos do que o receio de perder o relogio.

A passagem tornava-se cada vez mais difficil, abaixando-se mais e mais na altura; mas agora a agua decrescia tambem, o que notei com espanto e muita satisfação; diminuindo tanto, que occasião houve de só podermos caminhar de rastros, e ainda assim batendo á cada passo com a cabeça nas asperezas da abobada; e entretanto logrei a felicidade de conservar illeso o relogio. Sem duvida, agora o solo do tunnel se elevava tambem e era o que fazia a angustura do passo.

Graças áquelle incidente, pude facilmente estabelecer essas comparações de profundidade, altura e horizontalidade da galeria; mas infelizmente não me é dado rigorisar a sua extensão nem a direcção que segue.

Para attender á primeira faltou-me a isempção de animo, pela ancia e mesmo susto, difficil de evitar á quem por ahi passa, e mormente pela primeira vez, como eu; para a segunda fôra-me necessario um bussola. Será, porém, de uns trinta metros e segue quasi n'uma linha angular. A' meio, mais ou menos, do seu percurso avistam-se as duas aberturas, de entrada e de sahida, brancas de uma luz crepuscular, mas ainda assim bastante sensivel na espessa escuridão do tunnel.

Desse trajecto não é difficil a primeira metade, e faz-se parte delle ainda á luz amortecida dos archotes, amortecida pela deficiencia do ar respiravel; a segunda, porém, é tão custosa, que somente a vista do claro da sabida poderia influir á percorrerem-a todo e não voltarem atraz os primeiros e intrepidos visitantes.

Termina em uma grande sala tão baixa, nos seus trez á quatro metros de altura, que, com a lobrega luz que ahi reina, divisa-se sufficientemente o abobodado calcareo do tecto, cheio de pequenas e finas stalactites de moderna formação, que já vão apparecendo entre os restos informes das antigas, devastadas.

E' que, sendo raros os curiosos que visitam a gruta, rarissimos são os que transpoem o tunnel ; e, pois, essa segunda parte da fadarica estancia é a mais rica e aprimorada de ornato.

Notei mais clara esta sala do que as outras, seja por um effeito natural. qualquer, seja porque meus olhos já estivessem acostumados á escuridade.

Abundavam os mesmos torsos e volutas, as mesmas columnas, as mesmas cortinas revestindo as entradas das outras salas, intrincado labyrintho onde nos vimos quasi perdidos.

Havia de mais as novas concreções que do tecto pendiam em fórma de mil agulhetas e pequeninas pyramides. A stalagmite affectava em geral a forma de uma alfombra que tapetava todo o solo ; á esquerda da sahida do tunnel elevava-se mais, assemelhando-se á um pittoresco canapé, estofado, bastante aspero nos seus cochins de rocha, mas em que sentei-me com gosto por alguns instantes.

Antigos visitantes tinham trazido um fio de *merlim* ou barbante grosso, para guial-os nessa viagem subterranea. Já no tunnel haviamos encontrado e agora viamol-o estendido sob a agua que, aqui, conservava um bom palmo de altura. Sua direcção era no prolongamento do tunnel á porta fronteira.

O *canapé* era um indice appreciavel para a orientação deste, assim não descurei de notal-o, bem como sua posição em relação ao fio.

Seguimos a sua direcção entrámos na primeira sala, tendo antes observado, ou melhor espiado, apenas das entradas, duas ou tres outras salas que com aquella communicavam e que pouco differiam entre si. Aquella para onde o fio se dirigia era a mais extensa de todas as que vi, sem exceptuar mesmo o salão, e mais estreita em relação ao tamanho.

Mediria uns quatro metros de largo : a longura foi-me impossivel de estimar. Parecia um longo corredor, ou antes galeria, cercada de columnadas e de todas essas phantasticas e caprichosas producções da natureza. No chão encontrámos immensas raizes de gamelleira *(ficus doliaria)*, que supponho da que ensombra a entrada da gruta: e que, sendo assim, indica que essas salas não estão tão affastadas da entrada, como parecem.

Uma circumstancia nos privou de continuarmos nossa visita e privou-me do prazer de melhor observar a formosa galeria, que é cheia de socavões e reconditos de um e outro lado, e dignos sem duvida da mais detida contemplação : notámos, á principio descuidados mas depois com algum temor, que o fio tão satisfactoriamente encontrado e no qual depositamos cega confiança, nos trahira, estando partido em varios pedaços, que se moviam, tomando ora uma, ora outra direcção, levados pelo movimento da agua, que remechiamos andando.

Os soldados tinham-se adiantado e penetrado nos outros recessos, em busca de mais mimosas e delicadas concreções, taes como só ahi se encontram. A' nós faltou já a vontade de proseguir : todo nosso fito foi a volta ; e mesmo uma especie de terror nos enfraquecêra os animos, lembrando-nos de que, segundo nos haviam contado, pouco tempo havia que um official de marinha ahi se perdêra e só ao cabo de longas horas conseguira sahir desse dedalo.

Buscavamos orientar o fio ; embalde ! O que viamos quieto e marcando uma direcção, já tinha tido outras, que novo movimento das aguas mudara.

Entravamos ora aqui, ora ali, n'um socavão, n'uma sala ; extranhavamos, não a conheciamos : voltavamos, passavamos á outras; ou ainda não as tinhamos visto, ou pelo menos tal se nos afigurava : buscavamos outra sahida, davamos n'outra caverna que ainda era nova para nós, ou porque realmente assim seria, ou por effeitos do medo, que nos assaltára, de perdermo-nos nesse intrincado labyrintho, affastando-nos cada vez mais da sahida.

Entrámos por vezes na sala do *canapé*, vimol-o, reconhecemol-o e ficámos alegres e como que tranquillos; mas debalde procuravamos a entrada do tunnel, apezar de suppormol-a bem assignalada: não a encontravamos, e só novas salas e novos reconditos.

Desanimados voltámos á galeria para esperarmos os soldados, que eram praticos. Já não tinhamos olhos para contemplar as magnificencias que nos rodeiavam. E talvez que essa parte da gruta seja a mais bella, como é a mais conservada, por não ser tão accessivel como as outras, e ter menos soffrido da mão insaciavel e devastadora dos curiosos que as visitam.

Já estavamos na gruta havia mais de cinco horas. Era meio-dia e as nossas embarcações deviam sahir ás duas da tarde. Chegaram os soldados, e renascida a confiança tratámos da retirada. Mas, em pouco esmorecemos de novo, e desta vez quasi de todo, vendo-os, elles os praticos, nossa unica esperança, confusos confessarem que não atinavam com o caminho. Ao cabo de não sei que tempo, seculos de anciedade, sempre esperançados no cordel e sempre ludibriados; já seguindo um troço, já outro que ficava perpendicular ao primeiro; entrando ora aqui, ora ali; entregámo-nos, áfinal ao acaso e passámos á revistar todas as salas e buracos mais proximos.

Entrámos, uma ultima vez, na sala do canapé: vimol o, reconhecemol-o de novo; e só á custo os soldados descobriram a boca do tunnel, que já muitas vezes tinhamos visto, mas não reconhecido, por parecer-nos mais estreita, mais baixa e sem fundo!

Quasi seis horas depois da nossa descida chegavamos á sala da entrada e encontrámos os companheiros, já afflictos com a nossa demora.

Haviam chamado e gritado por nós, sem que os ouvissemos; e um delles chegou á disparar os seis tiros do seu revolver junto á boca do tunnel, com o mesmo resultado; esquecendo-se de que, querendo fazer-nos bem, podia, com esse modo de avisar, fechar-nos a porta do abysmo.

————

Projectei, quando de volta passasse por Coimbra, visitar novamente a famosa caverna; munido, porém, dos meios necessarios para bem observal-a, sem os receios de perder-me. Uma corda para guia no trajecto principal; cordeis que nella se prendam quando se busque investigar o que haja do um e outro lado; uma bussola e archotes são mui pouca cousa e bastante para o fim. Tambem não é excursão para um só, e sim para alguns companheiros, que devem ir precavidos para o encontro de onças, sucurys e outras feras, que nessa região tanto abundam, e aprazem-se em viver nas cavernas.

————

Apezar do que observei, guardo fé de que· muita cousa me restou ainda para vêr, tão grande é a gruta; assim como acredito que poucos visitantes a terão percorrido como o Sr. Faria e eu.

O primeiro que della deu noticia foi Ricardo Franco de A'-meida Serra, o heroico defensor do forte de Coimbra, e notavel engenheiro á quem o Brasil, e principalmente a provincia de Matto-Grosso, tanto devem por seus importantes. trabalhos de astronomia, topographia e estrategia. Visitaram-a tambem, entre outros, o notabilissimo botanico bahiano Dr. Alexandre Rodrigues Ferreira, em 1791; o tenente-coronel Joaquim José Ferreira, que penetrou até sua terceira sala, em 1792; e Castelnau, em 1845; os quaes deixaram descripções mais ou menos exactas, mais ou menos curiosas, conforme as impressões que receberam seus olhos maravilhados. Nenhum, porém, falla no tunnel, e pois, além não passou.

Ricardo visitou-a em 1786 e foi quem lhe deu o nome que guarda de *Gruta do Inferno*. Os naturaes chamavam-a o *Buraco Soturno*, denominação que igualmente dão á outras grutas, das muitas que ha na provincia, lá onde predomina o elemento calcareo, que, dissolvendo-se á acção das aguas, fórma frequentemente cavernas, das quaes são paredes as rochas menos accessiveis á decomposição.

Nesta a formação geologica é de grês calcareo com quartzo e argilla: molasso ou talvez *macigno* que um dia virá, com o fucus e os detritos oceanicos, revelar á sciencia, como facto inconcusso, a passagem das aguas salgadas, a existencia dos mares nessas regiões, coração da America do Sul.

CAPITULO IV

I

o porto da gruta seguimos, ás 2 horas da tarde de 4 de junho, sexta-feira, para a cidade de Corumbá, então ainda villa. Adiante vae o *Antonio João*.

A's 9 1/2 da noite passámos o morro do *Puga* e meia hora depois o do *Conselho*(a), em frente ao qual ha um banco no rio.

A margem direita vae ondulada, mais ou menos, em morrotes e collinas.

Meia hora depois da meia-noite o pequeno vapor pára subitamente, e ouço o machinista mandar chamar o commandante, exclamando :—Que desgraça !

Houve um pequeno movimento no tombadilho e depois tudo cahiu no silencio. Fôra o caso que cahira uma chave da machina sobre uma das molas, partindo-a e inutilisando a alavanca correspondente. Trabalharam os machinistas todo o resto da noite, de modo que conseguiram pôr

---

(a) Vém-lhe o nome, segundo D'Alincourt, da conferencia que ahi tiveram os fundadores de Coimbra. *Resultado dos trabalhos e indagações scientificas sobre a provincia de Matto-Grosso, cap. 4.º*

o apparelho em estado de funccionar, ao romper do dia 5. A's 8 horas e 20 minutos pudemos seguir, supprimindo-se o apparelho de dar movimento para traz ao navio.

A marcha vae regular.

A's 9 horas e 10 minutos passámos *Albuquerque*, ou Albuquerque Novo, pequena povoação, e aldeiamento de guanás e quiniquinaus, 14 leguas acima de Coimbra, e á uma da margem do rio, mas no logar até onde chegam as enchentes, podendo abicar á seu porto embarcações de quatro á cinco palmos de calado.

A primeira povoação de Albuquerque, tambem chamada *Albuquerque Velho*, foi fundada em 21 de setembro de 1788; é hoje a cidade de Corumbá: a de que tratamos é de origem mais recente; em 1810 era ainda uma fazenda de criação de gado do governo. Nas suas cercanias ficavam bons campos de pastagens, onde os particulares criavam tambem seus gados; e ella, situada mais proxima do antigo povoado e desses campos, logrou augmentar-se e chamar á si não só a povoação, como o proprio nome do povoado. Desde 1827 tornou-se, por alguns annos, a séde do commando do 5º distrito militar e da fronteira do Baixo Paraguay; em 28 de agosto de 1835 foi elevada á freguezia, abrangendo na sua jurisdicção o territorio e habitantes de Corumbá até Coimbra, inclusive.

Em 3 de abril de 1872 o Sr. presidente conselheiro Francisco José Cardoso creou ahi a *colonia militar da Conceição*, de que foi encarregado o Sr. capitão Jorge Maia de Oliveira Guimarães.

Segundo Bossi (a), Albuquerque está á 19° 25' lat.

———

Meia hora depois passámos o rio *Miranda*, 13 kilometros acima de Albuquerque.

————————

(a) *Viage Pintoresca*, etc,

A' 120 kilometros da fóz está a villa do mesmo nome, no local da antiga *Santiago de Xerez*, fundada em 1580 pelo hespanhol Ruy Dias de Melgarejo, e destruida em 1673 pelos paulistas e guaycurús (a). Seus vestigios ainda encontrou João Leme do Prado, quando, em 1776, de ordem de Luiz de Albuquerque, foi reconhecer o rio, e ao qual impôz o nome de *Mondego*, que gozou por algum tempo e como tal vem consignado na maior parte das cartas. Os naturaes quasi que desconhecem essa denominação, servindo-se sempre da de *Miranda* ou *Mboteteiy*, nome por que nos primeiros tempos da capitania foi mais conhecido, mas que tambem tem perdido muito na popularidade. Os hespanhoes chamaram-o tambem *Araniani* e *Guachié*. *Araranhy* chama-lhe o Sr. barão de Melgaço no seu *Roteiro de navegação do Paraguay desde S. Lourenço até o Paraná*.

A denominação de Miranda foi dada, em lisonja á Caetano Pinto, 6º capitão-general, ao reducto que este ahi mandou erguer em 1797, quadrado com um redente em cada face, fechado por uma trincheira de terra socada entre duas estacadas, com uma pequena banqueta e seu fosso (b). Foi seu primeiro commandante o ajudante Prado, que commandou Coimbra.

Miranda deve seus fundamentos, em 1778 (c), aos exploradores de João Leme; goza dos foráes de villa desde 30 de maio de 1857, em que de freguezia foi elevada por lei provincial. Sua matriz é da invocação de N. S. do Carmo. E' a séde do 4º districto militar e commando da fronteira do Paraguay. Os paraguayos tomaram-a á 12 de janeiro de 1865, abandonaram-a á 24 de fevereiro. Em 23 de novembro de 1850 o governo imperial mandára fundar, com 31 colonos e um destacamento militar da

---

(a) Em 1696, segundo **Ricardo Franco**. *Descripção geographica da capitania de Matto-Gr. sso*. Pizarro, *Mem*, t 9.

(b) Luiz D'Alincourt, obra cit: da.

(c) Roque Leme e Pizarro, obras citadas.

villa, a *colonia militar de Miranda*, nas cabeceiras do rio e além da fóz do *Feio*, á 210 kilometros *SE.* da villa.

———

Como já vimos, o rio cahe no Paraguay por dous braços, o *Aquidaudna* e o *Mareco*, ou propriamente Miranda, distando um do outro, nas suas embocaduras, 23 leguas.

II

A's 9 1/4 da noite passámos a montanha do Rabicho, cuja configuração trouxe-nos a idéa o *Gigante de Pedra* da entrada do Rio de Janeiro. Tem a apparencia de uma enorme cabeça encoifada.

Dista quatro leguas de Albuquerque.

A's 9 horas e 45 minutos passámos o *Taquary*, cuja boca principal lança-se aos 19° 15' 18'' lat. e 320° 32' long., segundo Ricardo Franco (a).

E' em sua margem direita e pouco abaixo da fóz do *Coxim* que se situa a freguezia, hoje villa, de *S. José de Herculanea*, fundada em 25 de novembro de 1862 no logar chamado *Beliago*, sob o titulo de *Nucleo Colonial de Taquary*, e mais tarde condecorado com aquella outra denominação em homenagem ao ex-presidente Herculano Ferreira Penna, á quem deve-se a sua fundação. Mas, apezar de tudo, é conhecida mais pelo nome de Coxim, do rio que por junto passa. Dista cerca de 550 kilometros da fóz do Taquary. O fim principal de sua fundação foi proteger-se a estrada do Taquary á Sant'Anna do Paranahyba.

A's 11 3/4 chegámos ao *Ladario*, primeiro sitio do estabelecimento

———

(a) Ricardo Franco. *Mem. Geog. do rio Tapajos*. Lacerda colloca uma boca aos 19° 15' 16'' e a outra aos 18° 15' lat., e longitude 320° 58' 16'' da ilha de Ferro.

da antiga Albuquerque, que, então, consistia n'um rectangulo fechado pela casaria e com um unico portão para o rio, sendo esse rectangulo de 75 passos de comprido, 50 de largo e habitado por 200 pessoas (a).

E' hoje um vasto e formoso arsenal de marinha inda incompleto, apezar de suas obras já excederem á quatro mil contos de réis, e que houve necessidade de suspendêl-as por projectadas n'uma escala mui superior ás forças do paiz.

O rio Taquary no lugar da passagem.
(Desenho do Sr. Dr. Taunay.)

Fica o Ladario deseseis kilometros acima da montanha do Rabicho, e onze, rio abaixo, de Corumbá. A margem do Paraguay, deste até Corumbá, vae alta e abarrancada. O Ladario terá uns 15 metros de altitude no médio.

Arsenal e ao mesmo tempo praça de guerra, é fortificado pela face

<hr>

(a) *Diario das diligencias do reconhecimento do rio Paraguay* (1786), de Ricardo Franco de Almeida Serra.

do rio e fechado por *cortinas* nas.outras. Foi mandado construir em 1872. Deu começo ás obras o Sr. capitão de fragata Manoel Ricardo da Cunha Couto, logo em 14 de março de 1873, tendo sido extincto o pequeno arsenal que havia em Cuyabá pelo aviso de 23 de janeiro do mesmo anno.

Do lado do rio é defendido por tres baterias *á barbeta*, artilhadas com canhões de 68, e revestidas de grossas muralhas de alvenaria, ligadas por cortinas que continuam até cercar-se o perimetro do arsenal. O portão solido e magestoso edificio quadrangular, com assotéa e miradouro, e que mui pouco se casa com o debil muro em que se abre, deita sobre a rua principal do povoado e estrada que vae á Corumbá.

Seus edificios são bons, notando-se entre elles as officinas de machinas e construcção naval, os depositos e almoxarifados, o quartel dos imperiaes marinheiros, um dos melhores do Imperio, e a casa da directoria e repartições annexas, que é o principal edificio, á meio terreno, fronteiro ao rio, grande e bem construido, comquanto chato de mais na apparencia. O engenheiro Pimentel, da commissão de limites, á quem notei esse defeito, esclareceu-me que a construcção estava conforme as regras da architectura, que não concedem mais de 4 1/2 palmos de altura, ou pé direito, para um edificio terreo, *qualquer que seja a sua extensão:* acreditei-o por ser um profissional que o dizia, mas continuei convencido de que o chato é sempre feio, de mau gosto e mau effeito, e não póde pertencer ás bellas-artes.

III

Domingo, 6 de junho.

A's 9 horas e tres quartos, depois de ouvirmos missa na capella de madeira, pequena, mas decente, do arsenal, seguimos viagem. A's 10

LADARIO

Novo Arsenal de Marinha de Matto Grosso, construido na margem direita do Rio Paraguay abaixo do Porto de Corumbá

horas e 10 minutos passámos o forte do *Limoeiro*, cinco minutos depois o da *Polvora*, hoje *Junqueira*, logo mais o de *S. Francisco*, e fundeámos em frente á alfandega ao som da musica e salvas que o forte *Duque de Caxias* fazia em honra do presidente (a).

Corumbá está situada aos 18° 59' 38'',30 lat. e 14° 25' 34'',34 long. O. do Rio de Janeiro, tomadas do seu extremo austral (b). Eleva-se sobre uma barranca de 30 á 35 metros de altura e cerca de 150 de altitude sobre o nivel do oceano. O capitão americano Page dá-lhe 390 pés inglezes (c), á beira-rio, isto é, cerca de 118 metros. E' a mais antiga das duas povoações de Albuquerque, mandadas estabelecer por Luiz de Albuquerque em 21 de setembro de 1778, e cujos principios foram primeiramente no Ladario. Foi erecta em villa por lei provincial de 5 de julho de 1850 e freguezia, separada da de Nossa Senhora da Conceição de Albuquerque, sob a invocação de *Nossa Senhora da Misericordia de Albuquerque;* mas nova resolução de 7 de junho de 1851 revogou essa elevação, do mesmo modo que a da Villa Maria, tambem de recente creação e erigida em freguezia com o orago de *S. Luiz do Paraguay* (d).

(a) Cinco fortins defendem Corumbá pelo lado do rio, e uma cortina por terra. Concluidos uns na administração do Sr. conselheiro tenente-coronel Francisco José Cardoso e outros na do general Hermes, receberam aquelles a denominação de *S. Francisco* e de *Junqueira*, em honra do presidente e do ministro da guerra, e estes os de *Cond: d'Eu, Duque de Caxias* e *Maj r Gama*, este em homenagem ao, hoje tenente-coronel, o Sr. Dr. Joaquim da Gama Lobo d'Eça, o modesto e distincto engenheiro que os planejou.

(b) Commissão de 1871 dirigida pelo Sr. capitão de mar e guerra, hoje chefe de divisão, Antonio Claudio Soido. O Dr. Lacerda, da commissão de 1782, dá no seu diario des e anno 19° 0' 8'' *S.* e 320° 3' 15'' de long ; mas no do 1788 já augmenta esta 30', por tomal-a da parte occidental da ilha de Ferro, emquanto que faz a outra referente ao meridiano da ponta oriental. O sabio Ricardo Franco marcou-lhe 19° 8' 10'' lat. e 320° 8' 15'' long., e é a que Pizarro transcreve. D'Alincourt dá 19° 0' 8'' *S.* e 320° 3' 14'' ; Dugraty, 18° 15' 43'' *S.* e 57° 44' 36'' *O.* de Greenwich, ou 14° 30' 8'' long. occidental do Pão de Assucar; e Bossi, 19° 1' *S.* e 53° 35' *O.* de Paris ou 14° 1' 30'' *O.* do Pão de Assucar.

(c) O mappa da commissão demarcadora em 1878, referido ao metro, dá-lhe 400, lapso de cópia, sem duvida, da medida ingleza.

(d) Lei provincial de 23 de junho de 1851.

O decreto de 11 de abril de 1853 habilitou seu porto para o commercio, e creou na povoação uma mesa de rendas. No anno seguinte, a resolução de 5 de julho autorisou a presidencia á transferir a séde da freguezia de *Albuquerque Novo* para ella, o que não se verificou sinão em 1862, por força da lei de 1º de julho, demarcando a provisão de 5 de fevereiro do anno seguinte os limites da nova freguezia. Tomou a nova villa e freguezia a denominação de *Santa Cruz do Corumbá*. Seus limites são: a linha divisoria do Imperio com a Bolivia até o fundo *NO*. da lagôa Uberaba, donde desce pelo Paraguay e Paraguay-mirim até a ponta do Rabicho, por cujo cume segue e depois pelos pontos culminantes dos montes que medeiam entre as duas freguezias até encostar por *O*. á fronteira boliviana.

Entretanto, quando os paraguayos a invadiram em 3 de julho de 1865, não tinha ainda sido installada no seu novo predicamento. Occuparam-a as hordas de Lopes por dous annos, até 13 de junho de 1867, em que o Sr. capitão Antonio Maria Coelho tomou-a de assalto por sorpreza. A villa, ha dous annos florescente, não era agora mais do que um acampamento incendiado e devastado; poucos brasileiros ahi existiam entre mulheres e crianças; os homens e algumas familias que não foram mortas ahi mesmo, Barrios fizera-os partir para Assumpção. Em pouco á esses destroços accresceu uma nova e terrivel calamidade, a variola, que, propagando-se por toda a provincia, devorou-lhe mais de um decimo da população.

Já, em 10 de novembro de 1868, tinha recebido uma guarnição, quando em fevereiro de 1870, o principe commandante em chefe do exercito em operações no Paraguay, receiando a fuga de Lopes para a Bolivia, mandou o coronel Hermes como commandante das forças em operações na fronteira do Baixo Paraguay, em Matto-Grosso, vindo este para Corumbá com uma divisão do exercito.

Foi o começo da reorganisação do povoado, até então abandonado pelo terror e receio de uma invasão. Vivandeiros que seguiram o exercito estabeleceram-se de facto : começaram á affluir os habitantes e o commercio, principalmente de estrangeiros, e tomou em breve tal incremento, que, restaurada por lei de 7 de oitubro de 1871, do presidente Cardoso, foi installada em 17 de agosto de 1872. A lei de 21 de maio de 1873 creou-a comarca, declarada de primeira entrancia por decreto de 10 de julho de 1873 e installada em 19 de fevereiro de 1874. Em 15 de novembro de 1878 foi elevada á cidade. Seu territorio abrange 2856,75 leguas quadradas de vinte ao gráo. Fórma um termo que comprehende tres districtos : *Corumbá, Herculanea e o territorio da margem esquerda do Paraguay acima do Taquary*, e duas freguezias, *Santa Cruz de Corumbá*, annexa por lei provincial de 18 de oitubro de 1868 á hoje extincta freguezia de Albuquerque, e *S. José de Herculanea*, creada em 1875.

Desde 1859 que o Sr. almirante Delamare, então presidente, avaliando o local e antevendo o porvir dessa povoação, mandou tirar-lhe a planta e demarcar os logares para as ruas, praças e edificios publicos. Seu plano de edificação, em que as casas ficavam separadas por pequenos jardins, foi seguido no começo, e viria á tornal-a um formosissimo povoado. Destruida pelos paraguayos, a reedificação começou á vontade e capricho de cada um, conservando apenas o alinhamento das ruas.

Em 1877 tinha abertas e povoadas dez ruas largas e bem alinhadas, cortando-se em angulo recto, e tres praças. Parallelamente ao rio estão as ruas *Augusta*, fronteira á elle, e com uma só ordem de casas, a qual, quando melhor preparada, será a mais aprazivel da cidade, pelo esplendido panorama que descortina ; a *Delamare*, actualmente a mais povoada e commercial, e as da *Cadêa*, de *Alencastro*, *Bella Vista* e *Vinte e Tres de Julho* ; cortam-as perpendicularmente as *Oriental, Primeiro de Abril,*

Bella, *S. Pedro*, *Camara*, *Palacio*, *Santa Theresa*, *S. Gabriel*, *Sete de Setembro*, *Major Gama* e *Occidental*.

A *Augusta* recebeu seu nome em honra do distincto general o Sr. Augusto Leverger, barão de Melgaço, que immensos serviços tem prestado á provincia, onde reside ha perto de 40 annos e que considera como uma segunda patria; a *Delamare*, *Alencastro* e *Major Gama*, para commemorar os serviços dos dous presidentes, os Srs. capitão de fragata, hoje almirante, Joaquim Raymundo Delamare, e coronel, hoje marechal de campo Antonio Pedro de Alencastro, e os do distincto engenheiro militar de quem já acima fallou-se.

As praças são: as de *Santa Theresa*, onde existe em começo o templo destinado á matriz, o qual, mais pelas mesquinhezas partidarias do que pela tibieza de animo do povo, acha-se ameaçado de cahir em ruinas; a do *Carmo*, onde o povo construiu em 1877 um pequeno, mas decente templo á *Nossa Senhora da Candelaria*, e a de *S. Pedro*, onde pretende-se estabelecer a cadeia e casa da camara.

Poucos estabelecimentos publicos tem notaveis, á não serem os fortins que a defendem, essa capella da Candelaria, o deposito de artigos bellicos, a casa do commando do 2° batalhão de artilharia á pé, construida pelo Sr. coronel, hoje brigadeiro, barão de Batovi, com os soldados do seu corpo e sem o menor dispendio dos fundos do Estado; a alfandega, barracão de feia e pessima construcção e que, em compensação á aquella casa, custou o decuplo do que vale; a cadeia e a camara municipal, recentemente concluidas, e o cemiterio publico, pequeno, muito decente e todo murado, mas com o defeito de estar dentro do povoado.

Foi erigido em 1874 á instancias e esforços do presidente da camara, o major João D'Alincourt Sabo de Oliveira (a), que nelle foi sepultado em

(a) Sobrinho do illustrado engenheiro Luiz D'Alincourt, tantas vezes citado nesta obra.

19 de dezembro de 1876, ao lado direito da entrada da capella, que é da invocação de S. João Baptista.

A capitania do porto é uma casinha quasi sem accommodações; os quarteis miseraveis palheiros, cujos tectos e paredes já não côam, mas dão livre entrada ao sol e ás chuvas; o hospital militar um miseravel pardieiro que só tem simile nos quarteis e n'outra *arapuca* miseravel e indecente que lhe fica em frente, e que serviu de matriz até 1878 (a).

Em Abril de 1791 constava sua população de 141 almas, sendo um official e doze soldados de guarnição, com seis crianças brancas; cincoenta indios e nove pretos escravos, todos do sexo masculino; onze mulheres e crianças brancas, sessenta e duas indias e tres negras escravas (b).

Em abril de 1878 tinha :

455 casas de telha e 25 em construcção.
 51 de zinco   » 9 »   »
— —   —
 506   34
———
540

E no Ladario :

251 casas de telha e 43 em construcção.
 29 de zinco   » 7 »   »
— —   —
280   50
———
330   Ao todo 870.

A população, que em 1862 era de 1.315 habitantes, decresceu no anno seguinte, ficando em 1.281.

(a) Recentemento o Sr. barão de Maracajú, actual presidente da provincia, mudou a enfermaria para o deposito de artigos bellicos, passando este para o Ladario

(b) Dr. Alexandre Rodrigues Ferreira, *Mms. da Bibl. Nac.*

Dos quadros estatisticos do Sr. coronel Porto Carrero tomimos os seguintes dados :

Segundo um trabalho feito em fins desse anno pela delegacia de policia do 1° districto da cidade, tinha então 475 casas de telha e 75 em construcção, 51 cobertas de zinco e 29 em construcção.

No 2° districto, Ladario, haviam 251 de telha, 29 de zinco e 50 construindo-se ; ao todo 870, afóra mais de mil palhoças.

Em abril de ^{1861} tinha apenas 36 casas de telha, 29 em construcção e 109 ranchos de palha (a).

Em abril do anno seguinte haviam 61 casas de telha, 38 em construcção e 93 ranchos de palha, estando concedidos para edificação mais 194 lotes de terrenos ; ao todo 293, mais 27 do que no anno anterior.

6 DE ABRIL DE 1861.			21 DE ABRIL DE 1862.			
Brasileiros	1.187		Brasileiros, homens	732		
			mulheres	394		1.126
Italianos	. .	29	Italianos	h. . .	21	
				m. . .	3	24
Francezes	. .	26	Francezes	h. . .	21	
				m. . .	5	26
Allemães	. .	2	Allemães	h. . .	3	3
Hespanhoes	.	6	Hespanhoes	h. . .	5	5
Argentinos	.	6	Argentinos	h. . .	20	
				m. . .	12	32
Orientaes	. .	9	Orientaes	h. . .	3	3
Bolivianos	.	3	Bolivianos	h. . .	3	
				m. . .	2	5
Portuguezes	.	0	Portuguezes	h. . .	10	
				m. . .	3	13
Americanos	.	3				
Escravos	. .	44	Escravos	. . . .	34	34
	1.315					1.281

(a) Quadros estatisticos de 6 de abril de 1861 e 21 de abril de 1862, organisados de ordem do presidente Penna pelo Sr. tenente-coronel Hermenegildo de Albuquerque Porto Carrero, commandante do corpo de artilharia.

Em 1864 era sua população de 1.315 habitantes e em 1872 de 3.361.

Em 1876 calculava-se a da villa em cinco ou seis mil habitantes, incluindo a povoação do Ladario. Como já vimos, cerca de tres á quatro mil paraguayos, em meiados desse anno, affluiram á ella, acompanhando nossas forças, mandadas retirar de Assumpção, e que emigraram a mór parte por já estar acostumada á viver da magra etapa dos soldados, e quasi todos com receio da liberdade republicana. Assim viu-se de repente a villa com uma população quasi dobrada. O *Visconde de Inhauma*, o *Madeira* e outros grandes transportes, conduziam em cada viagem, com a tropa, perto ou mais de mil e quinhentos paraguayos.

O commercio dobrou e a presença da tropa chamou uma nova colonia de negociantes, ou melhor traficantes. O Ladario converteu-se tambem n'uma florescentissima povoação, com cerca de tres mil almas, varias ruas e boa casaria. Mas não é debalde que se agglomera assim um povo de immigrantes, a mór parte ociosa e parasita. Em breve, tanto ahi como na villa, viram-se as ruas cheias de mendigos, uns enfermos e estropiados, outros apenas affectados da preguiça, esmolando a caridade publica; e a miseria tocou á seu auge, quando, de um lado o governo, por forçadas economias, viu-se obrigado á suspender as obras do arsenal e despedir centenas de empregados; e do outro a retirada para Cuyabá de parte da tropa, que teve de abandonar o seu sequito por não caber nas pequenas embarcações que a conduziam. Sem isso Corumbá seria em breve a primeira cidade da provincia, como já é o emporio do seu commercio; seu porto franco recebe durante meio anno navios do maior calado; vapores do porte de naus de linha e de lotação superior á tres mil toneladas.

Seu commercio é em geral estrangeiro, e á esse elemento deve

grande parte de seu incremento, que podia ser maior si não fosse o contrabando que ahi se faz em grande escala (a), e, que lesando gravemente
a fazenda nacional, traz graves prejuizos ao commercio licito.

IV

Como já viu-se, seu clima é altamente saudavel, sendo as suas estações bem definidas. Nos tres annos que ahi estivemos, a media de verão
foi de 30°,8 e a de inverno 21°,25. As noites são sempre frescas e ame-
nas ; na força do verão as brisas do sul mitigam-lhe o rigor e as da noite
muito se abrandam ao passarem por sobre os immensos páramos fronteiros, onde serpeiam os affluentes septemtrionaes do Paraguay, que, no
tempo das aguas, transmudam esses páramos em mares.

Poucas cidades gozarão como Corumbá de um horizonte tão dilatado
e aprazivel, em meio de terras. A' essa magnifica posição, á sua facil circulação das brisas, deve ella, sem duvida, a sua salubridade.

Fôra talvez a nossa primeira praça de guerra, defendida por seus
cinco fortins e uma linha de trincheiras que a circumda pelo lado de

---

(a) « O tratado de commercio de 7 de março de 1877, celebrado com a Bolivia,
garante a passagem—livre de direito—das mercadorias para ella importadas ou
della exportadas. Succede, porém, que como taes muitas vém Paraguay acima,
quer dos portos do oceano, quer dos das republicas platinas, sob tal designação,
com endereço ao logar da *Pedra Branca*, na fronteira de Corumbá, e á margem da
bahia de Cáceres, e dahi voltam clandestinamente para o commercio da cidade e para
o da cidade de S. Luiz de Cáceres, sinão para o da capital, lesando enormemente
os interesses do fisco e prejudicando o commercio sisudo. E' da mais alta necessidade uma medida tendente á cohibir esse crime, hoje principalmente, que, cessada
a isempção de direitos que o governo concedêra ao commercio da provincia, estão
as suas mercadorias de exportação e importação collocadas na mais desvantajosa
relação com a Bolivia, e acoroçoado o abuso desse commercio illegal e de verdadeira
pirataria. A' não haver medidas promptas e energicas, o contrabando arruinará o
commercio licito, aggravando sobremaneira os interesses do Estado (Do *Iniciador*). »

terra, e abstracção feita das fortificações do Ladario, á meia legua apenas, si já não soffresse do mal que ataca á todas as nossas cousas, trazido pela inercia e cansaço, para não dizer desmazelo. E' só quando se espera a visita das primeiras autoridades da provincia, que alguns dos fortins se livram dos mattos que lhes cobrem os terraplenos e já lhe vão derrocando as muralhas; mas o alcance dessas visitas já não chega ao beneficio das trincheiras de circumvallação, que pouco á pouco se esboroaram e na maior parte desappareceram.

———

O solo de Corumbá é quasi que inteiramente formado de calcareo silicoso, cinzento ou negro, raras vezes esbranquiçado, o qual já vae fazendo a fortuna de alguns industriaes que ahi estabeleceram *caciras,* tendo achado reunidos, no mesmo sitio, a rocha, a agua e a lenha. Abunda tambem de grez quartzoso, varias especies de schistos e piçarrões grawackes grosseiros, psamitos de varias côres e algum gneiss. Nos arredores da cidade é este abundante, e predomina associado com a itabirite e uma especie de *arkose,* esponjosa e ferruginea, de origem plutonica, ahi conhecida pelo nome de *pedra canga.* Apparecem tambem as rochas feldspathicas, granitos e schistos ferrosos, e outras rochas de crystallisação ; schistos phyladios de côres diversas, passando do cinzento ao negro e do vermelho ao violete. Na escarpa da barranca, onde se abriram as ladeiras que communicam a cidade com o porto, vêm-se, formando o assoalho e paredes, no meio das pedras laminiformes, formosas *dendrites,* em que a natureza, ou melhor a acção das aguas infiltradas pelos intersticios microscopicos da pedra, desenha arvores, flores, estrellas, arabescos e paysagens tão lindas quão caprichosas. Dos especimens que colhi, alguns são notaveis por mostrarem ao exame as colorações magnesianas do phylladio.

Na cidade de Corumbá, isto é, no meio desse solo que a natureza dotou de uma vegetação assombrosa, são rarissimas as arvores corpulentas ou alterosas. E' que entre nós, quando se prepara o terreno de uma povoação, o traçado de uma estrada, de uma casa, mesmo, o primeiro e o que parece mais importante trabalho é uma derrubada geral e completa das mattas do local e sitios vizinhos. Entretanto, com menor trabalho, feita a demarcação e destruido o que estava no terreno á beneficiar, podiam ficar as outras arvores para belleza e sombra nas ruas, praças e jardins do mesmo modo que á orla das estradas. A estrada, ultimamente aberta entre a cidade e o Ladario, fez-se com uma derrubada, na floresta, de cento e vinte metros de largura, sendo que só se aproveitou no uso um pequeno trilho ou picada.

Hoje começa-se na cidade o plantio das arvores; abri o exemplo na rua Augusta, na qual os Srs. coronel Moraes Rego e capitão Pinto Guedes, do 2º batalhão de artilharia, continuaram a arborisação, plantando dous formosos renques, com, pouco mais ou menos, sessenta gamelleiras, cedros e ingazeiras, que hão de em poucos annos tornar ainda mais aprazivel essa rua, a mais bem situada da cidade, si a ignorancia ou a maldade não julgarem mais acertado deital-as abaixo.

Nas escarpas da barranca, nas suas grotas, cresce abundantemente uma myrtoidea, cujo fructo cordiforme assemelha-se á manga, na fórma, e na côr quando madura, por ser matizado das côres vermelha, amarella e verde. Regula seu tamanho com as pequenas mangas de Itamaracá ; é uma formosa drupa doce-amarga no gosto, sylvestre e completamente desconhecida, apezar de vegetar tão abundantemente dentro do povoado.

Quando a encontrei no verão de 1875 não na conheciam, nem lhe tinha ainda prestado attenção os proprios principaes e mais intelligentes moradores. Cultivado, talvez que um dia se torne, como todos os outros, um fructo primoroso. E' um arbusto de dous á quatro metros de altura, o caule·typico,isto é, lenhoso, sulcado, liso, desprendendo o epiderme em folhetas, folhas oppostas,lancioladas, acuminadas, brilhantes e com pontos translucidos, flores brancas, polyandrias, sem pistillo, cinco carpellos, ovario trilocular, grãos erectos, basilares. Não a conhecendo ainda descripta na sciencia, atrevi-me a propôr-lhe o nome de *corumbania mangiforme*.

———

Nas mattas crescem principalmente o angico e as peúvas ; á orla das estradas notam-se formosas *restenceas* e *eriocaulons* de quasi dous metros de altura, com suas hastes lisas e compridas, encimadas por vistosa fronde. O algodoeiro é indigena e encontra-se sylvestre nas mesmas mattas e taboleiros onde se colhem as saborosissimas mangahas.

Nos quintaes da cidade já se vae cultivando a banana, a laranja, o limão, magnificas fructas do conde e outros fructos, havendo necessidade, porém, de preparar-se o tepreno, livrando-o de uma parte do seu elemento calcareo. Em compensação, arredores, onde esta rocha não está á flor do solo, é este fertilissimo.Pena é que a grande lavoura restrinja-se, apenas, á dous ou tres estabelecimentos importantes.

Destes o principal é a fazenla de *Pirapulangas*, á sete leguas da cidade ; já foi uma das primeiras da provincia em riquezas de gados e prosperidade na safra do assucar, farinha, milho, arroz e feijão, com que abastecia a cidade. Os paraguayos devastaram-a e arrebataram seus gados. Seu proprietario, Joaquim José Gomes da Silva, barão de Villa Maria, desde 1870 que a ia reerguendo e já começava á colher bons fructos quando a morte o assaltou no mar, recolhendo-se da côrte, aonde o tinham levado interesses da maior monta, quaes os da mineração do ferro ; mas o assassinato do seu filho José Joaquim, logo em junho seguinte, fizeram perder as esperanças de sua restauração ou pelo menos espaçal-a de muito.

As outras lavouras mais notaveis são as situações de S. Domingos, que tambem pertencêra ao barão, e a do Urucú, do Sr. Uldarico Colombo, a qual vae prosperando á força de trabalho e ordem.

———

O ferro é tão commum nestas paragens, que, na extensão de algumas leguas, montanhas e planicies e os leitos dos riachos são terrenos tão mineraes, que as amostras analysadas na Casa da Moeda deram 69 por cento. Em alguns logares a pedra tem a côr que é propria ao ferro, e seu peso é extraordinario, tamanha é a parte do metal que lhe entra na composição.

Junto á S. Domingos, no alta da montanha, vê-se uma face talhada á pique, lisa como um muro, e que mais parece uma grande massa ferrea do que rocha dioritica. De uma fenda quasi transversal descem salteando as origens do corrego de *S. Domingos*, que com o de *Piraputangas* vão formar a lagôa do *Jacadigo*.

Encontra-se o metal em varios estados, predominando, porém, o ferro olygisto. De algumas bellas amostras que se colheu, umas eram *sideroses* ou carbonato de cal e ferro, duas de *ophiolito verde-escuro* com granulações de *sperkise* e duas de *niobito* (niobato de ferro e manganez), estas ultimas no leito do corrego do Piraputangas, cujas aguas, como as do S. Domingos e dos outros riachos dos arredores, puras e crystallinas, são notaveis por não guardarem o menor saibo do metal, apezar do terreno donde se originam e por onde deslisam.

———

As montanhas de origem plutonica tém quasi que todas as suas terminantes nesse modo abrupto e vertical que já descrevi e que são communs ás rochas de formação ferrea. A' esse modo de terminação chamou Lacerda *estambres* (a), não sei porque; os naturaes mais apropriadamente denominam-a de *trombas*. Suas arestas verticaes e quasi lisas só deixam perceber aqui e ali as saliencias de dikes, blocos de rocha mais dura naquella engastados, e menos sujeitos aos ataques do calor e da humidade.

Ha nesses terrenos taboleiros de pedra canga, mais ou menos elevados, quasi sempre cobertos de *cactus*, *gloxinias* e *bromelias* sylvestres. Na subida dessa montanha de S. Domingos ha uma grande superficie quasi plana e ligeiramente declive, coberta de *melocactus*, a mais formosa e bizarra especie de sua familia, ora com as arestas guarnecidas de longos aculeos e semelhando ao *ouriço*, ora inerme ou de tenues espinhos, e parecendo uma corôa imperial. Perto dahi, mas já na outra face da montanha, estão á descoberto veeiros de leptinito tão granulado e tão branco como o da pedreira da Candelaria na côrte.

V

Na fazenda de Piraputangas encontrámos uma boa centena de indios das tribus *guaná* (ou *trouóró-ônó*) *layana, terena, chuála,* e *quiniquinaus* *(koinú-cunó),* uns descendentes da antiga e terrivel nação dos guaycurús ou indios cavalleiros, e outros da grande familia tupica, de cujo dialecto guardam muitas reminiscencias nas suas linguagens. O Dr. Alex. R. Fer., carta de 5 de junho de 1791 ao governador João de Albuquerque, diz :

« Pouca differença tém-dos guaycurús os guanás, de quem são vizinhos, amigos e alliados. Casam entre si reciprocamente e se auxiliam sempre que assim o pede alguma urgencia publica ou particular. Porém não árrancham em tejupares, e suas palhoças tém uma figura oval, com a

(a) Talvez erro de copia de *itambés.*

cumieira muito alta, cobertas dessa especie de gramma que se chama sapé. (a) »

Os quiniquinaus são tambem conhecidos por guaycurys, nome que bem alto revela sua origem. Seu idioma é especial, e não encontrei nenhum outro que se lhe possa assemelhar na prosodia e nas terminações exdruxulas, quasi sempre, nas quaes predominam as consoantes d e g.

Delles e dos layanas obtive alguns vocabulos que aqui transcrevo, sendo o dos primeiros inteiramente distincto dos que nos deixaram os illustres Martius e Saint Hilaire e tambem Castelnau. Não cito outros autores, porque, em geral, á esse respeito reproduziram observações daquelles viajantes (b).

(a) Ms. da Bibl. Nacional $\dfrac{\text{CXLVII}}{17\text{-}14}$

(b) O Sr. Joaquim Ferreira Moutinho, na sua *Noticia sobre a provincia de Matto-Grosso*, traz tambem alguns vocabularios. Todavia, apezar da sua respeitavel assersão á pag. 222 e 224, guardo fé de que o illustre autor não escreveu conforme ouviu. Citando um erro de Bossi, que escreveu *cunho* por *kunhi*, que elle affirma ter ouvido de um *paresi* ser assim no seu idioma diz: « — Por estes motivos nos abstemos de dar a sua linguagem (*) afim de que mais tarde um exame mais minucioso não possa desmentir-nos. As linguas que apresentamos são-nos conhecidas, e temol-as visto autorisadas por outras pessoas, sendo a mais notavel Won Martius, que publicou um diccionario da *lingua indigena*.. Para conhecêl a, sobretudo, é mister ter-se conhecimento dos proprios indios, *afim de estudar-se a pronuncia*; ao contrario é impossivel pronuncial-as com certeza, porque a maior parte das syllabas são gutturaes, pronunciadas com muito vagar, uma por uma. Pela leitura é difficil comprehender-se esses differentes vocabulos que *mesmo nós achamos summa difficuldade em escrever*... Depois que chegámos á S Paulo, onde nos resolvemos á publicar este livro, vimos a *Chrestomatia da lingua brasileira* pelo Sr. Dr. Ernesto Ferreira França, por onde podiamos enriquecer muito os nossos apontamentos; fôra, porém, um abuso, e desappareceria, ao menos para nós todo o merecimento que damos ao trabalho que tivemos em indagar o pouco que produzimos, estimando muito mais publical-o singelo e pobre do que rico á custa alheia. Outro tanto nos aconteceu com o *Diccionario de Won Martius*, obra de muito merecimento neste genero. Em *muitas occasiões differimos desse celebre autor*, porque julgamos não dever affastarmos em nada do *que aprendemos praticamente* com os proprios indios(**). »

(*) O que foi muito mal feito por parte do autor, que justamente escondeu um thesouro ainda inexplorado.

(**) *Sic*, salvo os griphos.

Eis alguns dos vocabulos colhidos :

	LAYANAS	QUINIQUINAUS
Agua	tôhna	nógodi (pelos homens), niôgo (mulheres)
Aguardente	—	nodáqui

Entretanto é de adoidar o estudioso o vér esse illustrado escriptor confirmar o que escreveram Von Martius, Saint Hilaire, Castelnau, etc., que o fizeram conforme a pronuncia que lhes era propria, e autorisar com a sua valiosa autoridade, por exemplo, os vocabulos : nos bororós — *couai, macounai, ouai, terou, igoulai, itai, cugna, cualo-latou-o, toua, au, cuerou* e *aleu ;* nos apiacás—*macoué, cognato, ourourapa, toupa, gna*(coco) ; nos guatós—*txenai, dou-ouni, tchoum, dekay ;* nos chavantes — *anupranai, monpchai, schoutadon, monotonau, keu, ouali, chourou, acouati, doianau,* etc.

E' notavel coincidencia o feliz encontro do autor com o pequeno Sebastião, indio *coroado* já mui lido em Martius, o qual foi lhe dando, sem duvida por escripto, a avaliar-se pela ortographia, os vocabulos dos xopotós e coroados da Aldéa da Pedra, modificando apenas as vozes *gué, laune* e *lobé,* que no autor germano vém *guch, lannu* e *lobch,* e com o accrescimo de tiro—*pum !*— que Martius não soube.

Mas não é muito de extranhar isso, quando á par de maus autores, como um conterraneo do Sr. Moutinho, traductor das *Viagens* de Jacques Arago, o qual julgou dever enriquecer a lingua com *souroucoucou, tijouca, pagayar,* etc., vemos tambem homens de letras notaveis escreverem : agoutiguepe, ahouai, araboutan, caa-jandiwap, cachibou, conawi, caouim, couguerecou, coumarourana, cuipouna, caoutchouc, achiramourou, ouaouassú, etc., pela razão, pouco razoavel, de assim trazerem-o os autores francezes donde as colligiram, que o fazem por um sestro abstruso de não perderem a pronuncia das palavras, sem attenderem ao *gallimatias,* ou melhor, á monstruosidade que produzem. Porém, isso são elles lá que fazem, e sua alma sua palma. Mas, portuguezes escreverem em portuguez caouim, ouaouassú, caoutchouc, coumarou, é levar muito longe, além das raias, o amor á sciencia.

E já que vém á pello, lavre-se um protesto contra esse latim hybrido com que francezes, allemães e inglezes têm macarronisado as sciencias, principalmente na historia natural, onde são palavras latinas: Boussingaultia, Bougainvillea, Bouvardia, Broussonetia, Couroupita guyanensis, Fourcroya, Lavoisieria, Pitcairnea, Poincianea, Poinsettia, Secquoya, Stack-houseacea, etc., linguagem nova que os latinistas *hão de pronunciar* conforme a prosodia de *Latium,* como as vêm escriptas, e não conforme a franceza, que o latim, lingua mãe e lingua morta, não póde receber inflexões que lhe alterem a orthographia e a prosodia. Nós lemos Byron e Voltaire, dando ao *y* e ao *ai* os sons *e ai* e de *é,* que tém em seus idiomas, porque são e serão sempre palavras dessas linguas ; mas já dizemos *byroniano* e *voltairiano,* conservando o som portuguez do *y* e do *ai,* porque essas palavras são neologismos nossos, e portanto vocabulos portuguezes, acceitos sem deturpar ou viciar a origem, como dar-se-hia si escrevessemos baironiano e volteriano.

Argumentam que ha obrigação de pronunciar-se Bussengócia, furcroaia, para

	LAYANAS	QUINIQUINAUS
Algodão	tôhna	cotámo (a)
Amamentar	—	jenipreónĭghi
Amanhã	—	natinĭgoi
Anta	apolicán	keuálădje (b)
Aracuan	—	cutivína (c)
Anus	acicicô	nĭbeighi
Arára	—	uakĭlikêpa (d)
Arroz	—	nacah-diuah
Arvore	ticôte	ivôco
Avô	ôtu	—
Avó	otê·	—
Axilla	—	hĭaxiratăque
Banana	oâta	—
Barba	—	coque-heikĭghe
Barriga	ingoho	ioéhê
Beber	henou-modi	jaháca
Beijo	—	soquirá
Boca	báhălo	hĭniólăque
Bonito, bom	—	lebiniquéne
Braço	dahaki	bahá-hărăde
Brincos	—	coghuei-kékĭghi
Cabeças	tôde	hĭaquílo
Cabellos	doote	hĭaniôde
Caitetu	—	caitxira
» queixada		niguedaigue
Calcanhar		txihoh
Canna de assucar	—	nipeh; naáila
Cara, rosto	inongo	hĭ atôbe (e)
Casamento	entz-heco-coté	jaotra diónigue ; diohe chacas
Cavallo	kamo ; apolicau	keuálădjo (f)
Céo	manokeis	—
Chuva	huco	hebíque
Coatá (macaco)	hahai	—

poder ser-se entendido na sciencia; e eu acho que não, e esse achado é que parece comprovar o erro do neologista. Si se quer alatinisar nomes, dé-se-lhes a fórma latina pura e completa, conforme sua indole e regras grammaticaes. E tal foi esse sempre o uso recebido e ensinado por todos os classicos e lexicos. O mais é dislate.

(a) Donde os francezes receberam o *coton* ?

(b) Corruptella de *cavallo* ?

(c) V. *Jacú* e a nota.

(d) Em tupi, papagaio é *paraguá*.

(e) No tupy *toba*.

(f) Corruptela de *cavallo* ?

	LAYANAS	QUINIQUINAUS
Cobra	cotxohê	oya (a)
» sucury	—	oya-kehoá
» giboia	—	oya-ojoi
Comer, eu como	nigoáte	*hio*-ehenc ; *hio*-hene-hôde
Comprido, longo	—	ocráta
Cotovello	djolépŏque	romôque
Criança	calióno	xirolatuáne
Curioso	—	aguir-caháurăte
Curto, pequeno, estreito	—	oána ; oxupána-oána
Casa	nichéna	cudeíne
Deus	mandréra ; cohôte	onuenatágŏde
Dedos	txiláque	*hi* bába hărăte
Dedo pollegar	—	» » lôdo
» indicador	—	*hi*elácădge
» medio	—	*hi*bicôdge
» minimo	—	*hi* bahá-hărăte oána
» dos pés	—	*hi*ocona-oána
Demonio	oxibohê	enianigódjigŏde
Dentes	ouhê	codobê
Dar	—	adediánŏte
Dormir	—	*hi*ehôte
Elle	—	adjuáte
Ema, avestruz	—	ápa-cainïghy
Escorregar	—	dabiléque
Extracto	—	honigôdŏdi
Estrella	porágui ; yhére	hio tôde
Eu, meu	—	hio ; heiho
Faca	—	nudadjo
Fallar	djaquicúre	jothah
Fallador	—	hotráhe-xerah
Fazer	—	jaôtro
Frio	—	lebeiháque
Feijão	heuqui	ediauha
Ferro	—	napiléque
Filha	enziue, alivoáno	*hi*ôna
Fumo, tabaco	txahi	—
Filho	djicá ; caliuno	*hi*ónăghy
Fogo	—	nolédi
Garganta, pescoço	—	jahá
Gen. hom.	gheu	heléröde
» fem.	zehédi	oliána
Gallinha	tapihy	—

(a) No tupy *mboy.*

	LAYANAS	QUINIQUINAUS
Grande	tapihy	helióde
Hoje	coïena	nátĭgde
Homem	hapohitê	helióde
Hontem	poniogôte	joti-hinôco
Irmã	loke	*nio* halŏde
Irmão	titêre	*hi*nioxoáte
Jacaré	—	niorxei
Jacú	—	cotivi-nhoar (a)
Jaguatirica	—	cutxío
Joelho	buhúio	*hio* code
Largo, vasto	—	helióde
Lingua	nehne	*hio* kélĕgui
Longo, comprido	—	ocráta
Louco	—	bietôle
Lua	cohehé	hepenái
Mãe	memen	*hie*dêde
Mamas	—	hehelête
Mão	huanho	honigha-xiuva
Mau	poadjo	agopêlo
Matto	hohei	—
Medico	—	metadnuáno
Menina	alivoáno	ninghah-oána
Menino	caliôno	ningah-aui
Meu	djê	hio, nio
Minhoca	—	anadhéghĕre
Moça, mulher	aronái	—
Moço, rapaz	oma-hê	—
Montanha	—	hueh-tirah
Mulher casada	zehéna	helôde
Mutum	—	naginikin-hoar
Não ha	ahéca	—
Nadegas	guhuna	*hia* húvio
Nariz	ghire	*hi*mígo
Neta	—	álŏde
Neto	—	áte
Olhos	onghêh	kekerehê
Onça	haahôte	nigdiôgo
Orelhas	ghehéna	pahrăte
Pacú (peixe)	—	caátĕpa
Padre	—	nidjiéni
Pae	talá	atáda

(a) E' notavel as vozes semelhantes com que muitos e extranhos dialectos conhecem o jacú e o mutum.

	LAYANAS	QUINIQUINAUS
Panno	talá	adohonái
Pau	ticoôte	goniládge
Pé	djehêve	*hi*byháde
Pedra	marihípa	hueh-tirah
Peito	djehehémi	*niu*ticógŏde
Peixe	hehéo	norogéghi
Penna	quipeh	—
Perna	guhuna	natínigoi
Pescoço	djôgo	*hio*toti-hénadge
Porco	nipôco (a)	—
Papagaio	—	naxacôna
Queixos	nohío	*hio* hôde
Relampago	txuluvucáte	noléghipa
Rio	hanáhi	—
Rosto	—	—
Rouco		idoleáu
Rubafo (trahira)	—	héuque
Sapato	—	*hi*oehélädge
Sobrinha do hom.	—	*hi*teixéque
» da mulher	—	*hi*lédŏde
Sol	hatxè (b)	allighêra
Tatú	—	otuăreh
Ter	—	enê
Terra	marihipa	—
Testa	inongo	—
Testiculos	anhanguehê	álŏlah
Trovào	hunohóbŏte	txinòho
Tu	—	anhami
Tenha dó de mim	—	adi ve-codenta
Umbigo	unhúna	odŭdae
Veado	—	caliocán
Velho	lecoténe	—
Veneno	—	cáio
» de setta		cúpi

—————

Na lingua guáycury a primeira syllaba dos nomes que começam e
hi, hio, ni, je, ja, exprime ordinariamente o pronome da primeira pesso

(a) Lusitanismo ?

(b) Nesta palavra a syllaba final é tão fortemente aspirada e guttural, que s
melhor póde s r expressada c m o auxilio do *x*.

ou o possessivo correspondente. Ora o pronunciam brando, ora com forte aspiração.

Pobre como a mór parte das linguas incultas, o mesmo nome serve para expressões differentes : assim *heliodc,* que designa o homem, exprime tambem a idéa de grande, valente, arrojado, impetuoso, vasto, etc., isto é, todas as idéas de grandeza e força. Antes de eu conhecer o seu dialecto, achava-lhes muita graça,quando, contando-me façanhas da caça, e as força e destreza da onça,diziam esta só temer o garrote bravo, por este ser *homcm* !

Morro do Pão do Assucar.

CAPITULO V

Itinerario ás lagóas. Lagòa de Cáceres. A ilha dos Orejones. As lagòas Cipó e Mandioré. A lagòa ''Mea'' ou de Juan de Ayolas. A Gahyba : o letreiro. A Uberaba ; o Canal de D. Pedro II ; o porto dos Reis.

I

esquerda do porto de Corumbá, onde quebra-se o rio em angulo quasi recto, fica a entrada da lagôa de Cáceres ou *Tamengos* por um sinuoso canal, no tempo de poucas aguas, de uns vinte metros de largura e oito á dez kilometros de extensão. No grosso das enchentes, a lagôa ou *bahia*, como aqui mui propriamente chamam á todas as lagôas formadas pelos rios e entretendo com elles effectiva communicação, perde os seus limites, confunde-se com o Paraguay e faz parte do immenso alagadiço que, como já viu-se, cobre centenas de leguas quadradas desde, ao norte, além da fóz do Cuyabá e da confluencia do Piquiry e Correntes, até, para o sul, além do Mareco, braço meridional do Miranda. E' o immenso lago dos Xarayés ou *Sarahés* dos antigos, nome que vém do de umā tribu de aborigenes que se encontrava nas terras altas desde Corumbá á Gahyba.

A bahia de Cáceres recebe o riacho *Conceição*, que é talvez o *Mandi* de P. Lozano (a).

(a) *Conquista del Rio d· la Plata*, 1º–IV.

Na maior parte do anno, ella, como as outras lagôas ás bordas do Paraguay, mais parece extenso e nivellado prado do que uma massa de agua, cobertas de aguapés (a), nenuphares, victorias regias, e de varias especies de cyperaceas e grammineas aquaticas á que · no Amazonas chamam *canaranas*, cujas extensas hastes e grossos rhisomas formam um tecido tão emmaranhado e cerrado, que detém muitas vezes a marcha de vapores, até de grande força, como agora mesmo succedeu ás canhoneiras *Fernandes Vieira* e *Taquary*.

———

O nome de *Cáceres* foi-lhe dado em homenagem á Luiz de Albuquerque, o administrador que mais deixou o nome ligado ás recordações de sua capitania, e tambem o que, talvez, melhor administrou-a. Além desta ficaram guardando-lhe a memoria as duas *Albuquerques*, a cidade de *S. Luiz de Cáceres*, a *Insua*, nome dado ás montanhas entre Gahyba, a Uberaba e o Paraguay, e um outro logar com o mesmo nome, em Goyaz (b), á tres leguas da Ponte Alta e sete do registro do Araguaya, derivado da casa de *Insua*, no Minho, solar da familia daquelle capitão-general.

II

A' 14 de julho, quarta-feira, embarcada na canhoneira *Taquary*, commandada pelo distincto capitão-tenente Alvarim Costa, subiu a commissão com destino ás lagôas Mandioré, Gahyba e Uberaba, aproveitando a derrota para estudar topographicamente o rio.

———

(a) *Mururé e auapi*, no Pará.
(b) Luiz D'Alincourt, obra citada.

Desde Corumbá começa elle á ser mui tortuoso á ponto de, durante quatro horas, deixar-nos gosar da vista da cidade, a qual desde a primeira volta do rio, longo *estirão* chamado da *Arancuan*, mostra-se com um garbo e gentileza que a pobre ainda está bem longe de possuir. Seus edificios como que avultam e ganham com a distancia ; as igrejas, ainda mesmo a em ruinas, tomam formosas proporções ; e os fortins novamente caiados e a modesta casaria dão-lhe um aspecto encantador.

———

A' 21 kilometros de Corumbá passámos a ilha do *Sargento*, á 23 a ilha *do Meio* e á 30 a ilha *de Cima*. Com 4 1/2 horas de marcha pára a canhoneira á boca da bahia do *Tuyuyú*, entrada de rio de uns quatro kilometros sobre 400 metros de largura, á margem direita e em distancia de 37,5 kilometros de Corumbá.

No dia 15 partimos ás 7 da manhã; ao meio-dia passámos a *Pimenteira*, que dista do Tuyuyú o mesmo que dista de Corumbá ; ás 7 da tarde o *Carandá*, cerca de 20 kilometros adiante ; ás 5 1/2 os *Castellos*, dous pequenos morrotes fronteiros,n'uma pequena volta em que o rio corre bastante estreitado. Estão cerca de 22 kilometros acima do Carandá ; semelham, vistos de alguma distancia á fortificações : são rochas de grez schisto, onde o processo de decomposição pelas aguas, em veios longitudinaes e transversaes, traz-lhe o aspecto dos agglomerados basalticos ou trappoides.

Fundeou-se pouco adiante ; e á 16 sahiu-se á mesma hora da vespera.

Ás 11 horas passou-se a ilha da *Falha* ou da *Faya*, á 31 kilometros dos Castellos ; meia hora depois a ponta *N*. da ilha do *Paraiso* ou *Paraguay-merim* formada pelo braço deste nome do Paraguay. Terá esta ilha uns noventa á cem kilometros de extensão, sobre mais de quarenta de largo. No tempo das aguas fica completamente submergida.

Entro em duvida qual seja a ilha dos *Orejones* de que fallam os antigos hespanhoes, si a *Falha*, o *Paraguay-merim*, si mesmo o solido de Corumbá e Albuquerque, cujo terreno converte-se em ilha nos grandes alagamentos. Inclino-me, porém, mais para que seja a de *Falha*, por achar aquelle solido muito affastado, e o *Paraguay-merim*, impossivel de effectiva povoação pela sua quasi nulla elevação. Lozano dá a *Orejones* como situada 60 leguas abaixo do lago Xarayés. Dugraty, á pag. 10 da sua *Hist. del Paraguay*, diz que Alvar Nuñes, governador do Paraguay, intentando uma expedição contra os *agacés*, em começos de 1543, seguiu com Pedro Dorante, Domingo Martinez Irala e Felipo Cáceres até *Itapitan* (a), donde se embarcaram para o porto da *Candelaria*. Dahi seguiu após alguma demora, e á 25 de oitubro chegou ao logar onde o rio divide-se em tres braços (b), dos quaes um termina-se n'uma grande lagôa, e os outros formam a ilha dos *Orejones*, occupada pelos indios, os quaes fizeram bom acolhimento aos hespanhoes, que egual tambem tiveram no porto de *Reyes*, onde Nuñes fez elevar uma capella, emquanto mandava presentes aos xarayés; — donde, parece que a ilha dos *Orejones* será esse alagadiço do Paraguay-merim, ou *ilha do Paraiso*.

———

A entrada desse braço do Paraguay fica á quatro e meio kilometros da ponta *N.* da ilha da *Falha* (c). Ao meio-dia chegámos ao *Furado da Sucury*, á egual distancia daquella entrada. Parou-se para reconhecer-se o *furado*, que não vém determinado nos mappas.

(a) Hoje logar do *Divino Salvador*, no Paraguay.
(b) As *Tres Bocas:* a lagôa será a *Mandioré.*
(c) Por ahi colloca o Sr. Candido Mendes, e como povoação, a barranca do *Sará*, no S. Lourenço.

Chamam *furados* *(furos* e *igarapés* no Amazonas e Pará), á pequenos braços que se formam adventiciamente nos rios. Este é tão pequeno
que suas embocaduras estão entre si na distancia de uns seiscentos

A bahia de Joaquim Ourives.

metros. Dentro abre-se uma bahia formada de cinco outras menores e
compridas, e que affectam a fórma de uma luva.

A's 2 1/4 sahimos; uma hora depois passámos a situação de *José
Dias* (a), n'um pequeno albardão á margem esquerda e em distancia de
uns 6 kilometros; ás 5 1/2 entrámos na lagóa *Cipó*, á 15,5 kilometros de
José Dias, braço d'agua e que não é mais do que uma expansão do canal de
entrada da lagôa *Mandioré*. Com 4 1/2 kilometros de percurso fundeámos
n'uma pequena e graciosa bahia quasi circular, á beira de alta serrania.
E' um agradabilissimo e poetico recesso; na fralda da serra está a
situação do Sr. Joaquim Ourives.

A lagòa *Cipó* é um tortuoso esteiro de aguas, ás vezes de vinte metros de largura, cheio de voltas, sinuosidades e *saccos*, e que só toma maior

---

(a) Nome do seu fundador, fallecido ha pouco mais ou menos dous annos.

amplidão em frente á bahia de Joaquim Ourives. Ahi, no canal, entre as entradas da bahia e da lagôa ha um *poço* tão profundo, que uma sondareza de 40 braços não lhe alcançou o leito.

III

A' 20 de julho, ás 11 1/4 da manhã, entrámos na lagôa *Mandioré* ou *Men* dos antigos (a), formosa bahia de cinco leguas de comprido sobre uma e meia de largo, cercada de risonhas praias e de altas montanhas, entre as quaes á *NE.* os picos pyramidaes dos *Xanés*, e á *SO.* um alto massiço que vém prolongado da boca do canal, e que recebeu agora o nome de *Alvarim* em honra do digno commandante da canhoneira.

Quasi á meio da lagôa e junto á sua margem occidental eleva-se uma ilha, formada por um pequeno monte de grez grosso e grawake, branca litteralmente das dejecções dos *biguás*, carbo brasilianus, que nella vivem aos milhares. E' conhecida pelo nome de *ilha do Velho.*

Ilha do Velho.

(a) *Carta limitrophe do paiz de Matto Grosso e Cuyabá, desde a fóz do rio Mamoré até o lago Xarayés e seus adjacentes.* levantada pelos officiaes de demarcação dos reaes dominios S. M. F., desde 1732 até 1790.

Como as outras grandes bahias do Paraguay, offerece dentro em poucos mezes no anno a maior variedade no volume das aguas. Tinham-nos dito os moradores vizinhos que, no tempo das cheias, qualquer vento assoberbava ondas como as do mar, ao passo que nas estações contrarias eram columnas de pó o que o vento erguia.

E não póde haver exageração nisso : as aguas já declinam á mais de mez, e todavia a *Taquary*, canhoneira de sete pés de calado, corta a agua em todas as direcções, fundêa bem perto ás praias, e querendo verificar-se a outra sahida que os antigos dão-lhe ás aguas, acima dos Xanés, seguiu naquella direcção, chegando á um formoso prado que parecia limites das aguas, mas que foi abrindo passo á pròa da canhoneira por algumas centenas de metros, até logar em que toda a força das machinas não póde vencer a resistencia das *fulcra* ou falsas raizes desses intrincados hydrophytos, cobertos então de flores e formando com o esbelto navio, parado em seu meio, o mais sorprendente e encantador espectaculo.

Prado de hydrophytos.

Em duas outras vezes que voltámos á Mandioré, dentro do curto espaço de dous mezes, na primeira em 23 de agosto, o *Antonio João*, vapor de quatro pés de calado, safou-se ás pressas para não ficar detido na lagôa, e na segunda, um mez depois, uma pequena *chalana*, pequenina canôa de fundo de prato, não póde chegar á meio da bahia cujas margens arenosas estavam, em grande extensão, completamente á sêcco.

Nuvens de grandes patos e marrecas cobrem as aguas da lagôa, emquanto que centenas, sinão milhares de *arancuans* (a), *jacús*, *jacutingas* (b) e *joós* (c), apparecem ás margens, dando facil alimentação ao viajor. Nos pantanaes passeiam pausadamente o *tabujajá* (d), o gigante *tuyuyú* (e), o *jaburú* e o *socó-boi*, notaveis variedades dos palmipedes longirostros cujos corpos gigantescos não estão em relação, ainda assim, com os seus enormes bicos; e as formosas garças de brancas plumas (f). Outro passaro notavel é a *anhuma* (g), *tahan* dos guatós, ave maior que um perú, mas airosa e elegante; tem a cabeça ornada de tres plumas como o pavão, e faz armas de defesa das pontas que lhe sahem dos humerus. O seu nome guató, *tahan*, vem de que é esse o grito que lançam repetidas vezes e de espaço em espaço, o que faz dizer-se que marcam as horas. A' noite, o tristonho *curiangú* (h) quebra o silencio das solidões com a voz donde tambem originou-se-lhe o nome.

———

Assignalaram-se os locaes para os marcos limitrophes, o primeiro n'um pequeno albardão ao sul da bahia e cerca de quinhentos metros á

(a) Penelope arancuan (Spix).
(b) Penelope amarail e penelope leucoptera (Newed).
(c) Cryptuius noctivagus.
(d) Ciconia maguary.
(e) Mycteria.
(f) Ardea candidissima.
(g) Palamedea cornuta.
(h) Caprimulgus ?

esquerda do canal de entrada, e o outro n'uma pequena ilhota na fronteira septemtrional.

Nas margens desta lagôa vi pela primeira vez uma especie de palmeira rasteira, de mais de 200 metros de extensão, com diametro apenas de $0^m,01$, ligeiramente flexuosa e seguindo as ondulações do solo: seus entrenodos são de quasi dous metros de longo. Os naturaes conhecem-a pelo nome de *urumbamba*, e eu consigno-a aqui como a *calamus procumbens*.

Calamus procumbens.

A *Mandioré* tambem foi chamada pelos hespanhoes lagôa de *Juan de Ayolas* (a), que pretendem ter sido o seu descobridor, o que não tem visos de verdade, por ser opinião geral que elle atravessára da provincia Paraguay do para um ponto abaixo do Fecho de Morros, ao qual, desembarcando em 2 de fevereiro de 1537, impôz o nome de *Nossa Senhora da Candelaria* (b); seguindo viagem para *O*. em busca dos paizes ferteis em ouro e prata, segundo as informações que os guaranys lhe tinham dado ; e

(a) Menos acertadamente dá o Sr. Candido Mendes esse nome á lagôa de Cáceres

(b) Carlos Famin (*L'Univers, provinces del Rio de la Plata*), faz o porto da Candelaria aos 20° de latitude.

donde não voltou por ter sido morto pelos *xamocócos* ou *samocosés*, conforme uns, ou pelos *sarigueses* e *albajós*, segundo outros.

A' acreditar-se o padre Juan Patricio Hernandes, missionario das missões de Chiquitos e seu primeiro historiador, os descobridores da lagôa seriam os missionarios Hervas e Iegros, os quaes, mandados com outros, pelo superior Gregorio de Orosco, á buscar caminho para o rio Paraguay, chegaram á um lago, que não era mais do que um espraiado do rio, e nessa margem ergueram uma cruz, suppondo-se já no Paraguay (a). Tal lagôa devia ser a de Uberaba.

Desceram explorando o paiz guiados pelos *gurayos*, e chegaram á lagôa que denominaram *Mandioré*, onde, segundo aquelles indios, era o porto favorito de desembarque dos paulistas ; o que pareceu confirmado pelo achado de cinco correntes, daquellas com que costumavam prender os escravos.

A' falta de outros documentos que possam escoimar de-duvida qualquer dessas asserções, limito-me á referil-as : o mesmo dá-se com o *porto de Reys*, onde Iralas desembarcou em 1543, desembarque, cuja opinião mais seguida é a de ter sido na Gahyba, não deixando de haver outros, como o P. Queiroga (b) e D'Orbigny que a collocam no parallelo 21° 17, *S.*, isto é, proximo ao Fecho de Mo. ros.

Entretanto, quanto ao porto de Ayolas, parece mais natural que, indicando-lhe os indios os paizes do occidente, e tratando elle de buscal-os, na sua immensa sêde de ouro passasse logo para o lado occidental do rio; não sendo muito natural, nem provavel, que preferisse subil-o sempre em rumo *N.*, e por perto de cento e trinta leguas, que tantas decorrem do Fecho de Morros á boca da Mandioré.

(c) Southey. *Historia do Brasil*, tomo 5º —239.
(d) *Descripcion del rio Paraguay.*

A's 7 da manhã do dia 26 deixámos esta bahia; ás 9 tinhamos vencido 22 kilometros aguas acima, e passavamos a fazenda *Firmiano,* junto á cuja barranca via-se ainda o casco e caldeiras de um vapor de ferro que ahi se incendiára, ia para dous annos.

A's 10 horas e 45 minutos chegámos aos *Dourados,* treze kilometros acima, altas montanhas de gneiss, em cuja fralda teve o Estado um pequeno arsenal de marinha que os paraguayos destruiram completamente na sua invasão de 1865. E' a *Marapo* dos guatós, palavra que no seu dialecto quer dizer *montanha.*

Ao meio-dia ancorou-se em *Pedras de Amollar* (a), onze kilometros adiante, para refazermo-nos de vitualhas.

Desde quasi Corumbá que temos á vista estas formosas serranias da margem direita do Paraguay, tornando-se distinctos por sua fórma perfeitamente pyramidal os picos dos *Xanés.*

Toda essa serra, e principalmente os massiços de Dourados e Pedras de Amollar, são de gneiss em decomposição, cobertos de blocos e cascalhos angulosos, mais ou menos grandes, de quartzo leitoso, postos á nú pelas forças climatericas, os quaes, de formação crystallina e portanto isentos dessa acção decomponedora, são um indicio de que abundantes veios de quartzo fendilhado atravessam o gneiss; blocos que tambem em grande numero se vêm nos terrenos adjacentes ás montanhas, até á margem do rio e mesmo no leito deste, ahi levados pelas chuvas torrenciaes ou pela propria gravidade.

(a) Aos 18º 1' 41" lat. e 320 13' 20" long.—Ricardo Franco. —Um mappa que traziamos colloca essa montanha na margem opposta; é uma pequena carta tão inçada de erros, que parece apocrypha em vista do nome distincto que a assigna.

A *Dourados* tira seu nome, segundo uns, da côr amarellada da vegetação rasteira que a cobre ; querem outros que seja do peixe homonymo que ahi abunda.

A das *Pedras de Amollar*, como o seu nome indica, tira-o de uma especie de grez silicoso que ahi se encontra, de grão não muito fino mas que presta-se sufficientemente á aquelle destino.

Entre esses dous massiços é que os antigos collocaram a boca superior, hoje completamente obstruida, da lagôa *Mandioré*.

———

Ao percorrer-se o rio admira-se a quantidade prodigiosa da acacia *angico* que cresce nos terrenos proximos. As margens são bordadas principalmente de mangues, ingazeiras e cana-fistulas entremeiadas de vistosas strelitzias, entre ellas as formosas *pacós*, dos indios, *caajubá, uvavú* e *seróca*, canaceas, marantas, gloxinias e mil outros vegetaes que sabem attrahir a attenção do observador.

Nos troncos e nos braços das arvores corpulentas enredam-se aroidéas de folhagem diversamente recortada, quasi todas variedades do genero *imbé* (a) ou bromelias selvagens, predominando pela abundancia as tillandsias *barbas de velho* e as achméas de variegadas flores. A's novas galas que ao arvoredo traz esse floreo revestimento, ainda se ajunta que, nos ramos e galhos extremos balouçam-se compridos ninhos, como os dos *chechéos*, cujo vozear alegre e variado, e os cantares de mil outros passaros, enchem de vida e animação o sitio.

Si as aguas deslizam-se suavemente, encostadas ás margens vão-se amontoando as pontederias e nympheaceas, especialmente os aguapés, *pontederia crassipes* de Martius e a *azurea* de Swartz. Si o rio se espraia n'um remanso, esses hydrophitos cobrem-lhe a tona, entremeiados de

---

(a) *Philodendrum imbé*, de Martius.

outros, principalmente a *canarana* ou *murnré*, os quaes já vimos como se enlaçam e enredam com seus *fulcra*, que só á machado e á facão, como nas mattas, deixam abrir caminho por entre elles.

Pelos bordos e remansos crescem extensos arrosaes sylvestres de que se aproveitam os guatós, os poucos e unicos habitantes dessas paragens.

Além das margens torna-se, nesta época da enflorescencia tropical, gratissima á vista essa luxuriosa vegetação, matizada aqui e ali de enormes ramalhetes brancos, vermelhos, roseos, amarellos ou violetes, formados pelas flores das *peúvas*, das *sapucaias*, dos *paratudos*, dos *novatos* e das *carobas*, de todas a flor mais bella pela formosa côr lilaz de seus festões. O *pau de novato* é o *taixy* do Pará (a), tambem chamado *pau formigueiro*, é notavel por criar em seu amago uma especie de formiga aqui chamada *novato*, amarellada, do tamanho da saúva e de dentada dolorosissima. Vivem ahi aos milhões e são o desespero dos viajantes inexpertos que, vendo as hastes do *novato* altas e direitas, vão cortal-as para *singas* (b).

Raro ainda, mas já apparece um ou outro *camará*, arvore do porte e corpulencia de uma grande mangueira, e cujas cimas se cobrem completamente de espigas amarellas ; mais raro ainda se avista, e mais para o interior das terras, o leque de uma palmeira, quasi sempre o *tucum* ou o *carandá*.

V

A's 7 horas da manhã de 27 sahimos das Pedras de Amolar. Com onze kilometros de marcha passámos, ás 10 horas mais ou menos, as bocas

(b) *Taixy* é uma especie de formiga.

(c) *Zingas*, varas de que se servem na navegação, ora dando impulso ás embarcações, ora escorando-as ou amparando-as nas pedras e troncos do rio. O termo

do *S. Lourenço*, antigo *Porrudos* (a), e ás 2 1/2 da tarde chegámos á entrada da *Gahyba*, 57 kilometros acima; deixámos sua boca á esquerda e continuámos a derrota em busca da *Uberaba*, a quinta e ultima, em posição, das lagôas por onde passa a linha limitrophe entre o Brasil e a Bolivia.

Na boca da Gahyba avistámos o *Henry Davyson*, vapor mercante expressamente construido para a navegação fluvial, e que sob a bandeira norte americana fazia o trafego dos saladeiros e curtumes do Alto Paraguay. Neste local o rio é tão estreito, que a *Taquary* teve de entrar no canal da Gahyba para dar passo ao outro navio que vinha aguas abaixo. Media ahi o rio não mais de vinte metros, ao passo que o canal terá uns duzentos de largura, e o rio abaixo delle cerca de trezentos (b).

A margem meridional e direita do canal é montuosa, sendo prolongamento das serras dos Dourados. A fronteira é baixa como toda a margem esquerda do Paraguay, principalmente nesta região que parece ser a mais baixa de todo o estuario.

———

Ahi no começo do canal, á uns de quinhentos metros do rio, ha outro massiço de gneiss em direcção *SE.—NO.*, conhecido pelo *Morro do Letreiro;* n'uma face cortada á pique, e como se fôra adrede preparada,

nuvato é-lhe dado porque os que não conhecem a arvore e que, de ordinario são *caloiros* na provincia, facilmente a buscam pela sua belleza e belleza de suas flores, sendo então assaltados pelas formigas, terriveis nas ferroadas e mais ainda por serem innumeras no assalto.

(a) Aos 17º 55' segundo Ricardo Franco.

(b) Antonio Pires de Campos, na sua *Breve noticia que dd do gentio barbaro que ha no derrota das minas de Cuyabá*, etc. (*Rev. do Inst. Hist.*, t. XXV); diz :

« Subindo pelo mesmo Paraguay acima, em passando uma bahia muito grande chamada *Hinhiba*, se acha uma cruz de pedra que por tradição deve ser posta pelo apostolo S Thomé ; passada esta bahia fica uma ilha no morro onde habita o gentio chamado ahiguás e cruçurús. »

estão gravados por mão de homem, selvagem sem duvida, os seguintes signaes conhecidos pelo titulo de *Letreiro da Gahyba:*

Alguns delles estão feitos abaixo do limite das aguas naturaes e só em tempo de baixa do rio podem ser vistos.

Letreiro da Gahyba.

Parecem ser a representação do sol, lua, estrellas, serpentes, mão e pé de homem, pata de onças e folhas de palmeiras, no mesmo genero das de quasi todas as encontradas nos *itacoatiaras* do Brasil, entre as quaes se apresentam, como melhores, a de *Curumatá*, no Piauhy, attribuida aos greguéses, e a do *Morro de Cantagallo*, na margem esquerda do Alto Tapajoz, onde, n'um paredão tambem á prumo, o artista selvagem, mas curioso e observador da natureza, gravou umas quinze figuras, das quaes o homem, os passaros, os reptis guardam uma certa naturalidade, parecendo que para typo daquelle foi escolhido o missionario, o que, entretanto, sem desmerecer o artefacto, tira-lhe o cunho da veneração que sempre acompanha a antiguidade desconhecida.

Lacerda demarcou o letreiro aos 17° 42' 48" (a) e o Sr. barão de Melgaço em 17° 43' 36" de lat.

Apezar do meu immenso desejo de vêr essa curiosidade, passariamos

(a) Ricardo Franco differe apenas em 12" mais ao sul.

pelo canal sem observarmol-a, si um accidente inesperado não viesse satisfazer-nos. A *Taquary*, que si seguisse pela margem direita favorecer-me-hia até certo ponto o intento, manobrou para a esquerda afim de dar a volta e sahir do canal, já tendo o *Davyson* deixado livre o rio ; encontrando, porém, fortes correntadas, foi forçada á approximar-se e demorar-se perto ao letreiro, dando-me tempo sufficiente para observal-o.

———

Poucos minutos depois subiamos o Paraguay, cujo alveo vae tortuosissimo e apertado em vinte á trinta metros. Para montar essas voltas a canhoneira teve tambem necessidade de recorrer ás *zingas* e ao adjuctorio de uma espia na lancha á vapor.

———

Como pratico desse trecho do rio e das lagôas, vinha á bordo um indio que, desde o começo, á qualquer indagação que se lhe fazia, respondia—não sei—ou tornava-se mudo. A Uberaba é a que melhor conhecia, e por esses conhecimentos foi contratado ; ás quatro da tarde passámos pela sua embocadura, a unica que ha depois da da Gahyba, sem elle conhecêl-a, o que fez-nos perder a tarde, a noite, a paciencia e o bom humor, festejados, ainda, pela maior praga de mosquitos que é possivel idear-se. Eram uma especie de pernilongos, de corpo fino e comprido, que, quando operam a sucção, firmam-se sobre as patas anteriores, levantando com o resto do corpo as posteriores e tomando uma posição quasi vertical, pelo que o finado marechal Argolo os cognominou de *perpendiculares*. A' medida que sugam o sangue vão esvasiando por seu orificio posterior uma lympha transparente, que lançam por pequenas gottas e ás vezes á distancias relativamente grandes. Chamam-os os naturaes *mosquito branco*, pela côr clara do ventre e manchas brancas nos membros. São temiveis, porque pelo delgado do corpo pouco caso fazem dos mosquiteiros, atravessando-os como si não existissem.

———

A's 7 da manhã de 28 descemos o rio e entrámos no canal que o pratico desconhecêra. Com tres horas chegámos á Uberaba, a *Torekébaco* dos guatós, cujas azuladas aguas já avistavamos desde mais de meia hora, como um circulo de uns dez kilometros de diametro. Não penetramol-a ainda, e ancorou-se á alguns centos de metros dentro do canal, isto é, no meio de um verde e immenso prado de *cyperaceas* e *pontederias*, cortado apenas pelo filete d'agua do canal, agora putrida e fetida, e litteralmente cheia de jacarés e enxameada de mosquitos. Ahi permanecemos dois dias.

A's 9 3/4 da manhã de 30 começámos á sulcar as aguas limpidas da Uberaba; tomámos á *S.* pelo canal que corre nesse mesmo rumo, ao qual Castelnau denominou *rio de D. Pedro II* e é o *Jiquié* dos naturaes e talvez o *Igurta* ou *Boa Agua* de que Southey falla, á pag. 196 do seu primeiro tomo (a).

E' bastante tortuoso e fundo, guardando ordinariamente de vinte á sessenta metros de largura; em alguns logares é semeiado de ilhas que o alargam de leguas. Estende-se por mais de vinte kilometros, e é o principal derivador das aguas da lagôa. Entre elle e o Paraguay desce uma serrania de formação mais ou menos granitica; é a *Insua*, de que já fallou-se ao tratar se da lagôa de Cáceres, e que deve ser a *ilha de morros* dos ahiguás e crucurús de que falla Antonio Pires de Campos. O mais elevado de seus montes tem o nome de *Morro do Gama*, e o que separa

———

(a) Traducção do Sr. Dr. L. de Castro.

as duas Gahybas (a), e prende-se ao mesmo systema, recebeu dos antigos commissarios o nome de *Serra das Agathas* (b).

—————

Ao meio-dia chegámos á Gahyba. E' a mais formosa de todas, quasi circular, completamente limpa e bem definida no seu perimetro, bordado do lado oriental por altas montanhas. Tem cerca de dez kilometros de diametro. Actualmente é de bastante fundo, ancorando a canhoneira á poucas braças da praia. Ao sopro da brisa fórma ondulações como o mar, que graciosamente baloiçam a *Taquary ;* com vento mais fresco levanta escarcéos e sua navegação torna-se perigosa. Já os moradores da vizinhança da Mandioré tinham-nos dito que com o vento aqui as ondas eram mais fortes. O mesmo deve dar-se na Uberaba, e com maior razão no vasto alagamento tornado em mar.

Ancorou-se junto á uma pequena praia, á encosta do alto morro de gneiss compacto, situado logo ao começar o canal. Não tendo ainda nome conhecido, impôz-se-lhe o de *Taquary*, do primeiro navio de guerra que junto á elle chegou.

O morro é, como os dos Dourados, de gneiss em decomposição, deixando entrever veios de quartzo talcoso que o atravessam, e como aquelles coberto tambem de uma infinidade de cascalhos angulosos, de faces irregulares, revelando fracturas em épocas não muito affastadas.

E' notavel a immensa quantidade desse cascalho, que cobre os terrenos adjacentes e bordas da lagôa: a pequena praia está litteralmente cheia de pequeninos seixos angulares ou já rolados, de quartzo branco leitoso. Ao entrar na lagôa, encosta-se á montanha um dyke de rocha

—————

(a) A outra, de que ainda não fallámos, é uma pequena lagoa situada á *NO.*, entre a Gahyba e a Uberaba, e conhecida por *Gahyba-merim.*

(b) *Diario do reconhecimento do rio Paraguay,* 1786.

fendilhada semelhando trapps rectangulares e justapostos, como uma muralha artefacto do homem.

No seu fundeadouro a canhoneira sondou duas braças *largas*; entretanto vae a lagôa seccando, tambem, á ponto de impedir a navegação e mesmo a entrada; apparecendo um vasto banco, que a corta desde a margem direita do canal, ahi terminado n'uma lingueta,até perto do morro *Taquary*; e que pouco á pouco vae se alargando até occupar quasi toda a bahia; vindo então, nos tempos sêccos, á levantar nuvens de poeira, com o mesmo vento que nos mesmos logares levantára escarcéos.

Na matta que cobre o morro, entre myrtaceas, leguminosas, anonaceas e gesneriaceas, notam-se uma formosa *umburana* de mais de metro de diametro, e em cuja molle casca entalhámos letras, uma astrapea de grandes flores roseas, uma gloxinia de flores escarlate, e o pequi, cujos fructos butirosos se comem, mas com alguma difficuldade por causa dos filamentos aculiformes que o attravessam.

———

No fundo da bahia o terreno é alto, sem ser montanhoso.

Quando os hespanhoes ahi chegaram, era tempo de aguas e a innundação cobria os terrenos baixos.

Ahi é que, segundo as melhores indagações, os archeographos collocam o *porto de Reyes*, do qual diz Losana; (a): « Al salir del gran lago, el primer sitio conocido es el puerto de los *Reyes*, donde desemcaran los conquistadores cuando tranzitaran al Perú, junto al cual edificaran una poblacion, como de mil vecinos, los portuguezes, que despues la abandonaran, o sèa por reconocer estava ciertamente en la demarcacion

———————

(a) *Conquista del Rio de la Plata*, c. IV. Porto *de El-rei* chamam outros, talvez erradamente, visto ser natural que assim o baptisassem de dia do desembarque, como era de costume nesses tempos.

de Castilla, ó acozados de los muchos infideles circunvecinos, de que parece indicio claro el haber hallado quemada mucha parte de ella los jesuitas, que el ãno 1703 fueron á descobrir camino para las misiones de Chiquitos. »

Estes portuguezes seriam os paulistas conduzidos por André Garcia, o descobridor do Paraguay e primeiro homem do mundo civilisado que perlustrou essas vastas e remotas regiões.

O Cereus.

O proprio Cabeza de Vaca (a) nos seus *Commentarios* dá-o por precursor de lrala, e descreve até os rios por onde Garcia desceu ao

_____

(a) Alvar Nuñes Cabeza de Vaca, terceiro governador do Paraguay.

Paraguay: o Anhanduhy Grande e o Miranda; noticias que elle teve dos xanés, indios que acompanharam o aventureiro atravez dos sertões do Chaco, donde, como Ayalas, não logrou tambem voltar.

Sendo assim, não seria Domingos Martins de Irala o descobridor do porto de *Reyes* e simplesmente o baptisador, em o dia da Epiphania de 1543. Cabeza de Vaca que dirigia a expedição só poderia ahi ter chegado em fins do anno, visto que em 25 de oitubro acháva-se, como acima se disse, no logar onde o rio fórma tres bocas e uma ilha, isto é, na entrada do Mandioré.

———

A' *O.* da Uberaba e Gahyba, e prolongando-se á *N.* até os pantanaes da *Corixa-Grande*, fica uma immensa zona que os bolivianos mui apropriadamente chamam de *Céo e Terra*.

VI

A's 7 e 1/4 da manhã de 2 de agosto desço na *Taquary* para Corumbá. Com 35 minutos de viagem passa-se o *Letreiro* e sahe-se no Paraguay. A's 9 passa-se o *Caracará*, o pequeno morro isolado na margem esquerda, junto á fóz do S. Lourenço e dentro das lagôas do mesmo nome do morro, formadas pela exuberancia de aguas deste rio.

A' 10 horas e 5 minutos subimos pela sua boca *N.*, onde, ao chegarmos ao entroncamento com a outra, encalhou a canhoneira por alguns minutos, n'um banco que quasi intercepta completamente o começo da boca *N.*; ás 11 horas e 10 minutos entrámos no Paraguay pela boca *S.*

São barrentas as aguas do S. Lourenço, e por mais de dois kilometros descem separadas das crystallinas do Paraguay.

A's 12 horas e 10 minutos deixámos atraz as Pedras de Amolar; á

1 da tarde, os Dourados; 40 minutos depois, o Furado da Sucury; ás 4 e 20 minutos, as Tres Bocas; ás 5 1/4, a ilha da Falha, pelo canal da esquerda; e, 1 hora depois, os Castellos.

A *Taquary* vae deitando nove milhas por hora; ao entrar a noite diminue a força das machinas.

A's 9 horas e 10 minutos começam á ser vistas as luzes de Corumbá, onde chegámos á 1 hora e cincoenta minutos da madrugada, depois de uma parada de tres quartos de horas na volta da Arancuan, emquanto se concertava uma das cadeias do leme que se partira.

———

Minha vinda á Corumbá foi para seguir com os companheiros que ahi tinham ficado fazendo observações astronomicas, e que agora tinham ordem de ir levantar os marcos das lagôas.

A's 7 horas da manhã de 11 de agosto segui no *Antonio João* que veiu para substituir a *Taquary,* cujo calado não lhe permitte continuar nos trabalhos na actual estação, mas que ainda volta á buscar o pessoal que deixou na Gahyba.

A's 7 horas e 12 minutos do dia 13 surgimos nessa lagôa; fomos ao antigo ancoradouro da *Taquary,* e em seguida, tomando pelo canal de D. Pedro II, onde, á um kilometro, encontrámos, na margem esquerda, um acampamento da nossa gente, continuámos para a Uberaba, na qual ainda achava-se o chefe da commissão.

Á 16 descemos á buscar a lagôa *Gahyba-merim,*á *NO.* da Gahyba, as quaes se ligam por um canal tão tortuoso e atravancado, que, com immensa difficuldade e após incessante trabalho, só o podemos descobrir no dia 19.

A' 21 descemos a Gahyba para demarcar-se o local onde deveria erguer-se o marco sul; ás 6 1/4 da manhã seguinte singrámos para a

Mandioré, que sendo de menos fundo do que as outras, por ella é que convém encetar-se os trabalhos actuaes, attento o adiantado da estação.

A's 7 horas da tarde fundeámos. A' 26, determinados os pontos para os marcos *N.* e *S.*, este em 18° 13' 4'',83 lat. e 14° 25' 34'',34 *O.*, e o do norte em 18° 2' 23'',42 lat. e 14° 22' 30'',30 *O.*, sahimos ao romper do dia, chegando ao pôr do sol ao acampamento do canal. A' 29 subimos para determinar-se o local do marco sul da Uberaba ; e logo após aproa-se para uma pequena ilha que presentemente parece situada no meio da lagôa, visto que perto della começa a verde planicie formada de hydrophytos que vae á sumir-se no horizonte. Fica a ilha tres leguas distante do ponto assignalado para o marco sul ; nella é que se elevará o do norte.

Deixando a porção livre da lagôa, entrámos por um canal, verdadeiro filete de agua que se dirige á *NNO.* em prolongamento do canal de D. Pedro II ; passa junto á ilha, que lhe fica ao occidente, e perto da qual ancorámos o mais proximo possivel, mas assim mesmo em distancia de uns quatrocentos metros, começando-se a abertura de um canalete que désse passagem á canoas, e que foi feito á facão, machado e serra.

Aqui a agua é quasi putrida, feia, turva e viscosa, devido ao revolvimento e putrefacção dos hydrophytos pela convivencia de innumeros jacarés, sucurys e varios animaes da ilha, especialmente onças e antas, estas em grande numero.

———

Terá a ilha um kilometro de comprimento ; alonga-se na direcção *NE. SO.*, sendo de vinte á vinte e cinco metros a sua maior altura, ainda que pareça muito mais alta pela elevação de seu arvoredo bastante cerrado.

E' abundante de antas, o *mboreby* dos guaranys, de bugios, especialmente das especies *coatá preto* (ateles paniscus), e *barrigudo* (logotrix), de que os soldados e marinheiros fizeram ampla colheita. Mui frequentes se encontram os logares de repouso das antas, que, apezar do espesso do couro, parecem aprazer-se em formarem leitos de folhas. Apezar dos indicios de serem muitas, nenhuma foi morta; tambem não havia tempo nem necessidade de embrenharmo-nos para caçar. De onças vimos somente as pégadas; um tamanduá-bandeira que appareceu, prompto fugiu. Os *guaranys* chamam-o *nhurumi*.

A flora não parece differir da das margens altas das lagôas, sinão em patentear-nos os mais bellos specimens de tunas *(cereus e opuntia Dillenii)* centenarias, que, attingindo enorme altura, quinze ou mais metros, sobresahem ás mais altas arvores, entre ellas as proprias *aroeiras*.

Um metro acima do chão medem tres e quatro metros de circumferencia, e offerecem ao machado resistencia quasi egual ao das velhas palmeiras, pela rijeza, e elasticidade de suas fibras densas e compactas.

O terreno abunda em schistos micaceos ricos de ferro. As amostras que trouxe deram ferro olygisto, ferro oxydulado e ferro sulfuretado. Nenhum destes exemplares mostrava-se imanado, entretanto durante nossos trabalhos na ilha a bussola andou sempre adoidada, e os trabalhadores, ao prepararem suas comidas, viam as panellas saltarem, despedaçando-se com fragor as pedras que serviam de fogão, e voando longe, em estilhaços, mal as aquecia o fogo.

VII

A Uberaba, como ficou dito, representa actualmente um lago circular, de um diametro approximadamente de vinte kilometros; o mais está litteralmente coberto desse prado de *camalotes*, tão entrançado e tão tenaz, que offerece resistencia ao peso de animaes de certa corpulencia, quaes as onças. E' elle, como os dos outros logares, formado de longas cyperaceas e nymphéas, cujos grossos rhisomas e extensas raizes se aprofundam por muitas braças, entremeiadas dos mil laços com que as ensarta infinidade de pontederias, alysmaceas, nayadéas e hydrochorideas, sobresahindo á todas a

« nympheacea rainha dos nelumbos »

do Sr. Porto Alegre (a), a qual nesta occasião, em plena enflorescencia, deixa vêr entre as immensas folhas redondas, semelhantes á verdes bandejas, ás vezes de metro e meio e mais de diametro, as suas não menos admiraveis flores, enormes bogarins de trinta, á mais, centimetros de diametro e quasi dous de altura, brancas, com o centro roseo ao desabrochar, e olororosas, com o cheiro das boninas ; roseas no dia seguinte, e accentuando mais a côr á medida que vão soffrendo a acção do sol, até que, ao cabo de seis ou oito dias, quando murcham, já estão roxo-escuras.

As folhas perfeitamente redondas tém um rebordo de cerca de uns doze ávos proporcional ao tamanho : são de uma textura branda como o geral das nympheaceas, e romper-se-hiam ao menor pezo das aguas, si a previdente natureza não as tivesse preparado com duas chanfraduras, diametralmente oppostas, e cortando em dous arcos simi-circulares o rebordo das folhas, cujo fim será o de dar sahida ás aguas da chuva.

Enormes como são, tém para sustental-as sobre as aguas grossas nervuras que dirigem-se, as principaes como raios desse circulo, e as outras cortando-as perpendicularmente em quadratins regulares. Algumas dessas nervuras tém ás vezes a grossura de um braço. São aculeadas como todas as mais partes do arbusto, excepção feita das petalas, dos radiculas e do limbo das folhas.

_____

(a) Barão de S. Angelo.—*Colombo*.

Chamam-lhe os guaranys *abati-irupê*, ou milho prato d'agua, pois seu fructo é cheio de sementes que assadas tém o gosto assemelhado ao daquelle cereal ; *iapunac-uaupê*, ninho de *bemtevis* (a), ou *uaupé-jaçanan*, ninho de *jaçanãs*, chamam-lhe indios do Alto Amazonas ; *jurupary-teanha*, espinho do diabo, as nações tupis desse rio ; e *atum-sisac*, a *grande flor*, a gente kichua. A primeira descripção dessa planta foi feita por Kaënke, que a viu no Mamoré, mas já d'Orbigny a tinha visto nos affluentes do Mamoré, em 1837, e Schomburg um anno antes em Corrientes. Pœppig a encontrou nos igarapés do Amazonas. Atribue-se a Bridges, que a viu em 1845, no Rio Jacumá, a imposição do nome com que a botanica a recebeu ; mas foi Lindley quem estabeleceu-a como genero á parte das nympheaceas, conservando o nome de *Victoria-regia*, imposto por Bridges, á essa planta extraordinaria, verdadeira maravilha do reino vegetal, como bem o diz Duchartre (b).

Neste mez está a natureza em plena enflorescencia ; nos montes e nas florestas vêm-se esmaltando o verde de todos os tons da folhagem, os gigantescos ramalhetes de flores, em que se converteu a fronde das arvores. As lagôas, na sua quasi totalidade, são essas pradarias sem fim, vasto jardim n'um tapete verde, matisado das mais variegadas flores, que maior belleza lhe imprimem, mostrando-se em grupos amarellos aqui, ali brancos, ali roseos.

VIII

A' 6 de setembro, apezar de um immenso aguaceiro, prenuncio já da estação das aguas, fica terminado o marco N., á uma e meia hora

(a) *Uaupé* quer dizer forno, panella ou ninho.
(b) *Elementos de Botanica*, pag. 970.

da tarde. Sua posição foi demarcada aos 17° 26' 32", 13 lat. e 14° 39' 53", 40 O.

O do S. inaugura-se na tarde de 10 aos 17° 33' 39", 99 lat. e 14° 32' 16", 20 O. Fica á beira de uma frondosissima matta de arvores gigantescas, cerca de dous kilometros á esquerda da entrada pelo canal de D. Pedro II; é local frequentadissimo pelas onças, cujos signaes frescos encontravamos todas as manhãs, quando se descia á terra para o trabalho; notando-se que vinham acompanhando as pégadas humanas até a borda d'agua.

Victoria-regia.

Nessa mesma tarde descemos o canal e á 11 de setembro deu-se começo ao marco N. da Gahiba, na extrema da lingueta empantanada, em que termina a margem direita do canal, e que como vimos prolonga-se n'um banco pela lagôa á dentro. Ahi tambem encontrámos diariamente os rastros das onças, sendo notaveis os de uma, cujas patas marcavam mais de palmo de diametro. Não podia estar muito longe, ainda, o animal, visto ter deixado naquelles signaes fresquissimos e n'outros e ainda fumegantes, a prova de ter-se retirado ha instantes.

O marco do sul ficou n'um terreno baixo, encharcado e completamente alagado, mesmo com poucas aguas. Buscou-se-lhe o local mais alto e apropriado, junto á um pequeno corrego, na linha *N. S.*, á meio da lagôa. Quando quasi prompto, as chuvas e a pouca firmeza do terreno fizeram-o abater; pelo que, reconstruido, não se lhe deu a altura marcada aos outros, para diminuir-se-lhe o peso.

———

São mui formosas todas essas paragens, e devem ser feracissimas. A vegetação é exuberante, luxuriosa e robusta; arvores enormes cobrem os albardões das lagôas; e o seu terreno uberrimo convida á facil agricultura, sobretudo na margem esquerda do canal, terreno alto, e que vae mais e mais se elevando, como fraldas que é das serras de Insua. Ahi já se vêm a *tinguaciba*, o *araribá*, e o *oleo vermelho*; ha abundancia de *peuvas*, *vinhaticos*, *guatambús*, varios *louros* e *canelleiras*. A mais deliciosa caça ahi se cria, principalmente de aves da ordem dos *mutuns*, *nhambús*, *jacús* e *arancuans*, em tão grande cópia que sobejam ao caçador, o qual todavia não se afana muito na caça. As aguas muito piscosas; o canal profundo e torrentoso admitte, em certa quadra do anno, como a Gahyba e o Paraguay, navios de grande calado: só falta ahi o homem civilisado, e a sua industria, para haurir as faceis riquezas dessas paragens, indubitavelmente sem superiores no mundo.

Os guatós são a unica tribu que ahi vive, e já muito resumida, pelo que soffreu dos paraguayos e da variola, que os assolaram completamente. Tambem um inglez, o Sr. Willian Jones, ha muitos annos reside com sua familia em uma pequena situação entre a Gahyba merim e a Uberaba.

A' 15, inaugura-se o marco *N.* aos 17° 43' 17", 67 lat. e 14° 29' 19", 18 long., e á 20 o do *S.*, aos 17° 48' 15", 15 lat. e 14° 30' 24", 30 long.

Na madrugada seguinte sahimos, mas já encontrando a lagôa atravancada pelo banco, ahi encalhou o *Antonio João* por mais de uma hora. A's 7 horas e 20', montamos o *Letreiro*, que desta vez deixou-se observar melhor, estando, talvez, todo elle fóra d'agua.

A's 10 1/2 chega-se ao sitio *Canavarro*, á margem direita do Paraguay ; ás 11 1/2 passa-se o *Caracará* ; uma hora depois deixamos a boca meridional do S. Lourenço ; á 1 hora e 40' as *Pedras de Amolar*, e cincoenta minutos mais tarde fundeamos nos *Dourados* para buscar provisões.

A's 4 1/2 da tarde continuamos a viagem; ás 5 horas e 10' passamos o sitio Firmiano, em cuja plaga o vapor incendiado mostra o casco completamente á sêcco. A's 6 horas e 15' o sitio de José Luiz; e poucos minutos depois a boca da Mandioré, onde encalha o *Antonio João* por uma meia hora, e duas vezes, fundeando ás 7 horas e 20' na risonha bahia de *Ourives*. Sondando-se sempre o canal e encontrando tres braças no mais, a sondareza não encontrou fundo no poço já citado, á entrada dessa bahia.

A's 10 da manhã seguinte continuamos a viagem para a lagôa : leva-se tres horas encalhado n'um banco; sahe-se ás 4 horas e 50', mas pouco depois bate-se n'uma pedra que é, felizmente, transposta com facilidade, chegando-se após mais dez minutos de marcha ao fim do canal, que marca ahi seis palmos escassos na profundidade. Sahe uma chalana para explorar a lagôa; com muito custo e ás vezes puchada pela tripulação chega á quasi meio, e volta com a noticia de ser impraticavel, tambem para ella, o resto da lagôa.

Partimos á 23 ás 9 1/2 da manhã : o *Antonio João* não é madrugador. Oito minutos depois bate na mesma pedra da vespera e depois n'outra de um pedregal que atravessa o canal.

A' 1 da tarde chega-se ao rio, sem tocarmos no banco onde estiveramos tres horas, ante-hontem. Segue-se viagem á 24, ás 9 1/2; ás 11 1/2 passamos o sitio Palhares, e 10' depois a fazenda de José Dias; ás 12 o Furado da Sucury, onde pára-se para comprar lenha, demorando-se uns tres quartos de hora, á 1 1/2 da tarde passa-se o Paraguay-merim, ás 3 1/2 a Falha, ás 5 horas e 5', os Castellos, fundeando-se ás 7 horas, ainda claro. O *Antonio João* não se arrisca á viagens á noite.

A' 8 1/2 da manhã de 25 levanta ferros e ás 10 1/4 tem-se já a vista o agradavel panorama de Corumbá, em cuja abra aportamos pouco depois de meio-dia.

I

Āo é do genio do chefe da commissão o desperdicio de tempo: acabadas as observações e regularisados os chronometros, partimos novamente de Corumbá, á 1 hora e 50 minutos da tarde de 6 de oitubro, no *Antonio João*, seguindo-nos duas lanchas á vapor e umas tres ou quatro chatas á reboque.

———

Até hoje foi esta de todas as viagens a mais incommoda. Calor extraordinario de 30° á 35°, dia e noite; o navio pequeno, cheio e ainda arrastando um pesado reboque, e deitando de marcha menos de milha e meia por hora.

No dia 8 fundea-se, como sempre, ao escurecer (7 da tarde), junto ao *Letreiro* da Gahyba. A' 9, ao meio-dia, passámos a boca da Uberaba; ás 3 horas e 40 minutos da tarde de 10 o *Bananal de Baixo*. No dia 11 sahe-se ás 6 1/2 da manhã, e com duas e meia horas passa-se o *Bananal do Meio*. A's 7 da tarde fundea-se junto do *Atterradinho*.

No dia 12 sahe-se á hora do costume e ás 11 1/2 entra-se no *Bra-cinho*, *furo* á margem esquerda do Paraguay. A's 8 horas e 50 minutos do dia 14 chega-se á sua entrada, que tem ahi tambem o nome de *Tres Bocas*, e dez minutos depois ao *Descalvado*.

Desde algumas leguas que já apparecem mais altas as margens do rio; são, porém, apenas duas fachas estreitas, ou albardões, que o margeiam, sendo baixos e empantanados os outros almargeaes.

De longe em longe apparece um pequeno alto, que chamam *reductos*, logares sabidos de pouso, como os Bananaes, o Atterradinho, etc.

———

O rio já vae muito baixo, mas fomos tão felizes que somente hoje começam os encalhes.

A's 3 da tarde seguimos em busca do *Retiro do Presidente*, ponto umas tres leguas acima do Descalvado; encalha-se das 4 horas e 35 minutos ás 7 horas e 20 minutos, mas ás 8 horas abicamos ao porto.

A' 15 sahimos ás 6 horas e 20 minutos, aguas acima; encalha-se das 9 1/2 até depois de meio-dia, e, receioso de que dahi em diante não encontre agua para seu calado, o *Antonio João* volta para o Descalvado, onde fundea ás 2 da tarde.

———

Vae agora a commissão encetar seus trabalhos de terra, continuando o traçado divisorio das lagôas por uma linha que, partida do marco *N.* da Uberaba, vá passar pelo extremo *S.* da Corixa Grande do Destacamento, morros da Boa Vista e dos Quatro Irmãos, e seguindo dahi para a vertente principal do Rio Verde, nas montanhas de Ricardo Franco, antigamente do *Grão Pará*, em frente á cidade de Matto-Grosso.

Apenas desembarcados, e devendo descer á Corumbá uma das lanchas á vapor, um dos membros da commissão boliviana despede-se e solicita passagem para aquella villa, dando como motivo não querer seu chefe (e pae) reconhecêl-o no caracter de secretario da commissão. Este diz-nos que os motivos são outros, e ambos se dignam affirmar-nos de que taes motivos não nos dizem respeito. De facto o joven D. Vicente Mujia retira-se, dando mostras de saudoso e muito grato á nossa sociedade e trato de companheiros. Fica, pois, a commissão boliviana reduzida á seu chefe, o velho e amavel general D. Juan Nepomuceno Mujia.

Porto do Descalvado.

Em 21 de oitubro dá-se começo ao levantamento topographico do caminho á seguir para a Corixa Grande do Destacamento, apezar da im-supportavel temperatura do dia. Tem o thermometro oscillado entre 26° e 35°. Nesse dia, tendo marcado 28° ás 6 horas da manhã, ás 2 1/2 da tarde tinha-se elevado extraordinariamente á 39°,2, quando desabou um furioso temporal de sudoeste, com fortes aguaceiros e uma chuva de pedras, que açoitou os ares por uns cinco minutos.

——

Ao chegarmos ao Descalvado, tinhamos por certo encontrar promptos os animaes necessarios para a conduccão e córte, conforme prévio ajuste.

A' 21, çansado de esperar, resolveu o barão de Maracajú dar começo aos trabalhos, e seguiu para a Corixa, deixando encarregado de effectuar a compra seu immediato, o major Lopes de Araujo, que por doente não quiz seguir.

Somente á 29 apresentou-se o dono da fazenda com quem se tinha convencionado a compra dos animaes, e que, vendo-nos completamente á sua descripção, marcou para preço de cada animal 180$, isto é, quasi o dobro do que valiam, pela razão mui simples, dizia elle, de têl-os comprado á cem mil réis e perdido quasi metade, pelo que andava-lhe cada um por cento e sessenta mil réis, tendo certeza de ainda perder outros muitos; calculo por demais razoavel e tão seguro que, no dia em que restar-lhe um só desses cavallos, ha de querer por elle o preço dos cem, para não ficar prejudicado.

II

O porto do Descalvado é o ponto mais alto do albardão na margem direita, acima dos alagadiços da Uberaba. Sua posição foi determinada aos 16° 44' 38",34 lat., pela commissão. Ha ahi uma grande rancharia pertencente ao fazendeiro João Carlos Pereira Leite, dono da situação do *Cambará* (a), á 31 kilometros de distancia, em rumo *NNO*. Mede esse albardão poucas dezenas de metros de largura; inda assim é interrompido por depressões e entradas do rio. O resto do territorio em grande extensão

(a) Corrupção de *camará*, muito usual no povo rustico.

é alagadiço ás menores enchentes. Nas mesmas condições ou peiores estão os terrenos da margem fronteira.

· Uns cinco kilometros rio acima e nessa margem começa uma montanha de gneiss, o *Descalvado* (a), que deu o nome á região.

Oitocentos metros acima do porto, acha-se um *saladeiro*, fabrica de *xarque* e cortume, que não parece mal montado relativamente aos outros estabelecimentos da provincia. Nos arredores elevam-se dous pequenos morrotes, dos quaes o mais elevado, meia legua distante, no caminho de *Cambará*.

O *Retiro do Presidente*, ficando como vimos á tres horas de viagem aguas acima, está á 9.338 metros, por terra, do porto do Descalvado; este, e um outro chamado o porto das *Eguas*, uma hora, mais, por agua e á 27 kilometros do Descalvado, são os melhores locaes de desembarque para *Cambará*, e por conseguinte para quem busca o interior do continente.

A fazenda fica á 21.853 kilometros do Retiro, e pouco mais de quatro do porto das Eguas. Consiste em pequenos casebres de taipa, cobertos de palha, com excepção de um só que é de telha, nenhum tendo, nesse paiz das madeiras de lei, nem forro nem soalhos.

E' uma verdadeira estancia, ao modo das do sul, com differença apenas da pobreza dos campos de criação.

E' notavel para quem percorre o Brasil a differença de apresentação dos seus grandes estabelecimentos ruraes, os engenhos de assucar do norte, as fazendas de café do centro e as estancias de gado do sul.

No norte, quem entra n'um engenho parece chegar á uma villa; ali se ergue uma capella, sinão uma boa egreja de torres, cercada pela boa casa de vivenda do senhor, os engenhos, as fabricas e officinas de necessidade e a casaria dos escravos.

_____

(a) A 16° 43' lat,, segundo Luiz D'Alincourt.

Ahi tudo é risonho, tudo respira a alegria e falla á vida, desde o bater das machinas, o zum-zum das moendas e bolandeiras, o barulho da agua que cahe das comportas, o mugir dos bois, a algazarra dos trabalhadores, até— e o que lhes dá um cunho especial e agradavel,—o cheiro da cana, do assucar, da bagaceira e até dos bois. Ahi a vida é sempre prazenteira e uma constante distracção.

No centro, consistem as fazendas n'um quadrado que lembra as reducções jesuiticas, e os pequenos e antigos povoados das republicas hespanholas, fazendo-lhe uma das faces a casa do fazendeiro, outra os monjolos e o resto as senzalas de escravos, e cercando o terreiro liso, batido e ordinariamente vermelho da argilla do solo onde se sécca o café, e em cujo meio quasi sempre se vê erguido um cruzeiro. As distracções unicas são as que a natureza póde offerecer nos passeios, na caça, etc. No sul, a estancia quasi que unicamente consiste nos campos e nos gados, e o mais rico estancieiro tem muitas vezes por albergue uma palhoça, um simples rancho, onde possa accender fogo para o mate e o *churrasco* ou possa estender os *aperos* para a cama. Tambem, por via de regra, as fortunas são mais solidas entre estes do que nas duas outras classes. Sua riqueza depende da uberdade dos pastos, onde os gados se procreiam maravilhosamente e onde o costeio poucos lucros lhes consome. Trabalho, não ha mais que o reponteamento e a marca, o córte, a salga e a exportação; inimigos, a sêcca ou innundação e as episóocias, felizmente quasi desconhecidas.

Os outros tém maiores despezas para manterem e conservarem as fabricas, e além dos inimigos metereologicos tém ainda as molestias e parasitas vegetaes, tém as contingencias á que está sugeito o pessoal, e, mais ainda, a suzerania dos consignatarios, que os conservam em feudo, e, outras *pieuvres*, sugam-os pelos cem tentaculos com que os prendem.

III

O terreno entre o Descalvado e o Retiro é em grande parte argil-loso, com uma ligeira camada de terra vegetal trazida pelas innundações que o cobrem completamente.

Com excepção da alta e robusta floresta que sombreia o albardão á beira rio, os bosques só apparecem, de espaço em espaço, em pequenas ilhas mais ou menos arredondadas, contendo grande numero de madeiras preciosas, e tornando-se notaveis por guardarem uma certa disposição no seu desenvolvimento, sendo mais altas as arvores do centro, e indo essa altura decrescendo á medida que se approximam das orlas, dando á dis-tancia a apparencia de morrotes que somente ao perto deixam conhecer a verdade.

Ainda que ahi o solo seja mais elevado do que no resto do terreno, pela quantidade de humus que os annos lhe vão accumulando, todavia isso physicamente vale tão pouco, que não deve ser levado em conta para a altura dos bosques.

A mór parte dessas arvores tem marcada no tronco e galhos a ele-vação das ultimas enchentes em mais de dous metros.

Innumeros cupinzeiros, em fórma de columnas, erguem-se aqui e ali, na planicie, em tal quantidade que faz lembrar ao viajor os escombros de uma antiga cidade ou os tumulos de uma vasta necropole.

Ahi o tapete botanico se accentúa na flora palustre, onde predominam a *tabua* (typhaceas) (a), só persistente nos logares humidos e indice certo da presença da agua, e varias gramineas e cyperaceas, juncaceas e aroidéas, alysmacias e plantagineas. Nos logares aridos mais abundantes de silica, e que com mais facilidade se séccam, a vegetação arborea é quasi nulla; apenas destacam-se aqui e ali uma ou outra peúva, uma ou outra *cacia* protegendo alguns arbustos que á sua sombra crescem, amparados da estuação. Quasi todas essas arvores têm ao seu redor mais alto o terreno, ás vezes de meio metro, e n'um diametro de quatro, cinco e seis, devido as terras que as enchurradas carregam e deixam detidas entre as raizes, augmentando de anno em anno.

Por toda a parte encontra-se a *amaryllis princeps*, que, quasi unica no seu genero, alastra campos e collinas, terrenos sêccos ou humidos, esmaltando-os com as grandes flores vermelhas de seus pendões umbelliformes.

Do Retiro em diante o terreno é mais calcareo; continuam as extensões baixas, cobertas de vegetação palustre, e os taboleiros silicosos e aridos. Nestes, as arvores isoladas já dão uma feição nova á região; são *lixeiras* ou cajueiros bravos, *caimbé* do Pará, malpighiacea sem utilidade reconhecida; o *pau pódre*, o *pau terra*, a *fructa de morcego*, e já menos frequentemente as *peúvas*, o *jabotá*, as *cacias* e palmeiras dos generos *astrocarium* e *boctris*. Em alguns taboleiros a vegetação é unida e são as myrtaceas, anonas e paineiras anãs, que dão o cunho ao tapete floral. Nos logares mais baixos, e onde a humidade é maior ou mais se demora, notam-se moutas ou bosquetes de algodão bravo (hibiscus bifurcatus, de Lacerda), affectando tambem, de ordinario, a disposição circular, e as de *peripcri* e tabúas, nos logares ainda mais humidos.

———

Do Descalvado á Corixa Grande do Destacamento medem-se 97,033

———

(a) E' o *juraperi* do Pará.

kilometros. Desse terreno mais de tres quartos são completamente alagadiços n'uma estação e tão sêccos na outra, que só escavando-se profundas cacimbas póde-se encontrar agua, quasi sempre branca, da côr do
leite, do elemento calcareo que traz em suspensão, e do qual nem mesmo
os filtros a livram completamente.

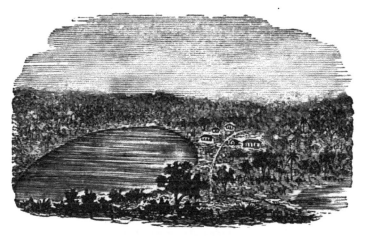

Bahia de Pedras.

Na sêcca, apenas se encontra perenne uma pequena lagôa á que os
naturaes chamam impropriamente *Bahia de Pedras*, sem duvida por
verem assim designadas as formadas pelos rios. Fica ella á 27 kilometros
da Corixa, na encosta oriental de uma lombada, contraforte da serrania
de *Borborema*, que se estende em largura até a Corixa, e em comprimento mais algumas leguas ao sul.

Tambem fóra dellas e dos dous morrotes de que já fallei, junto ao
Descalvado, o unico accidente de identica natureza, que se encontra em
todo esse campo, é uma notavel agglomeração de penedos, cascalhos
angulosos e seixos rolados, formando uma pequena collina que já vae se
cobrindo de vegetação alta, no caminho de Cambará, e della distante
cerca de kilometro e meio á *NNO*. Parece mais um deposito de pedras,
preparado pelo homem, que uma eversão da natureza, quem sabe si um

steinberg, ou melhor, *packwerkbauten*, dos primitivos habitantes, para resguardarem-se na estação das aguas (a)?

Nos bosques abundam as madeiras de valor, quaes o jacarandá, os cedros, o vinhatico, pau d'arco, condurú, peúvas, varias especies de oleos, barauna, o angico em quantidade sempre extraordinaria, os jatobás, a tinguaciba de folhas paripennadas, e o guatambú, forte e rija madeira do mais formoso amarello. Raro é o *carandá* que ahi se encontra, mas de certos logares descortinam-se ao longe os leques dessa utilissima palmeira, cobrindo extensões de leguas, sempre nos logares humidos.

———

A formiga e o cupim de diversos generos são os donos do terreno. E' notavel que, sendo varias as fórmas de seus cortiços ou casas, guardem, no emtanto, uma uniformidade na construcção, segundo os logares; aqui, sendo todos de uma fórma; ali, de outras, etc., não podendo eu rigorisar si tal differença depende do solo e materiaes de construcção, si da diversidade na especie dos constructores. O certo é que nas proximidades do Cambará vê-se o campo coberto de columnas cylindricas, que os indios chamam *tacurús*, altas de, ás vezes, dous metros, assemelhando-se aos marcos ou pilastras conhecidas sob o nome de *frades* de pedra; ali, assemelham-se á pequenos castellos de meio metro de alto, com setteiras, portas, terraços, torreões, etc., quaes os dos taboleiros chamados *Lixal* e *Bugres*, já adiante da Corixa. N'outros, como em *Palma Real* e *Petas*, são mais baixos, mais grossos, ora isolados, ora encostados á arvores, sempre, porém, muito resistentes e feitos de uma especie de cimento betuminoso, impenetravel á agua.

———

(a) Montes de pedras, argilla ou lodo, que os habitantes das regiões lacustres, na época neolithica, faziam para ampararem suas tendas. Os *steinberg* e *packwerkbauten* foram encontrados pela primeira vez, em 1854, nos lagos da Suissa.

São seus moradores especies de *termes lucifugum*. O *termes aerium* eleva seus palacios nos ramos ou engalhamentos das arvores, dando-lhes mais de metro de altura e de circumferencia; a entrada fica no solo, com que se communica por um corredor construido da mesma argamassa e que desce ao longo dos galhos e do tronco. Nas cabeceiras do Rio Verde vimos uma noite um espectaculo sorprendente. Um desses cupinzeiros apresentava-se todo coberto de pequenas luzes, quaes pequeninas estrellas, semelhando uma torre em miniatura, brilhantemente illuminada. Ficava perto da barraca do capitão Craveiro, commandante da força, e este foi-nos convidar para partilharmos da sua sorpreza e prazer. Golpeando-se o edificio apagavam-se as luzesinhas, como por encanto, para virem surgindo de novo, pouco á pouco, á começar dos logares onde o golpe repercutira com menos intensidade. A' esses, si pertence o qualificativo de *lucifugi*, melhor lhes cabe a designação de *luciferi*.

Os Tacurús ou Formigueiros.

E' delles talvez que Castelnau falla á pagina 103 do seu livro 2.°
Das formigas, a mais graciosa construcção que observei foi a de

uma especie pequenina e negra, que faz seus ninhos nas folhas grandes e vivazes de certas dycotiledonias, como os louros, algumas euphorbias, etc. Revestem-as de folhetas mui tenues e mui rijas, de um tecido semelhante á seda encerada, côr de palha, sobrepostas umas ás outras em innumeras camadas,mal deixando entre si espaço para os moradores moverem-se. Não é a *taracuá* de que fallou o Dr. Alexandre Rodrigues Ferreira, que ajunta o epiderma da arvore parinary para fazer seus ninhos, que os indios recolhem para isca. Os de que fallo não se prestam á esse mister, queimando com difficuldade e como derretendo-se, e dando um forte e desagradavel cheiro empyreumatico.

Percorrem estes campos gados mais ou menos ariscos, quer pertencentes aos fazendeiros vizinhos, quer alçados das antigas fazendas do governo. No tempo sêcco em que o sol torra a menor haste de herva, e em que não se encontra no solo a menor pôça para abeberarem, fogem os gados para os logares sombrios ou frescos, mais ou menos humidos, ou mesmo para a borda das lagôas, longe ás vezes de muitas leguas.

Por todo o campo encontram-se caminhos estreitos, mas bastante trilhados, cortando-se em varias direcções; seguindo-se por elles vae-se ter aos logares onde os animaes se acoutam ou onde vão buscar refrigerio á sêde.

A praga de gafanhotos, antiga nestas comarcas, e que já em 1537 perseguira á Juan de Ayolas, começava á devastar os campos, quando por ahi passámos. Vinham de *O.*, e foram suas nuvens que nesse anno e no seguinte tão cruelmente assolaram as mattas do Paraguay e as pastagens argentinas, montevideanas e do Rio Grande do Sul.

Uma outra praga encontrámos, e esta constantemente, quer na estação sêcca quer na chuvosa : era uma quantidade enorme de *ambods* ou *gongóros (iulus flavus zonatus)*, que cobria as estradas, e nos proprios acampamentos, apezar dos cuidados, appareciam aos milhares, e subiam ás barracas e até aos leitos.

IV

O nome de *Bahia de Pedras* estende-se tambem á uma miseravel povoação de verdadeiros servos da gleba, pobres apaniguados dos senhores da terra, que ali vivem na fralda da morraria, á beira da estrada. Algumas bananeiras, uma plantação de fumo e milho de poucos metros quadrados, e algumas melancias e pimenteiras, eis toda a sua lavoura.

Ahi vi pela primeira vez a arvore conhecida pelo nome de *fructa banana*, que pareceu-me ser uma sapotacea. Seu fructo, drupa com tres nuculos unidos, assemelha-se ao sapoti, e tem o gosto perfeitamente identico ao da banana da terra.

Como já disse, o terreno segue montuoso até a Corixa, salvo pequenos valles que se formam aquém e além da situação do *Tremedal*, em meio caminho.

E' coberto de formosa mattaria, onde as *bombaceas* e as *stercularinas* apresentam magnificos exemplares pelo vigor de sua constituição. A estrada seguia o dorso da morraria, e teve de ser alargada, na extensão de 15 kilometros, para poder dar passagem ás carretas da commissão e do fornecimento, algumas de tres metros de alto e dous de largo ! Do *Tremedal* em diante era de boa largura, conservando sempre uma média de quatro metros, que triplica-se ao approximar-se á Corixa, desde o seu cemiterio.

O Sr. Costa Esteves, fornecedor da commissão, encarregou-se tambem de aperfeiçoal-a, alargando-a mais e rectificando sua direcção, como que lucram-se alguns milhares de metros.

Tanto o solo como a morraria, cobertos nas camadas superiores de argilla vermelha e plastica, manifesta em alguns logares a formação geologica de calcareo e algum grés quartzoso.

———

A Corixa Grande do Destacamento não é mais do que um pequeno posto militar para guarda e fiscalisação dessa parte da fronteira, que é o interposto do commercio boliviano com S. Luiz de Cáceres, para onde dirige-se passando pela Bahia de Pedras e dahi em rumo N. á cortar o Jaurú. O fisco nunca teve ahi um empregado para lhe zelar os direitos. Está o posto aos 16° 23' 46",9 lat. e 15° 5' 35",85 long. occ. do Rio de Janeiro.

Consiste em umas vinte palhoças com frente para a fronteira. Sua posição é bonita e agradavel, em terreno alto e sêcco, á poucos centos de metros do riacho que lhe dá o nome. Para converter-se n'um bom povoado, falta lhe somente boa agua, pois que a do riacho é travosa, com uns saibos de alumina, ainda que mui limpida e transparente. Mas não é difficil obtêl-a boa, de cacimbas, que nas vizinhanças já as ha de excellente agua.

O riacho tem origem, como já se o disse, n'uma caverna de um monte isolado, mas pertencente ao systema da serraria de *Borborema.* Fica á kilometro e meio, mais ou menos, á *NNO.* do Destacamento. A montanha é de gneiss em decomposição, coberta de grosso cascalho e penedos angulosos de quartzo.

Na sua face meridional ha uma quebrada formando como que um alpendre regular, debaixo do qual e do fundo da rocha seguem para o interior tres corredores, por onde sahem aos borbotões as aguas do riacho. Esses corredores são escurissimos e habitação de numero infinito de morcegos; o do meio é o mais largo e recto, tendo pouco mais de um metro de largura.

Dentro ouve-se o rumor das aguas que cahem como em cachoeiras e vém pelo chão dos corredores sahir na quebrada, onde soterram-se, apparecendo cinco metros mais longe, e já como um ribeiro de quatro e meio metros de largo, alguns decimetros de fundo e corrente regular. O monte medirá quando muito tres kilometros de perimetro; junto ao alpendre vêm-se distinctamente camadas stratiformes de rocha semelhante ao trapp amygdaloide, das quaes algumas lisas e polidas como lousas jazem amontoadas no solo, resultado das erosões produzidas pela lympha que minou a montanha, dissolveu-lhe as rochas de facil decomposição, e formou esse alpendre e as cavernas interiores para seu livre curso. A presença das aguas, e a força com que cahem no ventre da montanha, indicam a existencia de um siphão.

O alpendre ou *Loca* tem quasi oito metros de frente, tres e meio de fundo e uns cinco de altura. Busquei examinar os corredores; mas apenas entrei alguns passos no do meio, a escuridão e a nuvem de morcegos, que esvoaçavam molestando-me, desanimaram-me de proseguir.

Em caminho vi uma dessas graciosas curiosidades com que a natureza parece ás vezes querer divertir-se: do alto do grosso tronco de uma gamelleira decrepita, truncado pelo raio ou pelo tempo, elevava-se uma graciosa palmeira cercada ainda dos galhos verdes da velha arvore; como represalia de ser tantas vezes a palmeira o supporte dessa gigantesca parasita, cuja semente, nella deposta pelos passarinhos, ahi germina, cresce, vae descendo suas raizes e anastomosando-as ao redor da estipilte, e tão perfeitamente, que, ao cabo de tempo, torna-se em segundo envoltorio ao tronco da palmeira.

Fui ao morro da *Loca*, não somente levado pelo desejo de vêr essa curiosidade natural, como ainda com o fim de verificar a riqueza de cobre, que o fazendeiro João Carlos dizia ahi haver, vendo-se o mineral engastado nas paredes do alpendre. Achei estas verdoengas, é certo, mas de limo.

Não sei si poder-se-ha atribuir aos morcegos o mau gosto da agua do regato, que acarreta das cavernas uma tal quantidade de detritos e excreções desses vampiros, que fórma um sedimento negro e pastoso em quasi toda a extensão de seu leito, sendo de alguns palmos de altura nas immediações da *loca*.

O regato que passa no destacamento, com uma corrente regular, segue assim por uns seis kilometros, perdendo pouco á pouco a correnteza,

e espraiando-se nos tremedaes e alagadiços que demoram entre a Corixa
e a Uberaba.

———

Como já disse, a Corixa presta-se para um bom povoado ; seus terrenos são mui feraces e de tal ou qual belleza.

Um antigo commandante do posto, o capitão, depois coronel, Ger-
vasio Perné, ha pouco fallecido, homem activo e trabalhador, foi quem
praticou os primeiros e talvez unicos melhoramentos do logar antes da
chegada da commissão. Alinhou e fez construir em boa ordem as palhoças, formando uma grande praça aberta para a fronteira ; nella ergueu
um cruzeiro, emquanto tratava de levantar uma capella, o que não levou
á effeito por ser retirado do ponto ; fez um cemiterio cerca de quatrocentos metros do povo, á direita da estrada que á elle vae, cercou-o de pau
á pique e erigiu-lhe uma casinha de telha para capella, abriu grandes
cacimbas de boa agua, plantou grande numero de larangeiras, tamarindeiros, cajazeiras, goiabeiras, hortaliças e algumas flores. Seus substi-
tutos não plantavam, mas destruiam, e, si deixavam capins e carrascos
crescerem dentro do povoado, levavam o vandalismo á derrubar os arvo-
redos de fructas, já frondosos e soberbos.

———

A linha limitrophe continuada do marco norte da lagôa Uberaba
vae encontrar o extremo sul da Corixa Grande do Destacamento ; por esta
segue até suas origens no extremo sul da serra da Borborema, pela qual
sobe até o *Cerro de S. Mathias* aos 16° 16' 13",06 de latitude e 15° 5'
16",05 de longitude. Dahi desce á *Corixa de S. Mathias* e por ella até
sua reunião com a do *Peiñado* aos 16° 19' 15",42 lat. e 15° 11' 3",50
long., no dever de salvar, conforme a estipulação do *uti possidetis*, o

povo boliviano de S. Mathias, que ficava dentro da linha de demarcação tirada, na fórma do tratado, do extremo sul da Corixa Grande ao morro da Boa Vista.

———

Atravessando o riacho ha, á um kilometro, uma situação e engenhoca pertencentes á brasileiros, que para ahi foram com o duplo fim de negociarem e de não serem incommodados por nenhum dos dous paizes, evitando o cumprimento dos deveres de cidadãos do Brasil por estarem na Bolivia, e nada tendo com este paiz por serem brasileiros.

O povo de S. Mathias fica á sete kilometros e meio da Corixa do Destacamento. E' uma pequena povoação de mais ou menos duzentas almas, indios quasi todos chiquitanos e alguns bororós. Compõe-se, como todas as missões jesuiticas, de uma praça rectangular, tendo n'uma das faces a egreja e nas outras as habitações.

Sua latitude foi agora determinada em 16° 21' 15'',15.

V

As chuvas, que vieram frequentes em setembro, suspenderam-se quasi completamente até fins de novembro. Agora, apezar de tão adiantada a estação chuvosa, é que vão apparecendo fortes aguaceiros, quasi diarios; o facto de virem tardias mais faz temer a sua violencia.

Dividida a commissão, seguiu-se á reconhecer o morro da Boa Vista e os territorios ao norte de S. Mathias e ao sul da Corixa.

Estamos nos desgraçados terrenos em que, como mui judiciosamente diz Southey (a), ha que atravessar pantanos sem por isso deixar de

———

(a) Obra citada.

soffrer-se sêde. Para taes terrenos, entre a Corixa e a Uberaba, é que a commissão tinha recebido a seguinte, cathegorica, mas enigmatica explicação, quando tratava-se de seu levantamento topographico : « São terrenos que não se póde percorrer nem á pé, nem á cavallo, nem embarcado. »

Mas não se fallou nos aerostatos, nem tambem se os ministrou.

Pela Uberaba, com effeito, foi impossivel de levar avante a empreza do reconhecimento dos terrenos, mas conseguiu-se fazêl-o por este ponto, ora á pé, ora á cavallo, e algumas vezes tendo por montaria bois.

O capitão Costa Guimarães, que tambem era secretario da commissão, foi o encarregado desse trabalho; chegou até a Gahyba e fez o levantamento dessas paragens.

Em 29 de novembro sahimos da Corixa em busca do morro da Boa Vista.

————

Atravessado o regato ou Corixa, passámos dahi á 1 kilometro pela situação dos brasileiros de que atraz fallei. Duas horas depois chegavamos ao sitio do Uauassú, á treze kilometros daquella outra.

Tira seu nome de umas formosas palmeiras que ahi abundam, dando uma feição especial ao terreno; é a attaléa spectabilis de Martius, xahate-hodi dos guaycurys; suas folhas têm quatro á seis metros de longas e dizem que mais ainda, pelo que são mui procuradas para a cobertura das palhoças. Quando nova a arvore, ainda o tronco não é visivel e já as folhas, partindo do solo, attingem áquella altura.

Pertence á D. Senhorinha, mulher idosa, mas bem conservada, representando cincoenta á cincoenta e cinco annos; é de origem indiatica, e, si não me engano, viuva do segundo dono das Salinas do Almeida (a), um tal coronel boliviano Ramos.

(a) Assim chamadas do velho Jeão de Almeida, que ahi se estabeleceu de 1770 á 1790, explorando-lhe o sal.

Essas salinas abundantes e muito exploradas antigamente, começavam sete leguas á *O.* do Registro do Jaurú, passavam pelas *vasantes* ou campos alagados, até aqui; seguiam para *O.* á correr pela *Corixa de Bugres* ou do *Pau d pique* dos antigos, e para *S.* tomando os nomes de salinas do *Acorisal* e do *Sul*. De outro lado estendia-se entre os rios Paraguay e Cuyabá, entre Villa Maria e Poconé.

Seu descobrimento foi, como já ficou consignado na *Introducção* (a), devido á Luiz Antonio de Noronha, no anno de 1770. Segundo o Dr. Alexandre, não era esse o seu nome, e sim Bernardo Lopes da Cunha, « *homem de nome mudado*, não sabe-se qual a razão » (b). Nessa mineração das salinas foi ajudado pelo escrivão da camara Luiz Ferreira Diniz, que mais tarde explorou as do Jaurú, colhendo, como atraz vae dito, muitos alqueires de sal, no verão de 1790.

Tanto os portuguezes como os hespanhoes as cobiçavam e pretendiam sua posse, sendo, porém, indubitavelmente aquelles os seus primeiros posseiros.

Em 1837, na presidencia do Dr. Pimenta Bueno, depois marquez de S. Vicente, foi considerada terreno neutro, mas seis annos depois, vindo um grupo armado de bolivianos estabelecer-se ahi, expellindo os brasileiros que estavam estabelecidos, o presidente mandou-os retirar, ficando o territorio desde então considerado, sem contestação, brasileiro.

————

A casa da Sra. Senhorinha é pequena, mas asseiada e tão confortavel quanto se póde desejar nestas alturas. Por todos os logares da provincia por onde hei andado, mesmo á borda do grande rio Paraguay, e por conseguinte junto á outros recursos, excepção feita de Corumbá e das fazendas da vizinhança, poucas vezes ha á notar outra cousa nas habi-

(a) Cap. I.—X.
(b) *Enfermidades endemicas da capitania de Matto-Grosso.*

tações sinão uma incuria e desmazello que ainda mais miseravel tornam a vida ahi já incommoda. No *Uauassú* observa-se o contrario : o que o cuidado, o asseio e o trabalho podem dar em commodidade e agrado no meio da propria penuria. Aqui respira-se alegria e bem estar; o arranjo, a boa ordem revelam os cuidados constantes da dona do sitio, desde a casa, alva e bem varrida, até a horta onde vicejam os fructos e hortaliças de primeira necessidade, que não se encontram naquellas habitações á beira-rio, onde, todo o terreno plantado, a horta, consiste n'uma canôa velha e suspensa em esteios alguns palmos acima do chão.. Aqui, vêm-se bananeiras, atas ou fructas do conde, larangeiras, limoeiros, figueiras, cidreiras e romanzeiras, todas viçosas e bonitas ; algumas plantas de ornamento, entre ellas, roseiras, cousa rara mesmo em Cuyabá (a).

A dona da casa, um neto de dez annos, chamado Miguel, o qual— nestas paragens, já lê e escreve correntemente, e mostra bastante perspicacia e intelligencia,— e suas creadas apresentam-se asseiadas e bem vestidas, deixando vêr-se que não são de gala ou ceremonia, pelo desembaraço com que os trazem e que demonstram o uso costumeiro. Tambem não ha presumpção de que nos esperassem, nem mesmo tivessem noticia de que hoje ahi chegassemos. E si fallo nisso, é que a *toilette* não está em grandes creditos nestas regiões chiquitanas, mormente para o sexo feminino, que parece gloriar-se em ostentar a natural e vistosa elegancia dos costumes paradisiacos.

São estas bandas povoadas pelos restos das nações dos *chiquitos* e *bororós*, aldeiados outr'ora pelos jesuitas hespanhoes. S. Mathias é toda de chiquitanos. Os homens, comquanto andem inteiramente á vontade entre os seus, quando sahem para os povoados, vestem camisa, calça e

---

(a) Lia-se em março de 1876, no *Liberal* dessa cidade, o annuncio de uma casa para alugar, onde, enumerando-se as commodidades da habitação, ajunta-se como cousa notavel : « e um grande quintal, *onde ha um pé de roseira !* »

chapéo, sinão tambem a sua jaqueta, trazendo sempre na cintura uma banda ou facha vermelha muito apreciada em todos os paizes castelhanos, e aqui por tal fórma, que dir-se-ha usarem de calças só para terem o prazer de lhe passarem a cinta. Uma faca de ponta ou um facão é complemento obrigado do traje de viagem.

As mulheres corrigem a elegancia do traje de Eva, substituindo a guarda-roupa das parreiras e figueiras por um triangulo de panno, de uma pollegada, quando muito, de tamanho, e meia na maior largura, o qual ajustam cuidadosamente ao corpo por tres tiras ou fitas presas ao triangulo e dispostas na fórma de um T.

Fallam estas gentes mais ou menos quatro idiomas : o chiquitano, o bororó, o hespanhol e o portuguez. Ora, de um povo, que dispõe assim de tão vastos conhecimentos linguisticos, longe deve ir a idéa de dizêl-o curto de civilisação.

———

São os chiquitanos de mediana estatura, côr azeitonada tirando ao claro, bem constituidos de organismo, vigorosos, mas preguiçosos. As mulheres são mais claras do que os homens e tendo de ordinario as pernas mais curtas do que o tronco, e mais desenvolvido o tecido adiposo ; são menos esveltas e airosas do que estes. Em uns e outros o ventre é flacido e bastante desenvolvido, devido isso á enorme quantidade de alimento que ingerem nos dias de fartura. Os seios, mesmo nas nulliparas, não affectam a fórma semi-spheroidal ; tiram sobre o comprido e são acuminados para os mamellões.

Os *casamentos* quasi que coincidem com a puberdade, e não é raro entre elles encontrarem-se paes de quinze e mães de doze annos de edade.

O dialecto chiquitano, oriundo do tupi, ou pelo menos seu alliado, offerece uma differença completa dos das outras tribus visinhas ; nem conheço nenhum á que se prenda.

Sua phonetica assemelha-se alguma cousa á slava, e só se póde representar na escripta a terminação das vozes por um *h* ou *ch*, tal a entonação que lhe dão, mais ou menos aspirada.

Eis alguns vocabulos que logrei colher :

Abelha	ôch	Braço, galho, ramo	ípiach
Abobora	. paxich	Branco	porocóvih
Abrir	itóruch	Bugio	quióbich
Agua	tuhúch-xupê	Cá	onah ; átú
Agulha	quemécah	Cabaça	írěrĭch
Alegria	tococôxe	Cabeça, cabellos	tánich
Ali	acósta-vah	Caça	cstípŏcich
Amanhã	tuáque	Caetetu	opôitxěca
Andar de pressa	améh	Calça	calçonah (a)
Annel, brincos	sortícah (a)	Campo	vuehense
Anus	ácuch	Canto de passaros	utáin-maca
Aqui, cá	onah ; atuh	Cara, rosto	eçúxe
Arara	ôhch	Carne	anhêce
Arco	pajur-toch	Carvão	seguiôch
Areia	quíhĭch	Casa	og-och (c)
Arroz	arôch (a)	Casca	táquich
Arvore	soice	Céo	apéce
Até logo. Adeus	adios-teh (a)	Chapéo	tacoh-xapach (d)
Banana	pácauh (b)	Cipó	quio quich
Barba .	artza-quich	Cigarro, fumo, tabaco	páhĭch
Barriga	quitxo-orúpe	Coatá, bugio	carlo-ravách
Batata	quiáit-sich	Chefe	tápaquich
Beber	itxáva	Chuva	tahach
Beiços	áruch	Cobra	oixóch
Bisouro	mámuch	Collar	djapiráca
Boca	áixe	Comer	vatzô-ah-pemácah
Boi	tórroch	Comprar	xaê-comprach (a)
Bom, bem, sim	ohrs-hinha	Coração	tocich
Borboleta	patúrĭcah	Corpo	quetúpich

Correr	aipiacáce	Lavar-se	vatôpe
Coser	aqui-pien	Lavar roupa	baxúve
Costas	etxa-cuch	Leite	piaitxe
Cuia	taropêce	Levar, tomar	ainquiah (?)
Cuspo	otus quich	Lingua	ótuch
Dar	txê-hê; --ain quiah	Linha	purubich
Dedos da mão	euhens	Longe	taitxe-sinemande
Dentada	otzi-soch	Lua	pauche
Dentes	oh-och	Louvado seja	Adios teque Jesu
Deus	Mae-tupach (e)	N. S. J. C.	Chrito (a)
Dia	tobich	Para sempre, irmão	Xaino-cheaino
Diabo	itxê-boréce	Machado	pahanch
Dor	óxoneh	Mãe	hipiéque
Dormir	xame	Mais	exinháca
Eu dou	ainquiah	Mamas	piaitxe-piaitxe
Eu te dou	ainquiah-aèmo	Mandioca	tauach (h)
Escrotos	páite-quich	Mau	jahre-iape ; tegorich
Espingarda	escoptah (a)	Marido	quian-aine
Estreito, pequeno,	simeama	Matar	aquion-ócoi
Estrella	ostonhéca	Matto	heuch (i)
Faca	quiceh (e)	Menino	cupiquĭmian
Fechar	anhama	Menos	miaçuch
Ferro	mónich	Meu	ietzi
Filho	nac-hetza	Milho	oceóch
Fino	quimpainbah	Monte	irituch
Flexa	quimonhéce	Morrer	onhóti
Flor	pitsioch	Morto	conhoti-onaiki
Fogo	pehecé	Mosca	obisch
Foice	macetah (a)	Mosquito	host-hirhirch
Folhas	açuch	Muito	simemane
Fome	repyca (f)	Narinas	inhech
Fumaça	autsich	Não, não ha	xohas-hinha-pê
Feijão	quitxoréce	Ninho	utain-huma
Gallo	pohoch	Noite	iquiach
Gamella	coroacich	De noite	tobich
Genit. fem.	piunch	Nós	senimá-nanre
Genit. hom.	pátiquich	Olhos	sútoch
Gomma elastica	selinga (g)	Onça	hóitinich
Gordo, grosso	gaitzo	Orelha	ínhasuch
Gordura	mantecah (a)	Ovo	xiquich
Gostar	ohrs-hinha-paitzo	Pae	ihah
Gosto	ohrs-hinha-pae	Palmeira	mastaióte
Grande	senimande	Papagaio	matoruch
Lá	chê	Panella	tainoch
Lagôa	sohens	Panno	lienzo (a)
Largo	apaietzo ;—sinemande	Parir	arúpo

Passaro	utáin	Tatú	itzerich ; ohinhacama
Pato	otuah-tsich	Ter	ietzo : vatzo
Pau	soh-ĕci	Terra	quĭhĭch
Pé	pio-pés	Testa	sáquitacuch
Pedir	atxim	Tosse	chĭncŏquich
Pedra	cahanch	Trazer	ai-quema
Peito	tacich	Tristeza	súcĕquich
Peixe	opiopóxe	Trovão	taico-suhuch
Pente	momenéce	Tu, a ti	aemo
Perto	até-mahetzae	Umbigo	tucich
Pescoço	txacuch	Unha	hequi-quych
Pinto	cumunacíma	Urubú	paixo-paiquich
Pombo	taima	Vagalume	curucúcich
Porta	turuch	Vaca	bacah (a)
Pote	bautzich ; rirapôto	Veado	oigoch
Pouco	simeama atá	Vender	pavente (a)
Preto	quenhitzi	Vento	maquietzich
Quero, querer	exinháca	Vêr	ahémoh
Não quero	texinháh-căpe	Vermelho	quiturich
Raiz	xamacách	Verde	verde (a)
Rede	hoitsich	Vestido	tipoiach (e)
Relampago	map-aitohoch	Vir	areatán
Rio	tuhuch	Vem	te-atah
Saco	cotenzia (a)	Venha assentar-se	
Sahir	ai-ai-toruch	aqui	atemo-ohrs-hinha
Sal	sihich	Vamos caçar	curú-aque
Sangue	otoch	» pescar	curú-macôco-
Saude, salve, bons			opiocoxe
dias	saruke (a)	» descançar	ietzi-monha
Sêde	sica (a)		cançach (a)
Sobrinho	ihôo	» passeiar	curubá-paceh (a)
Sobrancelhas	siquich	Vá-se embora	acotzi naquich
Sol	suhuch	Vamos trabalhar	curu-yva
Tamanduá	paitxah-bich		taquiepa
Taquara	vuai-paitxê (j)	Voltar	areatan kalin
Tarde, de tarde	tinieh-mech		

(a) Do castelhano : sortica, arros, adios, calçones, comprar, escopeta, maceta, manteca, lienzo, cotensia, salud, sica, vaca, viento, verde, cansar, paseo.
(b) *Pacova*, tupi ; *pacóhua*, apiacás ; *pacová*, mondurucús : *pacóne*, oyampis.
(c) *Oca* — tupi.
(d) Lusitanismo ? *chapéo ?*
(e) Do tupi : *tupá, quiçá.*
(f) O y representa um som guttural assemelhado ao *u* francez, o mesmo que expressa agua em tupi.
(g) Portuguez, *seringa.*
(h) *Tauapy* em catoquinos. Mart.
(i) *Heucu*, tariana, maniva ; *heuquich*, chaimas, corés, camanagotes, etc.
(j) Do galibi.

VII

O sitio do Uuaussú está na fralda oriental de uma lombada que a estrada corta na extensão de quasi tres kilometros, e vae sahir na extensa vasante chamada *corixão* de S. Mathias.

Este, agora apresenta-se apenas como um filete de agua de poucos metros de largura e um na maior profundidade, no logar buscado para as passagens; mas as arvores das collinas marcam-lhes as enchentes em mais de seis metros de altura.

A' tres quartos de hora de viagem vae-se do Uaussú ao sitio de *José Felix*, em cujas proximidades existe ainda uma aldeia de bororós; e uma hora depois ao local da antiga fazenda de *Santa Fé*, distante oito kilometros do Uauassú, da qual restam apenas vestigios de seus grandes apriscos, dous frondosos tamarindeiros e algumas goyabeiras de planta. Encontrámos um verdadeiro prado de maxixeiros, semente deixada, sem duvida, por algum viandante, visto que com as queimadas dos campos parece impossivel que se hajam perpetuado desde os antigos fazendeiros.

O local dos apriscos é uberrimo, mostrando a força do solo na qualidade da gramminea que o cobre, conhecida pelo nome de capim mimoso. Nas mattas proximas abundam as mangabas, uma das mais saborosas e delicadas fructas do Brasil; da arvore, tronco, folhas e fructo verde, se extrahe um succo leitoso identico ao das *hevœas* e outras seringueiras, empregado nas provincias do norte contra as affecções pulmonares, e que quando concreto é um excellente succedaneo do caechú ou cautxú, como hoje se diz.

Desde estes campos que se vae encontrando uma das mais preciosas acquisições da therapeutica e materia medica, a quina, nas especies *chin-*

chona condaminea, chinchona ovatifolia e *chinchona lancifolia,* as quaes, ainda que pouco ricas do inapreciavel alcaloide, comtudo, são de muita utilidade (a).

———

A estrada vae seguindo sempre em rumo *O.* Dezoito kilometros e um quarto distante de Santa Fé atravessa o *corixão de Bugres* ou do *Pau á pique,* perto do qual, á esquerda da estrada, n'um teso coberto de mattaria encontram-se ainda vestigios de uma antiga habitação, o *Sitio de Almeida,* o descobridor dessas salinas ou antes o seu primeiro explorador.

Ainda ha poucos annos havia por aqui uma aldeia de bororós, o que trouxe ao logar o nome de *Bugres.*

Abundancia de avestruzes e veados campeiros percorre-lhe as varzeas e os campestres; raro era o dia em que não encontrassemos no caminho o *tatú bola* (tricinctus) e o *novem cinctus,* chamado *molitas* pelos caste-

———

(a) Deve-se o beneficio do descobrimento dessa planta aos indios do Perú, e á condessa de Chinchon, mulher do vice-rei daquelle Estado, a sua entrada na medicina. Em 1631 um hespanhol da cidade de *Loja,* gravemente enfermo de intermittentes rebeldes aos meios therapeuticos, então em uso, viu-se promptamente curado com o emprego de uns pós amarello-escuros e nimiamente amargos, que, soube depois, eram da casca do arbusto chamado *quina-quina;* e sabendo que a condessa achava-se já ha tempos soffrendo da mesma febre, foi á Lima e curou-a de prompto. Não chegaram ao dominio da historia nem o nome do indio nem o do hespanhol, e só o da condessa que, talvez, ao fazer essa preciosa dadiva á civilisação, não esperava outro galardão sinão o contentamento intimo e satisfação de consciencia. Mas a medicina agradecida quiz honrar-lhe a memoria, impondo seu nome ao genero botanico e ao principal dos seus productos que a chimica descobriu. O cardeal de Lugo, á quem a condessa por sua vez curou, e os jesuitas, sabedores dos factos, e que trataram logo de obter dessas cascas e distribuiam-as em pó aos pobres,—tambem quizeram vir á posteridade, honrando-se, mas com bullas falsas, como padrinhos dos—*pós de Lugo* e pós dos *jesuitas*—, com que foram tambem apregoados; prevaleceu, porém, o dos *pós da condessa,* que só tiveram duradouro competidor no dos *pós da casca peruviana,* denominações quasi desconhecidas hoje, pois cederam logar á de *quina,* nome indigena do vegetal (Vide Sebastião Bado : *De cortice peruviano.* Genova, 1663).

47

lhanos. Da especie gigante ou *canastra* nenhum vivo appareceu, comquanto sua quantidade seja attestada pelo numero de couraças que temos encontrado e vamos encontrando.

Tambem frequentam estas paragens, por causa das corixas ainda com agua, as onças, tamanduás, coandús, antas, etc. Dos *guarás* ou *lobos* (canis jubatus) temos ouvido os latidos á noite ; perto da *tapéra* do Almeida, citada acima, vimos os restos de dous, mortos recentemente, assim como, pouco além da corixa dos Bugres, os de uma pequena onça pintada, todos na estrada. Impropriamente é dado aos guarás o nome de lobos, tão timidos são de animo, e sendo mais herbivoros do que carniceiros.

———

Enorme praga de gafanhotos cobre os campos e principalmente a estrada, onde talvez venham fazer o chylo, após as devastações no campo. Sua marcha actual é na direcção do oriente.

Mostram-se producção recente por serem na quasi totalidade pequenos, e alguns tão tenros que mal podem saltar. Nossos animaes á cada passo que dão esmangam-os ás dezenas. Apenas um ou outro de grande tamanho apparece aqui e acolá, o que indica que a actual praga aqui mesmo se gerou dos ovos deixados pela praga do anno passado.

Aprendi com Miguel, o menino do sitio Uauassú, que se fazia contramarchar ou mudar de rumo aos gafanhotos, batendo-se com uma varinha logo adiante da testa da columna, a qual, obrigada assim á desviar-se da primitiva direcção, tomava outra, seguindo toda a praga o movimento da frente. Si a idéa não é nova, delle a ouvi primeiro e achei-a muito judiciosa.

———

De Bugres á corixa de *Santa Rita* medeiam quarenta kilometros de taboleiros de terreno sêcco e arido, ora coberto de carrascaes, ora campos povoados de individuos isolados da *lixeira* ou cajueiro bravo *(curatella çaimbahyba)* de Saint Hilaire, pau terra *(qualea)* e grupos de araticuns. Nos taboleiros distinguem-se as mangabeiras, formosas arvores de folhas ora verdes, ora côr de sepia, agora cobertas dos numerosos fructos, ainda verdes, mas que nos enganam por não mudarem com o sasonamento as formosas côres verde, vermelha e amarellada, com que se matizam agradavelmente. O *diplothemium*, palmeira acaule, é a unica especie da familia que aqui se nota, mas em numerosa cópia. Vêm-se tambem bastantes individuos da *caryocar brasiliensis* (piqui) e do *açoita cavallo* e o *para-tudo*, bignoniacea de flores amarellas, mui parecidas á das peúvas no tamanho e fórma.

Nestas marchas soffreu-se alguma sêde, só se encontrando agua á uns dezoito kilometros de Bugres n'umas, actualmente, pequenas pôças, nomeadas pelos viandantes pelo titulo de *Lagôa do Almoço*, com que algum dos primeiros a designou, perpetuando assim a memoria da sua, talvez demorada e sem duvida parca refeição.

Dahi para Santa Rita os terrenos vão melhorando e elevando-se alguma cousa. Já apparecem os *capuões* ou ilhas de matto, que avistados dos taboleiros semelham, de modo á enganar, pequenas collinas. Lindas *microcilias* representam sufficientemente a familia das melastomaceas, quasi tão abundante nestes campos como as indefectiveis bauhinias; seguem-se em cópia notavel *vellosias*, cujas flores azues contrastam agradavelmente com o roseo-pallido das microcilias. O barba-timão e a carobinha ajuntam-se á ella para accentuarem o *facies* do territorio, esta com seus corimbos violetes e aquelle coberto de espigas amarellas como as do camará.

Já quasi proximo uns oito kilometros de Santa Rita tem-se elevado o terreno de uns quarenta metros, permittindo do alto seu taboleiro desfructar para o occidente umá pictoresca paysagem, limitada ao longe pelas altas escarpas da Aguapehy. E' tambem o ponto culminante da lombada que vae baixando e deixa vêr, já na planicie, destacar-se um morrote verdadeiro que dista cerca de oitocentos metros daquella corixa que apresenta-se como um rio de dez metros de largura e dous de profundidade, mas revela sua origem na ausencia de corrente. Um casco de jaboti, que nelle deitei com a concavidade para cima, distava no dia seguinte uns quinze metros, o que talvez seria devido ás influencias da brisa. Repousa a corixa sobre um leito impermeiavel,que tal é a explicação que se possa dar ao pouco que perde das aguas no correr da sêcca.

No tempo das cheias passa á rio largo e caudaloso e depois converte-se em lago, ou antes mar de agua doce, ligando se ás innundações da Uberaba e dos campos de *Céo e Terra*, na Bolivia, e de todos esses almargeaes para o occidente, que quasi sómente vão achar termo nas escarpas andinas.

———

Junto ao seu *passo* acampámos, e determinou-se-lhe a posição em 16° 14' 25'',69, parallelo, e 15° 47' 30'' longitude.

———

As chuvas iam amiudando-se de mais á mais, e fôra perigoso proseguir-se na marcha. Retrocedemos.

Já disse algures que só quem viaja por estes sertões póde fazer uma idéa justa do que elles são, e que, vindo a quadra pluviosa, ninguem se aventure á grande distancia dos logares de conforto, pois si se descuida, fiado em que ainda não chove ou são poucas as chuvas nos sitios onde está, inesperadamente verá, da noite para o dia, pouco á pouco alagarem-se os campos que transita, parecendo que as aguas surgem do solo, e vão subindo e alastrando, com pasmo e terror do viageiro que não viu chuvas que tal determinassem, formando lagôas nos logares mais deprimidos, no emtanto que as ribas e terrenos que a cercam conservam-se aridos e sequiosos.

Outras vezes, como se dava agora, as chuvas repetem-se, emquanto que o terreno, poucas horas depois, nem mostras dá de têl-as recebido, tão sêcco se mostra. Na vinda encontrámos as corixas com agua, e tinhamol-a sempre quando a buscavamos em cacimbas, sendo então ordinariamente da côr do leite, comquanto agradaveis ao sabor ; na volta, apezar das chuvas torrenciaes, mas de poucos minutos, encontrámos tão arido o terreno que as cacimbas de vinte palmos de altura nem se humedeciam, as corixas completamente enxutas, salvo uma ou outra pequena pôça de agua lutulenta e verdoenga na dos Bugres, que atravessáramos com diffi-culdades pelo seu grosso cabedal de aguas. O que se explica pela natureza do solo, permeiavel nas suas primeiras camadas que repousam sobre rochas impermeiaveis. Ali, já o solo estava completamente saturado e a agua emergia nos terrenos declives ; aqui, os aguaceiros não eram ainda sufficientes para embeberem o solo que os absorvia sequioso.

Fomos, por tal razão, obrigados á forçar as marchas para não soffrer-mos da sêde. Nessa viagem alguns bois de carro ficaram como que dam-nados ou doidos, de olhos esbugalhados, lingua pendente, babando-se, sol-tando roucos balidòs, e, dando saltos desordenados, disparavam e embrenha-vam-se nas mattas. Muitas vezes, após um forte aguaceiro torrencial, em poucos minutos já caminhavamos em campo sêcco e entre nuvens de poeira.

Em muitos logares proximos á essas corixas percebe-se distincta-mente, no som de tambor que dá o terreno com as passadas das cavalga-duras, que não ha integridade no sub-solo. Isso e a declividade dos ter-renos, ou a sua maior ou menor altura, parecem sufficientes para explicar a formação repentina desses lençóes d'agua nos logares onde as chuvas ainda não são apparecidas.

Uma cousa muito commum nos terrenos calcareos ou de formação cretacea é a producção de ôcos, devidos á acção dissolvente das aguas e á natureza salina das terras. Aqui, sob um solo argillo-calcareo, e menos commummente, silico argilloso, devem existir vastas cavernas, por sua vez vastos repositorios da fauna fossil, á espera de um outro Dr. Lund, o sabio investigador da geognose mineira.

Algumas vezes stractus de seixos rolados apparecem reunidos em grupos ou espalhados n'uma zona mais ou menos extensa. O solo absorve as aguas que o percorrem e vão accumular-se naquelles depositos subterraneos, e quando ficam completamente saturados começam á humedecer os logares mais declives, e por via de regra os mais proximos aos alagadiços, almargeaes e corixas, ás vezes bom numero de leguas distante da região onde as chuvas se repetem, e as aguas vão-lhe irrompendo o terreno e subindo em altura quando a estação sêcca os apoquenta. Tal vimos o corixão de S. Mathias, na penultima vez que o atravessámos em dezembro de 1876 ; desde oitubro eram diarios os aguaceiros nas cercanias das vertentes do Rio Verde, donde descemos á 16 de novembro, fazendo perto de cento e vinte kilometros por dentro d'agua até o ponto do *Cúci* que dista duzentos e vinte e sete daquelle corixão. O terreno por onde este passa conserva-se sêcco e arido ; havia mais de mez que não cahia um chuvisco em seus arredores, entretanto o corixão naquelle trecho, entre José Felix e o Uauassú, que sempre passáramos á secco ou quasi, mostrava-se agora como um rio de trezentos e vinte metros de largura e mais de um de alto, á meio leito.

Assim é que sem causa apparente essas vastas planuras de capim se convertem em lagôas, e mais, assim é que se explica a formação da Corixa Grande do Destacamento, surgindo por um siphão do meio das montanhas da *Lóca*.

CAPITULO VII

Regremo á Corumbá. Volta aos trabalhos. Palmas Reaes. Pétas. O marco da Boa Vista. Os morros das Mercês. Os Quatro Irmãos. Salinas. Camivasco. O rio Alegre.

I

UANDO, em 4 de janeiro de 1876, deixámos a Corixa do Destacamento tinha-se estudado e levantado a planta dos terrenos desde o Descalvado até Palmas Reaes, e desde a Corixa, para o *N.*, á S. Mathias, ao *Morro Branco* e ao morro da *Fumaça*, e para o *S.* até avistar-se o marco da Uberaba, isto é, cerca de quatrocentos e cincoenta kilometros em apenas dous mezes escassos.

As chuvas iam aturadas e fortes. Na marcha da bahia de Pedras ao Cambará não achámos um palmo de terra fóra d'agua onde podessemos fazer fogo e descançar.

A' 12 chegavamos á Corumbá, donde cinco mezes depois, em 12 de junho, voltavamos á continuar os trabalhos. Infelizmente já não os dirigia o barão de Maracajú, que, affectado de ophtalmia, voltava á côrte, não sem ter empregado todos os esforços para a commissão proseguir incontinenti na continuação de seus trabalhos.

Sua partida foi muito sensivel á commissão; typo do administrador, tão affavel e cavalheiro, como energico, e tão leal como justo, sabia ser companheiro sem deixar de ser chefe; partindo, levou comsigo com o prestigio da sua posição e o respeito que impunha a sua moralidade, sizudez e dignidade, o prestigio e importancia que a commissão julgava merecer por si.

———

A' 18 chegámos ao porto das *Eguas*, onde demorámo-nos oito dias, refazendo-se o carretame. Em 26, ás cinco da tarde, seguimos para *Cambará*, onde chegámos com tres quartos de hora de marcha. Ahi, ás nove horas e dez minutos da noite, estando deitados uns em rêdes, outros em camas da Criméa, o major Lassance, o capitão Costa Guimarães, o 1º tenente Frederico d'Oliveira e eu, sentimos, subito, um pequeno abalo nos leitos, ao mesmo tempo que ouviamos no telhado, por uns dous segundos, um ruido semelhante ao do granizo ou como si se lhe atirasse um punhado de pequenos grãos. Não chovia nem choveu nessa noite; pensámos todos que tratava-se de um ligeiro tremor do solo.

A' 29, de tarde, entravamos na Corixa Grande do Destacamento, que de ora em diante designarei simplesmente por Corixa. A' 19 de julho separava-se de nós um outro companheiro, o Sr. Francisco Maria de Mello e Oliveira, pharmaceutico-alferes do corpo de saude, que, gravemente enfermo de enterite chronica, buscava a côrte para garantir a vida. Nessa occasião propuz, e solicitou-se do presidente e commandante de armas da provincia o Sr. tenente-pharmaceutico Antonio Ribeiro de Aguiar para exercer aquelle logar na commissão.

A' 25 chegavamos á *Santa Rita*; ahi já estava prompta uma ponte provisoria, ainda mandada fazer pelo barão, e recentemente acabada; media doze e meio metros sobre quatro de largo, e sete na maior altura; seus esteios eram traves de aróeira e canelleira, e o resto era feito de espiques de carandá.

A' 27 seguimos para *Palmas Reaes,* onde chegámos com tres horas de marcha, e a bagagem duas horas depois. Vém-lhe o nome da matta de barityseiros *(mauritia venifera),* que muito aformoseia o logar, e aos quaes os bolivianos assim denominam. O sitio é um campestre alegre, semelhando um grande jardim inglez, com bosquetes de matto razo (caatinga), separados por longos estirões de areia. A *corixa* é corrente como a do *Destacamento,* apresentando actualmente dous ramos que a estrada atravessa, um de oito metros de largura e mais ou menos meio de altura, e o outro de uns trinta de largo e um de profundidade, ambos em leitos de areias.

Palmas Reaes.

Como se prevê, no tempo das aguas, enche, innunda e cobre todo o terreno marginal por muitos centos de metròs. E' ás orlas de seu cauce que cresce a floresta de buritys, altas palmeiras, quasi tão esveltas como as chamadas *imperiaes,* porém mais formosas na cópa, com a sua coròa

48

de leques arredondados como as da carnauba. O fructo é agradavel cosido, mas a especialidade mais grata ao viajante que essa palmeira offerece é sua seiva, licor avinhado e doce, e ligeiramente acido. Para obtêl-o sacrifica-se a arvore deitando-a ao chão, escava-se pequenos *cochos* ou vãos de dous á tres palmos de longo, no tronco, cobre-se-os com folhas, e horas depois estão cheios de saboroso licor.

Nestes bosques de palmas, segundo nos informaram, enreda-se abundancia de baunilheiras e asylam-se enormes sucurys.

———

Nessa mesma tarde seguimos e chegámos á situação boliviana das *Petas*, dez e meio kilometros adiante. Sitúa-se nas fraldas de um pequeno esporão da serra do Aguapehy. Deriva o nome dos muitos kagados ou jabotis que ahi se encontram e que pelos bolivianos são chamados *petas*.

Esta habitação é a primeira que se encontra depois do *Uauassú.* Um kilometro á *SO.* a estrada corta uma grande corixa pouco mais estreita, porém mais funda e feia do que a de *Santa Rita.*

Determinou-se sua posição aos 16° 22' 39" lat. e 15° 56' 58" *O.*

Quasi que todo o terreno entre os morros das Petas e a corixa é argillo-calcareo, nimiamente pegajoso e atoladiço quando humido, e de arestas durissimas e muito incommodas aos viajantes quando sêcco.

———

A' 1 de agosto sesteámos junto á uma cacimba de aguas leitosas, que fizemos abrir á 11,'164 da corixa das Petas. A's 4 da tarde seguimos escoteiros, o secretario da commissão capitão Costa Guimarães e eu, á encontrarmos outros dous companheiros que tinham seguido dias antes, fazendo o levantamento, e que nos convidavam á irmos apreciar a bella agua, cousa rara para nós, e a cascata de um arroio proximo do morro da Boa Vista. Partimos á galope, e já ás 6 da tarde passavamos pela *tapera* de *S. João,* antiga estancia da qual só resta um pequeno telheiro ou rancho e o cruzeiro. Fica á 17 kilometros daquella cacimba. A's 8 1/2 da noite chegavamos ao tal arroio, distante 12 kilometros deste ponto e cerca de dous adiante do morro da *Boa Vista,* um dos pontos de balisa da linha limitrophe. O arroio é da mais pura e crystallina agua, a melhor que até agora havemos encontrado, com uma pequena cachoeira. Desde o morro da Boa Vista, e no local da estrada, corta elle a lombada n'uma altura de pouco mais ou menos de um metro, tendo dous a tres de largo e poucos decimetros de fundo.

————

No dia 4 subimos o morro da Boa Vista, que é o mais elevado dos que ahi terminam a serra do Aguapehy. E' de cerca de quatrocentos metros de altura e de não facil ascenso, coberto de seixos e cascalho de gneiss durissimo, semelhantes ás pedras de machado dos indios. Apresenta-se dividido em duas zonas: na inferior abundam os blocos de gneiss e quartzo branco, mais ou menos grandes, irregulares, com arestas vivas e como que fracturadas em épocas não remotas; outros mais ou menos arredondados. e com a apparencia dos erraticos, identicos aos do systema do Dourados, e que, certamente, serão o resultado da decomposição climaterica. A zona superior é rica de cascalho, de feldspatho orthose, e em algumas das amostras que trouxe, o exame descobriu molybdeno, prata e platina, em fraca porcentagem.

Determinou-se a posição do marco aos 16° 16' 26'',66 lat. e 16 15' 33'',60 O., elevando-se ahi, temporariamente, uma balisa de madeira, junto á qual, sob um monticulo de pedras que ahi fizemos ajuntar, deixou-se, em uma garrafa, quatro indicações em portuguez, francez, inglez e hespanhol, da collocação do marco e sua posição astronomica.

Em 8 de dezembro do anno seguinte foi substituido por outro de alvenaria, e sua posição, melhor rectificada, foi obtida aos 16° 16' 45",75 lat. e 16° 15' 33",60 *O.*, com a declinação *NE.* do 7° 13',60. Verificou-se sua distancia na recta de limites á S. Mathias em 114.965,ᵐ70, tendo por azimuth verdadeiro 87° 28' 52",68 *NO.-SE.*, 20,5 kilometros á tromba do Aguapehy, 39,350ᵐ ao cerro mais meridional das *Mercês*, 41,250ᵐ ao quarto desses morros e 75,005ᵐ ao mais occidental dos morros dos *Quatro Irmãos.*

II

Desde S. João que os terrenos vão-se elevando, e desde a Cacimba, intermediaria ás Petas, a estrada segue atravessando magestosa mattaria de arvoredo robusto e muito madeiro de lei, que succedeu as caatingas de mattos ralos e infesados que beiravam a estrada.

No meio dessa luxuriosa vegetação vi o primeiro exemplar de uma arvore que disseram-me ser a *coaxinguba* ou *ximbuúva* dos paulistas, ou aida *xinguva* ou *xindiva,* segundo outros, a qual, sendo uma corpulentissima leguminosa, cuja vagem negra e luzidia affecta quasi a fórma circular,—não deve ser confundida com a coaxinguba, *artocarpea, ficus-anthelmintica,* de Martius, do Amazonas. Muito vinhatico, muitos louros e canelleiras, sicupiras, araribás, cedros, etc., encontram-se á cada passo orlando a estrada, entremeiados principalmente da *pindahiba* (xilopia sericea, Saint Hilaire) de longas hastes ou ramos rectos, e de cujo liber lamelloso se fazem excellentes cordas, e o *açoita cavallo* (luhéa paniculata, de Martius), com suas pequenas flores brancas semelhantes na fórma ás de morangueiro e ás de açafrôa no cheiro.

Já do morro da Boa Vista começa o *divorsum aguarum* deste ponto do coração da America. Ainda o seu arroio é subsidiario das aguas do

Paraguay, mas dahi para oeste os que se lhe avisinham já o são do Amazonas ; taes o *Dolores* á 15,5 kilometros, o *S. José* á 26 adiante e outro 10 kilometros além, o qual recebeu então um nome que posteriormente a carta geral não consignou, do mesmo modo que apagou o da ilha *Vicente*, dado á do marco *N.* da Uberaba, e o do morro da *Baroneza*, entre as lagôas Mandioré e Gahyba. A lisonja fôra a madrinha nos baptismos, como o abyssinismo era o padrinho nos chrismas.

———

Entre aquelles dous corregos, Dolores e S. José, encontram-se no taboleiro, completamente isolados em meio da matta e junto á estrada, uns quatro blocos de gneiss compacto, de fórmas irregulares, e um delles fazendo lembrar o rochedo de *Itapuca*, no Icarahy, bem singulares na planicie que os cerca.

Entretanto os terrenos altos vão-se succedendo, separados pelas corixas, até as Mercês, vasta baixada de mais de legua de largura na sêcca e lagôa na estação chuvosa, situada á uns 37 kilometros do corrego da Boa Vista. A' *SE.* destacam-se quatro morrotes insignificantes e que só a planura do terreno pôde tornal-os distinctos. O maior desses morros está á 16° 12' 23" lat. e 16° 37' 2",85 *O.* Foi ahi que em 20 e 21 de agosto desse anno, apezar do adiantado da estação, o thermometro desceu á zero pela madrugada, marcando 6°,75 ás 8 da manhã, quando o sol já ia alto e ainda via-se o terreno coberto de um lençol branco, e as pôças e bacias de agua com uma tenue coberta de gelo. Perigosissimo deve ser este campo no tempo das aguas pela sua extensão e natureza do solo argillo-calcareo, e peior ainda quando começada a sêcca, por converter-se em pegajoso lamaçal.

———

Nesse dia 21 foi-se reconhecer os morrotes, á *SO.* do campo, e que suppunha-se, erradamente, serem os *Quatro Irmãos;* o resultado foi negativo. A' 23 foi-se reconhecer o terreno até Chaves ou *yaves*, na distancia de 14,809^m, e á 26 sahimos em busca dos verdadeiros *Quatro Irmãos.*

Os Morros das Mercês.

Almoçámos no Chaves, e ás 3 1/2 da tarde seguimos, parando ás 6 na lagôa da *Pedra Grande*, á 9,540^m, adiante, notavel por uma rocha de gneiss de uns doze metros de alto que se ergue no almargeal.

No dia seguinte fomos ao *Cuci*, rancho ao pé de uma pequena lagôa, que parece perenne ou pelo menos demorar-se-ha na sêcca pela posição afunilada do terreno em que está. Dista quasi 13,5 kilometros da Pedra Grande.

Além do *Cuci* 4,110 metros fica a bifurcação para as estradas de *Sant'Anna* e da *Ronda* das *Salinas.* A estrada vae acompanhando sempre as corixas, margeando-as ou mesmo cortando-as perpendicularmente quando não ha outro recurso. Até a bifurcação, os pontos principaes buscados pelos viajores para sesteadas e pernoites, são o Guaporú (a), á 11,5ᵐ do campo das Mercês;o Chaves á 15,564ᵐ da antiga ronda portugueza do sul, á 3,388ᵐ do Guaporú e á 25 da serra do Aguapehy, e a lagôa da Pedra Grande á 12,928ᵐ do Guaporú, havendo intermediarios outros dous pontos egualmente proprios para repouso, que são uma lagoinha á 5,208ᵐ de Chaves e um bosquete, *Potrero del Cervo*, kilometro e meio mais adiante.

O primeiro povo boliviano na estrada de Sant'Anna é o de *S. Diego*, á 36,300ᵐ de Cúci e 94 kilometros de Sant'Anna. Entre o Cúci e elle tivemos por pontos de parada o *Capão do Araujo*, á 8,200ᵐ; o *Tunal*, á 5,265ᵐ adiante; a *Lagôa da Pedra*, á 6,184ᵐ, e á 8,523ᵐ a *Cabeça do Tigre*, que por sua vez dista de S. Diogo 8,131 metros.

———

A' 27.413ᵐ,2 do *Capão do Aranjo*, mudado por euphemismo de denominação para *Capão da corça*, e em rumo de *SO.*, ficam os morros dos Quatro Irmãos, grupo de cinco morrotes, em cujo principal deve collocar-se definitivamente uma das balisas limitrophes. O marco foi provisoriamente ahi inaugurado em 12 de setembro desse anno aos 16° 16' 8",67 lat. e 16° 56' 36" O., á 6° 58' declinação *NE.*, mas ainda não se erigiu o definitivo por duvidas suscitadas pelos commissarios bolivianos. Ahi a recta de limites tem por azimuth verdadeiro 89°39' 41",03 *NO.-SE.*, e 73,104 metros de extensão. O morro mais proximo dista do maior 580 metros em rumo 87° 30' *NE.*, e do 3° 1,550 metros, rumo 82' *SO.*; o 4° fica-lhe dous kilometros distante e em 74° 30' *SE.*, e o 5° á 2,800 metros de distancia e no rumo 70° *SE.*

———

(a) Guaporú, termo chiquitano (?) que significa jaboticaba; é a *ibapumi* dos guaranys.

III

Da bifurcação á *Ronda das Salinas* medeiam perto de 42 kilometros (a). E' esta uma das mais antigas guardas portuguezas estabelecidas para evitar-se a entrada dos castelhanos e depredações que faziam, e ao mesmo tempo servirem de postos fronteiriços do territorio portuguez. As outras eram a *Ronda do Sul*, de que já fallou-se, á 26 kilometros da tromba do Aguapehy e 15,¹5 de Chaves, em rumo *N.*; a da *Ramada da Cacimba*, á 12,ᵐ800, e a da *Cacimba*, 33,5 kilometros, ambas da Ronda de Salinas. Os hespanhoes tinham entre estes dous ultimos pontos as rondas do *Carandá*, á 11,154ᵐ da Cacimba, e a do *Perubio*, á 9 kilometros do *Carandá*, ambos, hoje com estabelecimentos de gados dos bolivianos, formados com os rebanhos *alçados* das nossas abandonadas ou completamente descuradas fazendas de Casalvasco.

————

Entre Cúci e a bifurcação apparecem á flor do solo algumas rochas, passando a estrada por um lageado de *canga* cavernosa com troços embutidos de quartzo leitoso.

Na bifurcação já o terreno é muito baixo, e assim segue em todos os rumos, salvando-se um ou outro morrote, um ou outro teso do terreno, que fica livre das innundações. Aguas mais ou menos perennes os cortam formando as corixas da *Cinza oriental* e da *Cinza occidental*, e algumas lagôas, como a *Rabeca*, perto da *Ramada do Sul*, e a *Grande* ou do *Ponte Ribeiro*, nome dado pela commissão actual em honra do barão desse titulo, estudioso e acerrimo propugnador dos direitos do Brasil nas suas questões de limites; dos nossos estadistas talvez o que melhor conhecia o

————

(a) 41.801,ᵐ5.

pela morte.

———

E' nessas varzeas que tomam origem o rio dos *Barbados* (a), affluente do Alegre, o *Barbadinho*, affluente do Barbados, o *Paragahu* e o *Verde*, subsidiarios do Guaporé. São ellas tão baixas e sujeitas á innundações, que na estação invernosa vém-se em canôas da cidade de Matto-Grosso, em algumas occasiões por cima de suas mattas, podendo-se vir embarcado desde Belém, no Pará, á S. Diogo e Sant'Anna, no coração da Bolivia.

Entre a bifurcação e Salinas os pontos de repouso são poucos e esses mesmos nem sempre á satisfação. Nós fizemol-o no *Capão das Palmeiras*, á 18 kilometros em rumo *N.*, local que os nossos guias pretendem ter sido outr'ora um sitio da *Conceição*, o que não nos parece possivel pelo chato do terreno, completamente alagadiço; e *no Capão do Copo*, 15 kilometros adiante, e sempre naquelle rumo, que é o mesmo da estrada.

Do Capão das Palmeiras avista-se, em direcção de *SO.*, um pequeno monte, que dizem ser o *Santa Rosa* dos antigos ou morro do *Padre Limpio;* oito kilometros antes de chegar-se á Salinas avista-se, na distancia de 90 kilometros, no rumo *NNO.*, uma alta e consideravel serrania, a *Serra da Cidade*, como nos dizem, que outra não é sinão a serra do *Grão Pará* dos antigos, e que a commissão honrou, com muita justiça, com o nome de *Ricardo Franco*.

———

O posto de Salinas está situado aos 15° 42' 37'',50 lat. e 16° 55' 20'' O. Consiste em tres palhoças habitadas por uma patrulha, agora de

(a) Recebeu esse nome por viver em suas margens uma tribu de indios, notavelmente distinctos dos outros por serem dotados de barbas.

49

duas e ás vezes de quatro praças, do destacamento de Casalvasco, das quaes duas tém de ir á este ponto uma ou mais vezes por semana para buscar suas magras rações de farinha e sal, e ás vezes assucar e... nada mais. Nem mesmo recebem polvora, tendo obrigação, entretanto, de fazerem-se respeitar pelos visinhos, mais ou menos ladrões de gado, e necessidade de defenderem-se das féras e proverem á alimentação com a caça que ahi é abundante. Provam-o os veados que povoam os campestres e cruzam-os á cado passo, ora isolados, ora aos casaes, ou ainda em pequenos rebanhos de seis e oito; caetitús ou queixadas, os tatús, os jabotis e as onças, além de outros muitos que, ou mais esquivos ou em menos cópia, não se encontram á cada passo. As avestruzes são tambem innumeras, e, como os veados, cortam á cada passo os campos.

Nesta situação encontrámos apenas alguns pés de milho e dous de bananeira. Custa á crêr a indifferença da gente que para ahi vém e perdura, ás vezes por annos, para essas cousas tão pouco custosas e tão necessarias á vida, mórmente nessas solidões.

Mais do que a preguiça é causa disso o egoismo, e, na duvida de não trabalharem uns para os outros, prejudicam-se todos mutuamente.

Em compensação si as queimadas não as alcançarem e a providencia ajudar seu desenvolvimento, grande cópia de larangeiras, limeiras e limoeiros hão de no futuro servir de consolo e refrigerio aos viandantes, que em toda esta marcha quasi não houve pouso onde não deixassemos plantadas as sementes dos fructos que comiamos ou que adrede guardavamos; tendo, nas viagens seguintes a satisfação de vêr algumas com bom desenvolvimento.

Das Salinas ás cabeceiras do Verde ha cerca de 80 kilometros, sendo os principaes pontos intermedios, assignalados pela commissão, a lagôa *Fundo de Sacco*, á 17,700ᵐ; a *Desejada*, 22,780ᵐ adiante; o *Capão da Anta*, á 14,5 kilometros acima, e o pouso do *Camará*, 14,850ᵐ além.

São ahi as mattas ricas de madeiras preciosas, notadamente vinhatico, jacarandá, perobas, canellas, aroeiras, guatambú, tinguaciba, sicupiras, pindahibas, oleo vermelho e copahiba. O angico abunda, como por toda a parte da provincia onde tenho passado; já vão-se encontrando alguns pés isolados da *seringueira* (a) do mesmo modo que a *saboeira, ibaró* dos guaranys (sapindus divoricatus). Já são poucas as *qualéas* e desconhecidas as *lixeiras*. Avultam á beira das corixas os formosos e gigantescos *camarás*, agora em plena inflorescencia, e como que cobertos de uma corôa de ouro.

Bosques e moitas isoladas de burityseiros elevam seus leques nos terrenos arenosos e humidos; gigantes *trichopteris* affectam na fronde e nos espiques a fórma e porte das palmeiras; e das innumeras bauhinias, o *cipó escada* ou *tripa de gallinha* enredava-se de uma arvore á outra, entre os collossos vegetaes, e, collosso tambem, mostrava seu caule chato e largo, regualarmente dividido em saliencias e reentrancias transversaes que perfeitamente simulam os degraus de uma escada.

No *Capão da Anta* vi uma variedade de canelleira de um amarello rutilante, fragantissima, sendo seu perfume assemelhado á um mixto da canella e da rosa. Nas varzeas encontra-se uma cyperacea mui gra-

---

(a) *Syphonia elastica, cáechú* ou *cahuchú* dos *cambebas*, vocabulo que os francezes adoptaram, adaptando á sua pronuncia e escreveudo *caoutchouc*, e que os sabios acceitaram por desconhecerem a origem. E' arvore de vinte á trinta metros de altura, e dizem mesmo que até de quarenta. Foi o missionario Fr. Manoel da Esperança quem a fez conhecida no mundo civilisado, havendo encontrado entre os cambebas, que cathechisava, já a industria de ódres, e especie de garrafas que pela fórma recebeu dos portuguezes o nome de *seringa*, denominação que passou do producto á arvore. Segundo Southey (1o, pag. 485), foi dos *itatinas* ou *tobatinas*, povo do sul, que recebemos a gomma elastica. Techo, (pag. 86) cita as *petecas* ou pellas saltantes desses indios, *feitas de gomma elastica de arvores e que assadas curam dysenterias*. Mas habitavam esses indios entre os xeroquezes e os payaguás, nas regiões do antigo Xarayés, logar on le não ha seringueiras nem arvore cujo leite tenha os mesmos effeitos. Barbosa de Sá os chama tavatingas, outros tobatingas, que parece o certo, indicando na lingua tupi *rosto branco*, indios de côr mais clara

ciosa por sua altura, tamanho e fórma : é de dous á tres centimetros de altura, as folhas ensiformes como as das bromelias, ou melhor do craveiro, mas rijas e dentadas, e agrupadas n'um capitulo quasi globular. Semelha á um ananazeiro lilipuciano. Não consegui vêr suas flores nem fructos ; trouxe alguns exemplares á Corumbá, mas perderam-se todos.

———

Uns vinte kilometros ao *N.* das Salinas encontra-se, á esquerda da estrada, n'uma lombada de uns oito metros de altura, a tapera de uma antiga fazenda, grande e importante, á julgar pelas ruinas de uma tal ou qual grandeza para estas paragens, e que ainda mostram o vigor da construcção. Era um grande edificio e todo coberto de telha ; seus terrenos guardam, no meio da mattaria, larangeiras, limoeiros, goiabeiras e outras arvores de fructo.

Chamava-se *S. Luiz;* ella, o sitio do *Mangueiral*, além da lagôa do *Pónte Ribeiro* e as Salinas, eram as rondas portuguezas desse lado.

Fica esta tapera á quasi egual distancia das Salinas e do *passo* nos Barbados; dahi á Casalvasco medem-se uns dez kilometros e meio.

———

Somente á borda dos rios a vegetação é pujante e magnifica ; nos campos os mattos são ralos e de caapuans isolados. São estes muito frequentados pelas onças e os lobos guarás,e as aguas e os almargeaes pelos jacarés que temos encontrado sempre, desde o Paraguay, por estes sertões, e os encontraremos até a fóz do Amazonas.

IV

Casalvasco deve ter sido um bonito povoado e um importante estabelecimento da nação. Seus campos são magnificos e seguramente os mais lindos que tenho visto; immensa planicie grammada, plana como si fôra nivelada, semeiada de arvores isoladas, ou aqui e ali de caapuans cerrados, e orlados de gigantescas florestas que indicam a passagem, á seu sopé, de correntes perennes, que são o Barbadinho, o Barbado e o Alegre. A' esses campos dá Pizarro uma superficie quadrada de mais ou menos quatorze leguas.

Varias *vasantes*, depressões do terreno, formadas pelas aguas que se escôam, cortam-os em rumo de *E. O.*: são aqui conhecidas pelo nome de *perís*, voz tupica, da qual aquella é a traducção, e differem das corixas em não estagnarem as aguas, seja pela natureza do solo, seja por sua maior declividade. Dellas as quatro principaes são designados com os nomes de *Areião*, *Chapéo de Sol*, *Cabeça de Negro* e *Trahiras*.

———

Antiga fazenda, e conservando ainda essa denominação, Casalvasco é hoje apenas um posto militar com o duplo fim de vigiar a fronteira e salvaguardar os interesses nacionaes, velando sobre os seus gados. Estes já foram de muitas mil cabeças, nos tempos dos capitães generaes; hoje computa-se em tres á quatro mil, e essas mesmas, quasi todas alçadas e bravias.

Está situada á margem direita do Barbados e em frente ao espigão mais meridional da serra de Ricardo Franco, que ahi quebra-se em angulo recto para *O.N.O.* Dista por terra 45 kilometros de Matto-Grosso, sendo quasi menos de metade o caminho por agua. O Barbados tem ahi no porto a largura de 120 metros, mais ou menos.

Sua posição astronomica foi determinada pelo coronel Ricardo Franco em os 15° 20' lat. e 317° 52' O. Ilha de Ferro (a).

————— -

(a) Luiz D'Alincourt dá ll e a longitude de 817° 42' e latitude de 15 19' 46", e é a que Pizarro consigna.

Já em 1760 era povoada ; Pizarro (a) fal-a coetanea da Villa Bella, e a commissão de 1780, na sua carta geographica do rio Guaporé, diz o seguinte : « *Povoação regular, fundada em 1782, ainda que o seu respectivo territorio e visinhança se achavam povoados pelos portuguezes, sem contestação, ha perto de 30 annos.* »

Em 1760 eram della possuidores o alferes Bartholomeu da Cruz (b) e sua mulher Anna Antunes Belem, ambos cuyabanos, e o portuguez Custodio José da Silva, que ahi tinham suas fazendolas de gado. Mas, pelo anno de 1782, o capitão-general Luiz de Alburquerque, que por dezesete annos governou a capitania, e á quem deveu ella muitos melhoramentos e creações, visitando-a, agradou-se da sua situação, e á pretexto de ahi estabelecer uma guarda fronteira, tomou-a para o Estado e fez della a casa de campo dos generaes, sob o titulo de *Fazenda da Nação,* meio o mais facil, mais seguro e mais barato de desaproprial-a de seus donos.

Effectivamente, estes partiram para Cuyabá, e Custodio fundou perto dessa villa outra fazenda, a *Cotia,* prospera tambem em pouco tempo. Cruz não quiz mais taes estabelecimentos, receioso de que o seu paternal governo recompensasse novamente os seus labores, fazendo-lhe a honra de substituil-o na propriedade e deixando-lhe livre o direito de estabelecer uma terceira. Systema de animar a industria, bem favoravel ao fisco, que em logar dos rendimentos de uma só fazenda, como no caso de Cruz, passou á ter os de duas, sendo seus todos os proventos de uma.

Entretanto, o certo é que nesses bons tempos pullulavam os estabelecimentos ruraes na capitania, nas proximidades e caminhos dos dous grandes centros de povoações.

Tanto os rios junto á Cuyabá, como os das cercanias de Villa Bella,

---

(a) Tomo 10º, pag. 108.
(b) Morreu em 1819, com 90 annos de edade.

tinham povoadas uma e outra margem por innumeros sitios, engenhos e roças, tão proximos uns dos outros, que nos mappas antigos semelham ás ruas de uma immensa cidade.

Aqui, não só o Guaporé como o Barbados, o Alegre, o Sararé, o Galera e seus braços, e as orlas das estradas, eram bordados de situações e de não pequeno numero de arraiaes bem povoados, lá nos logares onde o ouro se encontrava á flor da terra.

Luiz de Albuquerque fez da casa de Cruz o *palacete* dos capitães-generaes, reformando-a em ordem á ficar na altura do novo senhorio. Para guardal-o estabeleceu um destacamento militar, distribuiu terras proximas e deu á tudo o nome de *Povoação do Rio Barbados*.. O de *Casalvasco* veiu depois e não me foi possivel ainda descobrir-lhe a origem.

Segundo Luiz D'Alincourt (obra citada),foi o sargento-mór Joaquim José Ferreira, cujo nome já citei, tratando do forte de Coimbra, quem ahi fundou o novo estabelecimento da nação, mas D'Alincourt faz esse acontecimento em 1781.

V

Ainda hoje os restos dessa grandeza de um seculo passado causam verdadeira satisfação á quem, atravessando os innumeros e desertos sertões da provincia, encontra-os ainda com os traços da prisca prosperidade e attestando quão varias as vicissitudes e contingentes as grandezas humanas.

E' uma tapera Casalvasco, mas risonha ainda ao primeiro aspecto, com a sua casaria de taipa acinzentada, coberta de telhas vermelhas e tanto mais vermelhas quanto mais velhas ficam, semelhando antes uma povoação nova em via de construcção, e cujas casas rebocadas estão só á espera de uma derradeira mão de cal.

Mas, quanta ruina sob essa louçania feiticeira! Todavia seus edificios eram fortes e bem construidos,. e talvez que, ainda, com pouco custo relativo, alguns podessem ser restaurados.

O *palacio*, que até hoje guarda essa honrosa qualificação, é uma boa casa, com sobrado e quintal, notavel pela ordem e symetria que presidiu á todos os seus arranjos internos. A capella, sob a invocação de *Nossa Senhora da Esperança*, é um templo pequeno e sem torres, mas de construcção solida e regular. Foi benzida em 7 de setembro de 1785 ; guarda ainda provas de seu fausto n'um soberbo lampadario e no serviço do altar, varas do pallio, etc., tudo de boa prata.

Ao lado, entre ella e o *palacio*, existe ainda uma tosca torre de paus, suspendendo tres velhos sinos inserviveis, rachados, quebrados e até esburacados, parecendo incrivel que o tempo tivesse mais poder sobre o bronze do que sobre a argilla das casas. Bordados, inscripções, etc., estão apagados, e n'um apenas póde-se ler a data—1792.

———

O rio apresenta em frente ao povoado um bonito panorama, em cujo fundo se destaca soberba a serrania de Ricardo Franco ; uma longa praia de areia, com uma pequena barranca, guarnece a primeira rua parallela ao rio e onde estão os principaes edificios. No local mais declive e de facil desembarque fica a praça principal : é de 148 metros de longo sobre 132 de largo ; sua face direita é constituida por uma ordem de vasta casaria de telha, chamada ainda *missão*, e que era, sem duvida, a habitação dos indios da cathechese. A' esquerda da praça é que ficavam os edificios principaes, formando quadras, dous á dous, um com frente para o rio e outro para a segunda rua. Assim, na esquina da praça ficava o

CASAL VASCO

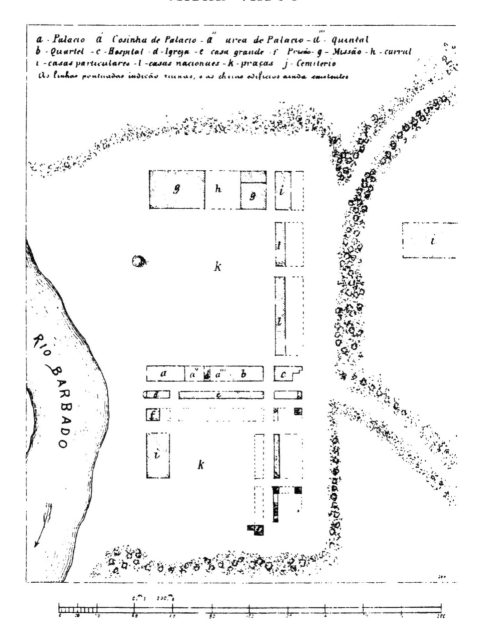

a - Palacio á - Cosinha de Palacio - á" - area de Palacio - á''' - Quintal
b - Quartel - c - Hospital - d - Igreja - e - casa grande - f - Prisão - g - Missão - h - curral
i - casas particulares - l - casas nacionaes - k - praças - j - Cemiterio
As linhas pontuadas indicão ruinas, e as cheias edificios ainda existentes

RIO BARBADO

palacete e um quartel, depois a egreja e o hospital, a commandancia e depositos, casa de officiaes e prisão, etc., cada lote separado de outro por outras ruas, havendo mais uma pequena rua entre a egreja e hospital, e os edificios de traz.

A casaria dos indios cercava a povoação em duplo renque, isto é, tendo tambem casas com frente para o campo, o que dava mais uma rua parallela ao rio, no fundo da povoação, e duas perpendiculares, uma á direita e outra á esquerda.

A rua principal sahia na praça, á direita do palacete, e era a continuação da estrada de Salinas. Havia tambem casas particulares de boa construcção; ainda hoje se vêm os grossos alicerces e as tulhas de telhas, denotando que a casaria, talvez no duplo ou triplo do que hoje existe, seguia-se circumdando a povoação, e que já eram reconstrucções do pavoroso incendio que destruiu-a, em mais de metade, á 30 de dezembro de 1786.

A' esquerda havia uma outra praça, hoje encoberta pelo matto. Nas estradas das Salinas e Matto-Grosso encontram-se escombros ou simples vestigios de situações, entre outras a da *Florença* e a do *Ratão*, á margem do Barbados, e as fazendas de *Bragança* e *Bastos* entre o Alegre e o Guaporé.

Essas ruinas, ainda hoje notaveis, fazem scismar com tristeza no que foi Casalvasco, no que foi Villa Bella, no que foram tantos outros povoados desse coração da America, á cem annos atraz, e que sonhos de futuro, de grandeza e de poder não deviam fazer seus habitantes, no meio de sua prosperidade, para a éra em que estamos.

———

Em 1820 a população de Casalvasco era de 413 almas (a); hoje,

(a) Pizarro, 10º pag. 109

quando muito, de quarenta á cincoenta, inclusive o destacamento. commandado por um official inferior. E' esse destacamento que dá as rondas do Alegre e das Salinas.

Nos livros do senado da camara de Villa Bella encontram-se os nomes dos primeiros governadores de Casalvasco, até 1813.

São: 1°, o sargento-mór Joaquim José Ferreira.

2°, o tenente de artilheria Ignacio José Nogueira.

3°, o alferes Francisco Pedro de Mello.

4°, o alferes João Pereira Leite.

5°, o alferes de pedestres Joaquim Vieira dos Passos.

Luiz D'Alincourt (a) cita ainda, até 1828, os seguintes :

6°, o tenente Manoel Ribeiro Leite.

7°, o ajudante de milicias Alexandre Bueno Lemos de Menezes.

8°, o capitão Francisco Pedro de Mello (segunda vez).

9°, o capitão Floriano José de Mattos Coelho.

10°, o tenente Luiz Antonio de Souza.

Tambem dessa data em diante nenhuma informação mais foi-me dado obter, nem nada consta nos archivos da cidade, talvez porque tal commando passasse á ser feito por escala de serviço regimental.

VI

De Casalvasco ao rio Alegre ha cerca de quatorze kilometros, seguindo a estrada por excellentes campos cortados de bosques, que terminam na possante mattaria que borda os rios. A que margeia o Alegre é

(a) Obra citada.

uma floresta tão cerrada, que a estrada que a atravessa semelha um tunnel de dous kilometros, tanto as arvores são altas e frondosas, e tanto a difficuldade da luz do dia em romper-lhe a espessa fronde.

No *passo* do Alegre a margem direita é alta de seis metros ; ha ahi uma guarda de uns seis homens para segurança das communicações com a antiga capital dos capitães-generaes. Os *parecis* e *cabichys* tém por vezes levado suas depredações até Casalvasco e sitios vizinhos á cidade, deixando reconhecida a necessidade de vigiar esses pontos.

Passo do Rio Alegre.

E' um local agradavel esse do destacamento; o rio tem ahi oito metros de largura, na vasante, e menos de um de altura á meio leito, o fundo é de areia, as margens sombreadas de altas arvores, *mangues*, camarás, jenipapeiros, *cascudos*, *caxoás* e paus d'arco. As arvores são cobertas de ninhos dos zombeteiros *chechéos* ou *japys*, como aqui os chamam (a), e araras, papagaios, periquitos, tiés, cardeaes, sabiás, e mil outros alegres cantores.

(a) *Japú*, no Amazonas.

Bem merece o rio o nome que tem. Não vi em minhas excursões vegetação mais esplendida, nem tanta cópia de passaros como aqui ; atordoam os ares os bandos de ciganos ou pavões do matto *(opisthocomus)* que cobrem litteralmente as arvores das margens.

Uma enorme leguminosa, chamada pelos naturaes—*espinheiro*, divide a estrada, á margem esquerda do passo ; seu tronco mede mais de quatro metros de circumferencia, as cimas se elevam á mais de trinta. Innumeravel quantidade de *epidendréas* e *arethusas* cobre os grossos galhos, emquanto que varias sortes de *œchméas* elevam-se nos ramos e a *barba de velho* (tillandsia usneoides) e outros dendrophitos pendem-lhes das franças.

O rio abunda em lontras (a), muito frequentes nestas paragens ; dellas tira seu nome o *Sararé*(h), affluente do Guaporé; acampados junto ao rio vimos uma, que vinha tão chata sob as aguas, que tomamol-a por um peixe, parecendo-nos impossivel que assim se tivesse apresentado, quando a vimos, grande como um cão e de ancas bem fornidas, saltar na barranca e desapparecer.

Vi ahi pela primeira vez a *tracajá* (c), *emys amasonica*, ou melhor, *emys dumeriliana*, mais bem descripta pelo sabio de quem logrou a denominação, e o *assoprador* de aguas doces, o *delphinoide* do Amazonas,*bôto* ou peixe porco, conhecido na sciencia com o nome de *phocæna brasiliensis*. Tanto elle como a tracajá serão talvez oriundos do rio mar ; o certo é que os affluentes do Prata não os possuem, tendo-os todos os do Amazonas, apezar das innumeras cachoeiras e saltos, quaes os do Girau e Theotonio, no Madeira; sendo esses animaes encontradiços desde as nascentes dos rios tributarios, em cujas aguas revolvem-se aos cardumes.

(a) *Yagud-cacaca*, dos tupis.
(b) No dialecto dos palmellas.
(c) *Tracaxá*, no idioma passé.

O passo do Alegre foi determinado em latitude 15°15'40". A estrada de Casalvasco, depois de cortar o rio, vae novamente atravessal-o dezoito kilometros á *NNE.*, no *porto do Bastos.* Bastos é um antigo engenho de assucar, fundado em 1800 por Manoel de Bastos Ferreira, nos terrenos da sua fazenda, á margem do Alegre. Na fabrica lê-se ainda hoje a inscripção : Engenho de Nossa Senhora da Conceição—1° de janeiro de MDCCCI.

Tinha grande casaria, solidamente edificada á beira-rio, de que ainda existem arruinados restos.

Junto á ella passava a estrada, quasi bordando o rio, que ia atravessar um kilometro abaixo, no logar de um antigo sitio de Francisco Bastos Ferreira, filho de Manoel Bastos.

Mede, neste passo, o Alegre uns cem metros de largura ; a estrada, atravessando-o, costeia a fralda *SE.* da serra de Ricardo Franco e vae sahir no Guaporé, em frente á cidade de Matto-Grosso.

———

Bastos está abandonado como Casalvasco ; encontrámos apenas ali uma ronda de dous soldados, cujo mister é dar passagem de canôa aos viandantes que tém de atravessar o rio.

Dahi á cidade a viagem por agua é de uns dezoito kilometros. O Alegre desce muito tortuoso e lança-se no Guaporé, pouco mais ou menos tres kilometros á *OSO.* da cidade, sendo tão profundas as aguas na sua confluencia, que, de crystallinas que são as de ambos os rios, parecem negras como tinta de escrever.

Sua navegação é prasenteira, suas margens sempre cobertas de opulentissima floresta povoada das gritadoras araras, papagaios e periquitos, dos grasnadores ciganos e dos alegres japys. Varias especies de *ficus* gigantes, espinheiros, canafistulas e bombaceas, sobresahem nessa formosa vegetação, onde sempre as bauhinias e principalmente o *cipó escada*, e as ingazeiras occupam, pela cópia, logar importante. Formosas parasitas ostentavam suas flores, entre ellas as arethusas e epidendreas.

Mede de ordinario o rio uns trinta metros de largura : actualmente sua profundidade varía, attingindo á mais de 10 metros, n'outros logares fica ás vezes tão razo, que as canôas roçam na areia ou encalham. Esses bancos serão devidos á troncos cahidos, e que, represando as areias, tenham-os formado. Ladeiam-o risonhas e formosas bahias, algumas ainda habitadas.

Foi no Bastos, junto ao passo, que encontrei uma formosa larva ainda não descripta, que eu saiba. E' de um centimetro e meio de longo sobre um de largo e tres millimetros de alto. O corpo oval, de côr amarello-escura, marcado de sete cintas ou anneis, cada um dos quaes deixa vêr em seu bordo um burlete ou pápula roixa, semelhando ás ventosas dos polvos. A cabeça é oblonga, de dous millimetros de comprimento, um pouco mais escura que o corpo ; na parte anterior e lateral deixa vêr duas manchas negras que devem ser os olhos. A cabeça é cercada de uma corôa de pellos ou cilios. Do pescoço partem para cima dous prolongamentos ou antenas, escuros, de cilios mais longos e affectando a disposição penniforme, e para baixo, sobre os primeiros anneis do corpo, quatro outros

brancos, nacarinos, chatos e pontudos, dos quaes os dous exteriores maiores do que os do meio, assemelhando-se á um collarinho de bicos. Na extremidade inferior do corpo nota-se um ponto escuro, redondo, de um millimetro de diametro, do qual partem em cruz, com as pontas duas para
cada lado, outros quatro prolongamentos em tudo semelhantes aos brancos
do pescoço, mas de duplo tamanho, deixando vêr nos intervallos de seus
ramos outra corôa horizontal de pequenos pellos negros. Desde os dous
ramos posteriores partem outros dous processos anteniformes, identicos
mas um pouco maiores do que os penniformes do pescoço. Sua contextura
é branda, como a têm em geral todos da sua especie.

FIM DA SEGUNDA PARTE

88

INDICE

DAS

Materias contidas no primeiro volume

INTRODUCÇÃO

Esboço chorographico da provincia de Matto Grosso